现代数学基础丛书·典藏版 11

分析概率论

胡迪鹤 著

科学出版社
北京

内 容 简 介

本书在测度论与初等概率论的基础上，讲述了相互独立的随机变量序列的强、弱极限理论，部分章节后附有习题。

本书可供高等院校数学专业高年级学生、研究生、教师及科学工作者参考。

图书在版编目(CIP)数据

分析概率论/胡迪鹤著.—北京：科学出版社，1984.4（2016.6重印）

(现代数学基础丛书·典藏版；11)

ISBN 978-7-03-005990-1

I. ①分… II. ①胡… III. ①概率论 IV. ①O211

中国版本图书馆CIP数据核字(2016) 第112460号

责任编辑：张 扬／责任校对：林青梅

责任印制：徐晓晨／封面设计：王 浩

科学出版社 出版

北京东黄城根北街16号

邮政编码：100717

http://www.sciencep.com

北京厚诚则铭印刷科技有限公司印刷

科学出版社发行 各地新华书店经销

*

1984年4月第 一 版 开本：B5(720×1000)

2016年 6 月印 刷 印张：14 1/4

字数：181 000

定价：98.00元

(如有印装质量问题，我社负责调换)

序

极限理论是概率论的一个重要方面，而相互独立的随机变量序列的极限理论又是其它随机过程的极限理论的基础．本书的目的是论述相互独立随机变量序列的弱极限理论与强极限理论．全书由三大部分组成：第一部分包括本书第一、二章，叙述概率论的一些分析基础；第二部分包括本书第三、四、五、六章，讲述弱极限理论；第三部分，即本书第七章，讲述强极限理论．

本书是根据作者在北京大学数学系讲授“分析概率论”的讲义经过整理而写成的，内容上部分地吸取了许宝騄教授生前领导的“极限理论讨论班”的有关材料．书中大部分章节后面附有一定量的习题．

由于作者学识浅薄，本书的缺点错误定然不少，敬请不吝指教，以期改进．

胡 迪 鹤

1978 年于武汉大学

目　　录

第一章　R^N 上的 L-S 测度及其弱收敛性

本书是基于测度论之上而写的。但是为了陈述方便及本书的特殊需要，测度论中的某些有关概念及结果，特别是N维欧氏空间中的勒贝格-斯蒂尔吉斯测度及其弱收敛性，仍给以扼要的论证。§1，§2是测度论的一些基本概念，易于查找，故只简略叙述，而不加证明。§3是弱收敛性，给出了必要的证明。

§1　集合族及其上的测度

关于集合的运算，我们沿用习惯的术语与符号。例如，$\bigcup_n A_n$ 表示集合族 $\{A_n\}$ 的和(并)，$\bigcap_n A_n$ 表示集合族 $\{A_n\}$ 的积(交)，$A\backslash B$ 表示A与B之差，$A\Delta B=(A\backslash B)\cup(B\backslash A)$ 表示A与B的对称差，$\bar{A}$ 表示A的补集，$\{A_n,\ \text{i. o.}\}=\lim\limits_{n\to\infty}\sup A_n=\bigcap\limits_{n=1}^{\infty}\bigcup\limits_{k=n}^{\infty}A_k$，$\{A_n,\ \text{a. a.}\}=\lim\limits_{n\to\infty}\inf A_n=\bigcup\limits_{n=1}^{\infty}\bigcap\limits_{k=n}^{\infty}A_k$.

定义 1.1　设Ω为一集合。由Ω的一族子集构成的集合族 $\mathscr{P}$ 称为一个半环，如果：(1) $\varnothing\in\mathscr{P}$（$\varnothing$ 表空集）；(2) $E_1, E_2\in\mathscr{P}\Longrightarrow E_1\cap E_2\in\mathscr{P}$；(3) $E, F\in\mathscr{P}$，$E\supset F\Longrightarrow E\backslash F=\bigcup\limits_{i=1}^{n}E_i$，$E_i\in\mathscr{P}$，$E_i\cap E_j=\varnothing$，$i\neq j$，$i, j=1, 2, \cdots, n$.

称Ω的子集族 $\mathscr{R}$ 是一个环，如果 $E, F\in\mathscr{R}\Longrightarrow E\cup F\in\mathscr{R}$，$E\backslash F\in\mathscr{R}$.

称Ω的子集族 $\mathscr{F}$ 为一个域，如果 $\mathscr{F}$ 是环而且 $\Omega\in\mathscr{F}$.

称域 $\mathscr{F}$ 是波莱尔 (Borel, E.) 域，如果 $\mathscr{F}$ 中可数个集之和仍属于 $\mathscr{F}$.

称Ω的子集族 $\mathfrak{M}$ 是一个 π 系，如果 $E_i\in\mathfrak{M}$ $(i=1, \cdots, n)\Longrightarrow\bigcap\limits_{i=1}^{n}E_i\in\mathfrak{M}$.

称Ω的子集族$\mathscr{D}$是一个D系，如果$\Omega\in\mathscr{D}$；而且$A, B\in\mathscr{D}$，$A\subset B\Longrightarrow B\backslash A\in\mathscr{D}$；$A_n\in\mathscr{D}$，$A_n\subset A_{n+1}\Longrightarrow\bigcup_{n=1}^{\infty}A_n\in\mathscr{D}$.

若$\mathfrak{M}$是Ω的一个子集族，包含$\mathfrak{M}$的最小波莱尔域称为由$\mathfrak{M}$所产生的波莱尔域，记之为$\mathscr{B}(\mathfrak{M})$. 类似地，包含$\mathfrak{M}$的最小$D$系称之为由$\mathfrak{M}$所产生的$D$系，记之为$\mathscr{D}(\mathfrak{M})$.

可以证明：

1. 若$\mathscr{D}$既是π系又是D系，则$\mathscr{D}$必为波莱尔域.

2. 若$\mathfrak{M}$是π系，则$\mathscr{D}(\mathfrak{M})=\mathscr{B}(\mathfrak{M})$.

定义 1.2 设$\mathfrak{M}$是Ω的一族子集（不妨令$\varnothing\in\mathfrak{M}$）. 定义在$\mathfrak{M}$上的取广义实数值（即添加了$\infty$的实数集）的集函数$\mu$称为一个测度，如果$\mu$满足：

(μ_1)　μ在$\mathfrak{M}$上非负；

(μ_2)　μ在$\mathfrak{M}$上有完全可加性，即对任何$E_n\in\mathfrak{M}$，$E_m\cap E_n=\varnothing\quad(m\neq n)$，$\bigcup_{n=1}^{\infty}E_n\in\mathfrak{M}$，都有$\mu\left(\bigcup_{n=1}^{\infty}E_n\right)=\sum_{n=1}^{\infty}\mu(E_n)$；

(μ_3)　$\mu(\varnothing)=0$.

特别地，若测度μ只取实值，则称μ为有限测度，若对任何$E\in\mathfrak{M}$，都有$E_n\in\mathfrak{M}$，$E\subset\bigcup_{n=1}^{\infty}E_n$，使$\mu(E_n)<\infty\ (n=1, 2,\cdots)$，则称$\mu$是$\sigma$有限测度. 显然有限测度必为$\sigma$有限测度. 若$\mu(\Omega)=1$，则称$\mu$为正则化测度或概率测度.

定理 1.1 若μ是环$\mathscr{R}$上的广义实值集函数，且满足定义 1.2 中的(μ_1)及(μ_3)及

(μ_2^*)　μ在$\mathscr{R}$上具有有限可加性且

$$E_n\in\mathscr{R},\ E_n\supset E_{n+1},\ \bigcap_{n=1}^{\infty}E_n=\varnothing\Longrightarrow\lim_{n\to\infty}\mu(E_n)=0,$$

则μ是$\mathscr{R}$上一个测度.

定理 1.2 若μ是半环$\mathscr{P}$上一个有限测度，则μ可以唯一地扩张到$\mathscr{B}(\mathscr{P})$上去，即存在唯一一个定义在$\mathscr{B}(\mathscr{P})$上的测度

μ^* 满足 $\mu(E)=\mu^*(E)$（当 $E\in\mathscr{P}$ 时）.

§2 随机变量的分布函数及其所产生的 L-S 测度

定义 2.1 设 Ω 为一集合，$\mathscr{F}$ 是 Ω 上的一个波莱尔域，则称 $(\Omega,\mathscr{F})$ 是一个可测空间，$\mathscr{F}$ 中每一集合 A 都称为可测集．如在 $\mathscr{F}$ 上定义了一个测度 μ，则称 $(\Omega,\mathscr{F},\mu)$ 是测度空间．特别地，若 μ 是概率测度，即满足 $\mu(\Omega)=1$ 的测度，则称 $(\Omega,\mathscr{F},\mu)$ 是概率空间．概率测度常用 P 表示，所以今后总用 $(\Omega,\mathscr{F},P)$ 表示概率空间．

定义 2.2 设 $(\Omega_1,\mathscr{F}_1)$，$(\Omega_2,\mathscr{F}_2)$ 为二个可测空间．变换 X 把 Ω_1 的点映射到 Ω_2 中．如果对任何 $A\in\mathscr{F}_2$，都有 $X^{-1}(A)=\{\omega_1|X(\omega_1)\in A,\ \omega_1\in\Omega_1\}\in\mathscr{F}_1$，则称 X 是 $(\mathscr{F}_1,\mathscr{F}_2)$ 可测的，或者说 X 可测 $(\mathscr{F}_1,\mathscr{F}_2)$．特别地，若 $(\Omega_2,\mathscr{F}_2)$ 是 $(R^1,\mathscr{B}^1)$（其中 R^N 是 N 维欧氏空间，$\mathscr{B}^N$ 是全体开集所产生的波莱尔域），则称 $(\mathscr{F}_1,\mathscr{B}^1)$ 可测变换为 $(\Omega_1,\mathscr{F}_1)$ 上的可测函数．概率空间上的可测函数 X 称为随机变量，用 R. V. 表示．

若 $(\Omega,\mathscr{F},\mu)$ 是测度空间，f 是其上的可测函数，$A\in\mathscr{F}$，f 在 A 上关于测度 μ 的积分记之为

$$\int_A f(\omega)d\mu(\omega)\ \text{或}\ \int_A f(\omega)\mu(d\omega)\ \text{或}\ \int_A fd\mu.$$

涉及随机变量时，总是某个概率空间上的随机变量，只不过有时为简便而把概率空间隐去不提而已．

定义 2.3 设 X 是概率空间 $(\Omega,\mathscr{F},P)$ 上的随机变量，函数 $F(x)=P(X<x)$ 称为 X 的分布函数，用 d. f. 表示．若 X 至多只能取可数个值，则称 X 是离散的；若 $F(x)$ 绝对连续，即存在非负勒贝格可积函数 $p(t)$，使

$$F(x)=\int_{-\infty}^{x}p(t)dt,\quad x\in R^1,$$

则称 X 是连续的．这时，称 $p(t)$ 为 X（或者 $F(x)$）的密度函数．显然，$p(t)$ 差一勒贝格 (Lebesgue, H. L.) 零测集而唯一确定．“X 具有分布函数 $F(x)$”有时也称作“X 服从 $F(x)$ 分布”．

显然分布函数 $F(x)$ 具有下述性质:

(c_1) $F(x)$ 是实值函数;

(c_2) $F(x)$ 单调非降;

(c_3) $F(x)$ 左连续;

(c_4) $\lim\limits_{x\to-\infty} F(x)=0$;

(c_5) $\lim\limits_{x\to\infty} F(x)=1$.

易证: 分布函数在 R^1 上最多只能有可数个间断点,而且都是第一类的. 分布函数由其连续点上的函数值所唯一决定.

定义 2.4 设 $X_1,\cdots,X_N$ 都是概率空间 $(\Omega,\mathscr{F},P)$ 上的随机变量,则称 $X=(X_1,\cdots,X_N)$ 为 N 维随机向量,或 N 维随机变量. 函数 $F(x_1,\cdots,x_N)=P\left(\bigcap\limits_{i=1}^{N}\{X_i<x_i\}\right)$ 称为 X 的联合分布函数,简称分布函数. 如果 $X=(X_1,\cdots,X_N)$ 最多只能取 R^N 中可数个点, 则说 $X=(X_1,\cdots,X_N)$ 是离散的; 如果 $F(x_1,\cdots,x_N)$ 是绝对连续的, 即存在非负勒贝格可积函数 $p(t_1,\cdots,t_N)$, 使

$$F(x_1,\cdots,x_N)=\int_{-\infty}^{x_1}\cdots\int_{-\infty}^{x_N}p(t_1,\cdots,t_N)dt_1\cdots dt_N,$$

则说 $(X_1,\cdots,X_N)$ 是连续的, $p(t_1,\cdots,t_N)$ 称为 $(X_1,\cdots,X_N)$ (或 $F(x_1,\cdots,x_N)$) 的联合密度函数,简称密度函数. $p(t_1,\cdots,t_N)$ 差一个勒贝格零测集而唯一决定.

显然, $X=(X_1,\cdots,X_N)$ 的联合分布函数 $F(x_1,\cdots,x_N)$ 也满足:

(c_1) $F(x_1,\cdots,x_N)$ 是实值函数;

(c_2) 对任何 N 维非空(半开闭)区间

$$\begin{aligned}I&=[a,b)=[a_1,b_1;\cdots;a_N,b_N)\\&=\{x=(x_1,\cdots,x_N)\,|\,a_i\leqslant x_i<b_i,\ i=1,\cdots,N\},\end{aligned}$$

有

$$\begin{aligned}F(I)&\equiv F(b_1,\cdots,b_N)\\&\quad-[F(a_1,b_2,\cdots,b_N)+\cdots+F(b_1,\cdots,b_{N-1},a_N)]\end{aligned}$$

$+ [F(a_1, a_2, b_3, \cdots, b_N) + \cdots + F(b_1, \cdots, b_{N-2}, a_{N-1}, a_N)]$
$- \cdots + (-1)^N F(a_1, \cdots, a_N) \geqslant 0$;

(c_3) $F(x_1, \cdots, x_N)$ 对每一个自变量皆左连续；

(c_4) $\lim\limits_{x_i \to -\infty} F(x_1, \cdots, x_N) = 0$, $i = 1, \cdots, N$;

(c_5) $\lim\limits_{\substack{x_i \to \infty \\ i=1,\cdots,N}} F(x_1, \cdots, x_N) = 1$.

定义 2.5 设 $(X_1, \cdots, X_N)$ 是 N 维随机向量，从其中任取 i 个 $(i \leqslant N)$ 分量所构成的 i 维随机向量 $(X_{j_1}, \cdots, X_{j_i})$ 的联合分布函数相对于 $(X_1, \cdots, X_N)$ 的联合分布函数来说，就称为边缘分布函数.

显然边缘分布函数由联合分布函数唯一决定，但逆命题一般不成立. 反例如下:

设 (X_1, X_2) 服从二维正态分布函数，即它有联合密度函数:

$$p(x, y) = \frac{1}{2\pi\sqrt{1 - r^2}\,\sigma_1\sigma_2} e^{-\frac{1}{2(1-r^2)}\left[\left(\frac{x-a_1}{\sigma_1}\right)^2 - 2r\left(\frac{x-a_1}{\sigma_1}\right)\left(\frac{y-a_2}{\sigma_2}\right) + \left(\frac{y-a_2}{\sigma_2}\right)^2\right]},$$

其中 $a_1, a_2, \sigma_1, \sigma_2, r$ 为常数，$\sigma_1 > 0$，$\sigma_2 > 0$，$r^2 \leqslant 1$.

可以算出 X_i 的密度函数为

$$p_i(x) = \frac{1}{\sqrt{2\pi}\sigma_i} e^{-\frac{1}{2}\left(\frac{x-a_i}{\sigma_i}\right)^2}$$

与 r 无关. 这说明了 X_1, X_2 的分布函数确定以后，(X_1, X_2) 的联合分布函数还不确定 (r 可以取不同的常数).

什么情况下边缘分布函数唯一确定了联合分布函数呢? 这就须要引进随机变量的独立性的概念. 而本书的中心论题，正是独立随机变量和的极限理论.

定义 2.6 称概率空间 $(\Omega, \mathscr{F}, P)$ 上的随机变量 $X_1, \cdots, X_N$ 是相互独立的，简称独立，如果

$$P(X_1 < x_1, \cdots, X_N < x_N) = P(X_1 < x_1) \cdots P(X_N < x_N),\ x_i \in R^1,\ i = 1, 2, \cdots N,$$

即联合分布函数等于边缘分布函数之积.

由此看出：若随机变量 $X_1, \cdots, X_N$ 相互独立，则其联合分布函数与边缘分布函数相互唯一决定.

下面我们将要由分布函数 $F(x_1, \cdots, x_N)$ 产生 $(R^N, \mathscr{B}^N)$ 上的勒贝格-斯蒂尔吉斯 (Lehesgue-Stieltjes) 测度(L-S 测度). 令

$$\begin{aligned} I &= [a, b) = [a_1, b_1; \cdots; a_N, b_N) \\ &= \{x = (x_1, \cdots, x_N) \mid a_i \leqslant x_i < b_i,\ i = 1, \cdots, N\} \end{aligned}$$

为 R^N 中的(半开闭)区间，(本书所言之区间，意即此种半开闭区间)仿之可以定义 R^N 中之闭区间 $I^c = [a, b] = [a_1, b_1; \cdots; a_N, b_N]$，开区间 $I^0 = (a, b) = (a_1, b_1; \cdots; a_N, b_N)$. 再令 $\mathscr{I}_N = \{R^N$ 中一切区间$\}$，$\mathscr{I}_N^c = \{R^N$ 中一切闭区间$\}$，$\mathscr{I}_N^0 = \{R^N$ 中一切开区间$\}$. 只要有一个 $b_i < a_i$，则 $[a, b) = [a, b] = (a, b) = \varnothing$，所以 $\varnothing \in \mathscr{I}_N, \mathscr{I}_N^c, \mathscr{I}_N^0$. 显然 $\mathscr{I}_N$ 是半环，$\mathscr{B}^N = \mathscr{B}(\mathscr{I}_N) = \mathscr{B}(\mathscr{I}_N^c) = \mathscr{B}(\mathscr{I}_N^0) = \mathscr{B}(R^N$中一切闭集$) = \mathscr{B}(R^N$ 中一切开集$)$.

设 $x = (x_1, \cdots, x_N)$，$y = (y_1, \cdots, y_N) \in R^N$，$x < y$ (或 $x \leqslant y$) 意即 $x_i < y_i$ (或 $x_i \leqslant y_i$) 对一切 $1 \leqslant i \leqslant N$ 成立. R^N 上的点函数 $F(x_1, \cdots, x_N)$ 有时记为 $F(x)$.

定义 2.7 设 $F(x) = F(x_1, \cdots, x_N)$ 是定义在 R^N 上的点函数. 如果它满足定义 2.4 后面的 (c_1)—(c_3)，则说它是典范函数. 若它满足 (c_1)—(c_4) 及

$$(c_5') \qquad \lim_{\substack{x_i \to \infty \\ i = 1, \cdots, N}} F(x_1, \cdots, x_N) \leqslant 1,$$

则称之为准分布函数. 若它满足 (c_1)—(c_5)，则称之为分布函数.

定理 2.1 设 $F(x) = F(x_1, \cdots, x_N)$ 是典范函数，任取 $I \in \mathscr{I}_N$，定义

$$F(I) = 0 \quad (\text{若 } I = \varnothing),$$

$$\begin{aligned} F(I) = F(b_1, \cdots, b_N) & \\ - [F(a_1, b_2, \cdots, b_N) + \cdots + F(b_1, \cdots, b_{N-1}, a_N)] & \\ + [F(a_1, a_2, b_3, \cdots, b_N) + \cdots + F(b_1, \cdots, b_{N-2}, a_{N-1}, a_N)] & \end{aligned}$$

$- \cdots + (-1)^N F(a_1, \cdots, a_N)$

(若 $I = [a, b) = [a_1, b_1; \cdots; a_N, b_N) \neq \varnothing$),

则 F 是半环 $\mathscr{I}_N$ 上的一个有限测度. 用定理 1.2, 它可以唯一地扩张到 $\mathscr{B}^N = \mathscr{B}(\mathscr{I}_N)$ 上去, 所得到的测度仍用 F 表之. 此测度称为由典范函数 $F(x)$ 所产生的勒贝格-斯蒂尔吉斯测度 (L-S 测度).

特别地,若 $F(x)$ 是准分布函数,则它所产生的 $\mathscr{B}^N$ 上的 L-S 测度满足 $F(R^N) \leqslant 1$. 更特别地,若 $F(x)$ 是分布函数, 则它所产生的 L-S 测度是概率测度.

注 若 $F(x) = F(x_1, \cdots, x_N)$ 只满足 (c_1) 和 (c_2), 则在定理 2.1 中所定义的集函数 F 在 $\mathscr{I}_N$ 上未必有完全可加性. 例如, $F(x) = (x)$ ((x) 表示比 x 大的最小整数), 则 $F(x)$ 满足 (c_1) 和 (c_2), 但不满足 (c_3). 取 $I = [1, 2)$, $I_n = \left[\sum_{i=0}^{n-1} \frac{1}{2^i}, \sum_{i=0}^{n} \frac{1}{2^i}\right)$, 则 $\{I_n\}$ 两两不交, $I = \bigcup_{n=1}^{\infty} I_n$, 但 $F(I) = 1$, $F(I_n) = 0$ ($n \geqslant 1$), 所以 F 在 $\mathscr{I}_N$ 上不满足完全可加性.

虽然满足 (c_1), (c_2) 的点函数 $F(x_1, \cdots, x_N)$ 按定理 2.1 的方式定义的 $\mathscr{I}_N$ 上的集函数 F 未必是测度, 但我们可以找出与此集函数对应的测度, 而且这种测度在某种限制下还是唯一的. 这样, 我们从只满足 (c_1), (c_2) 的点函数出发, 仍可导出 $\mathscr{B}^N$ 上的测度.

定理 2.2 设 $F(x_1, \cdots, x_N)$ 定义在 R^N 的全部有理点(即每个坐标都是有理数)上, 而且满足 (c_1), (c_2), 造集函数 F 如下: 对有理区间 $[a, b) = [a_1, b_1; \cdots; a_N, b_N)$ (即此区间的每个顶点皆为有理点, 也就是每个 a_j, b_i 皆为有理数), 定义 $F(I)$ 如定理 2.1, 则在 $\mathscr{B}^N$ 上存在唯一一个测度 F^*, 使得对任意有理区间 I, 只要 $I^c \subset J^0$, 就有 $F(I) \leqslant F^*(J)$; 只要 $I^0 \supset J^c$, 就有 $F(I) \geqslant F^*(J)$, 其中 $J \in \mathscr{B}^N$, A^0, A^c 分别表示集 A 的内部及闭包.

实际上, 本定理只要求 $F(x_1, \cdots, x_N)$ 定义在某点集 $A = \{(x_1, \cdots, x_N) | x_i \in D, i = 1, \cdots, N\}$ 上, 其中 D 在 R^1 中处处稠密.

测度 F^* 称为 $F(x_1, \cdots, x_N)$ (或集函数 F)的伴随测度. 若

$F(x_1, \cdots, x_N)$ 是定义在 R^N 上的典范函数，则集函数 $F(I)$ $(I \in \mathscr{I}_N)$ 是 $\mathscr{I}_N$ 上的测度，伴随测度就是 F 在 $\mathscr{B}^N$ 上的扩张，即 F^* 就是由 $F(x_1, \cdots, x_N)$ 所产生的 L-S 测度.

易证：$F(x_1, \cdots, x_N)$ 的伴随测度 F^* 具有下列性质：

$$F^*([a, b]) = \lim_{\substack{a' \uparrow a \\ b' \downarrow b}} F([a', b'));$$

$$F^*((a, b)) = \lim_{\substack{a' \downarrow a \\ b' \uparrow b}} F([a', b')).$$

定理 2.1 说明 R^N 上的任一典范函数 $F(x_1, \cdots, x_N)$ 均可产生一个 $\mathscr{B}^N$ 上的 L-S 测度 F. 现在反过来问：任给 $\mathscr{B}^N$ 上一个测度 F，是否存在一个典范函数 $F(x_1, \cdots, x_N)$，其所产生的 L-S 测度就是 F? 再问：这样的函数是否唯一？如果一般说不唯一，那么在什么条件下唯一？

（甲） 如果 $\mathscr{B}^N$ 上的测度 F 满足 $F(I) < \infty$ $(I \in \mathscr{I}_N)$，则存在 R^N 上的典范函数 $F(x_1, \cdots, x_N)$，其伴随测度（在此场合，它就是此典范函数所产生的 L-S 测度）就是 F，而且这样的典范函数有无穷多个.

例如，$\mathscr{B}^1$ 上给定一个测度 F，它满足 $F(I) < \infty$ $(I \in \mathscr{I}_1)$，造点函数如下：

$$F(x) = \begin{cases} \int_{[0,x)} dF, & x > 0; \\ 0, & x = 0; \\ -\int_{[x,0)} dF, & x < 0, \end{cases}$$

则 $F(x)$ 是典范函数，而且 $F(x)$ 的伴随测度（L-S 测度）就是 F，不仅如此，$F(x) + c$ （c 为任一实数）也满足上述一切要求.

由此看出：R^N 上的典范函数与 $\mathscr{B}^N$ 上的满足 $F(I) < \infty$ $(I \in \mathscr{I}_N)$ 的测度之间存在一个多对一的对应关系.

（乙） 若 $\mathscr{B}^N$ 上的测度 F 满足

（A） $F(\{(x_1, \cdots, x_N) | x_i < a_i, i = 1, \cdots, N\}) < \infty$，

其中 a_i 是实数，则恰有唯一一个满足 (c_1)—(c_4) 的点函数

$F(x_1, \cdots, x_N)$，它的伴随测度（L-S 测度）就是 F.

事实上，取 $F(a_1, \cdots, a_N) = F(\{(x_1, \cdots, x_N) | x_i < a_i, i = 1, \cdots, N\})$ 即为所求. 若 $F_i(x_1, \cdots, x_N)$ $(i = 1, 2)$ 都满足 (c_1)—(c_4)，且它们的伴随测度都是 F，则

$$F_1(b_1, \cdots, b_N) = \lim_{a_1 \to -\infty} \cdots \lim_{a_N \to -\infty} F([a, b)) = F_2(b_1, \cdots, b_N).$$

所以，R^N 上满足 (c_1)—(c_4) 的点函数与 $\mathscr{B}^N$ 上满足(A)的测度之间存在一一对应的关系. 正因为如此，我们既用 F 表示满足 (c_1)—(c_4) 的点函数，又用 F 表示满足 (A) 的测度. 特别地，R^N 上的分布函数与 $\mathscr{B}^N$ 上的概率测度存在一一对应关系.

为方便计，我们有时也说：典范函数 $F(x)$ 在某一点 x_0 的测度，那意思就是 $F(x)$ 的伴随测度在 $\{x_0\}$ 的测度.

定义 2.8 设 $F_1(x)$，$F_2(x)$ 是 R^N 上的准分布函数，F_1，F_2 分别为其伴随测度，则

$$F(A) = \int_{y+z \in A} dF_1(y) dF_2(z) \quad (A \in \mathscr{B}^N)$$

是 $\mathscr{B}^N$ 上的测度，且 $F(R^N) \leqslant 1$，从而

$$F(x) = \int_{y+z<x} dF_1(y) dF_2(z)$$

是 R^N 上的准分布函数. 我们称 F 是 F_1 与 F_2 的卷积测度，$F(x)$ 称为 $F_1(x)$ 与 $F_2(x)$ 的卷积函数，F（或 $F(x)$）简称为 F_1 和 F_2（或 $F_1(x)$ 和 $F_2(x)$）的卷积，记作

$$F = F_1 * F_2 \quad (\text{或 } F(x) = (F_1 * F_2)(x)).$$

由卷积的定义出发，易证

$$(F_1 * F_2)(x) = \int_{R^N} F_1(x-y) dF_2(y)$$
$$= \int_{R^N} F_2(x-y) dF_1(y).$$

由于准分布函数的卷积还是准分布函数，所以可以定义M个准分布函数的卷积. 易证：N个相互独立的随机变量的和的分布函数是这N个随机变量的分布函数的卷积.

定义 2.9 设 X，Y 是概率空间 $(\Omega, \mathscr{F}, P)$ 上的随机变量.

称 $\int_\Omega X(\omega)^k dP(\omega)$ 为 X 的 k 阶原点矩,若 $\int_\Omega |X(\omega)|^k dP(\omega) < \infty$，则称 X 的 k 阶原点矩存在．特别地，一阶原点矩称为 X 的数学期望，记之为 $\mathbf{E}(X)$．称 $\int_\Omega (X(\omega) - \mathbf{E}(X))^k dP(\omega)$ 为 X 的 k 阶中心矩,若 $\int_\Omega |X(\omega) - \mathbf{E}(X)|^k dP(\omega) < \infty$，则称 X 的 k 阶中心矩存在,二阶中心矩称为方差,记之为 $\mathrm{var}(X)$．称 $\mathbf{E}((X - \mathbf{E}(X))(Y - \mathbf{E}(Y)))$ 为 X 与 Y 的协方差，记之为 $\mathrm{cov}(X, Y)$．若 $0 < \mathrm{var}(X)$，$\mathrm{var}(Y) < \infty$，则称

$$E\left(\frac{X - E(X)}{\sqrt{\mathrm{var}(X)}} \cdot \frac{Y - E(Y)}{\sqrt{\mathrm{var}(Y)}}\right)$$

为 X 与 Y 的相关系数,记之为 $\rho(X, Y)$．

定理 2.3 设 $X_1, \cdots, X_N$ 为概率空间 $(\Omega, \mathscr{F}, P)$ 上的随机变量，$g(x)$ 是定义在 R^N 上取值于 R^1 中的 $(\mathscr{B}^N, \mathscr{B}^1)$ 可测函数，$F(x)$ 是 $X = (X_1, \cdots, X_N)$ 的联合分布函数,则

$$\int_{R^N} g(x) dF(x) = \int_\Omega g(X_1(\omega), \cdots, X_N(\omega)) dP(\omega).$$

(上式只要一边有意义,则另一边也有意义且两边相等.)

§3 弱收敛、全收敛及海来定理

定义 3.1 设 F 是 $\mathscr{B}^N$ 上的一个测度．记

$D(F) = \{a \mid a \in R^1$，且存在一个 $1 \leqslant i \leqslant N$，使 $F(\{x_i = a\}) > 0\}$，$C(F) = R^1 \backslash D(F)$．

注意．$\{x_i = a\} = \{(x_1, \cdots, x_N) \mid x_i = a\}$ 是与坐标轴平行的 $N-1$ 维超平面．

若 $G(x)$ 是 R^1 上的分布函数，$F(x) = \sigma^2 G(x)$，F 是 $F(x)$ 的伴随测度，σ^2 是非负常数,则 $C(F)$ 就是 $F(x)$ 的全体连续点．

定义 3.2 设 $\mathscr{I}_N$ 是 R^N 中全体区间构成的集合族，F 是 $\mathscr{B}^N$ 上的测度，$I \in \mathscr{I}_N$．若 $F(I) = F(I^0) = F(I^c)$ (I^0, I^c 如第一章 §2 所定义,即 I^0 是含于 I 的最大开集，I^c 是含 I 的最小闭集)，则称 I 是 F 的连续区间．若 I 的每个顶点的每个坐标都属于 R^1

中某子集 D，则称 I 为 D 区间.

显然，每一个 $C(F)$ 区间都是 F 的连续区间. 特别地，若 F 是 $\mathscr{B}^1$ 上的测度，$C(F)$ 区间是 F 的连续区间，反之也对.

定义 3.3 设 F_n, F 都是 $\mathscr{B}^N$ 上的测度，而且 $F(I)<\infty$, $F_n(I)<\infty$ $(n=1,2,\cdots, I\in\mathscr{I}_N)$. 如果对 F 的任一连续区间 I，都有

$$\lim_{n\to\infty} F_n(I)=F(I), \tag{3.1}$$

则称 $\{F_n\}$ 弱收敛于 F，记作 $F_n \xrightarrow{\text{W}} F$ $(n\to\infty)$，简记为 $F_n \xrightarrow{\text{W}} F$，或者记作

$$\lim_{n\to\infty} F_n=F, \quad [\text{W}].$$

如果除了 $F_n \xrightarrow{\text{W}} F$ 以外，还有 $F_n(R^N)\leqslant M$，且 $F_n(R^N)\to F(R^N)$，则称 $\{F_n\}$ 全收敛于 F，记作 $F_n \xrightarrow{\text{c}} F$ $(n\to\infty)$，简记为 $F_n \xrightarrow{\text{c}} F$，或者记作

$$\lim_{n\to\infty} F_n=F. \quad [\text{c}]$$

定理 3.1 (唯一性)

$$F_n \xrightarrow{\text{W}} F, \ F_n \xrightarrow{\text{W}} G \Rightarrow F=G.$$

证 设 $F_n \xrightarrow{\text{W}} F$, $F_n \xrightarrow{\text{W}} G$，则对任何 $C(F)\cap C(G)$ 区间 I，均有

$$F(I)=\lim_{n\to\infty} F_n(I)=G(I).$$

而 $C(F)\cap C(G)$ 在 R^1 中处处稠密，所以对任何区间 $I\in\mathscr{I}_N$，都有 $F(I)=G(I)$. 而 F 和 G 都是 $\mathscr{B}^N$ 上的 σ 有限测度，所以由测度扩张的唯一性知 $G(A)\equiv F(A)$ $(A\in\mathscr{B}^N)$.

上面我们定义了测度的弱收敛与全收敛. 我们也可以考虑点函数的弱收敛与全收敛.

定义 3.3′ 设 $F_n(x)$, $F(x)$ 是定义在 R^1 上的满足 (c_1), (c_2), (c_3) 的点函数. 如果对 $F(x)$ 的每一个连续点 x_0，都有

$$\lim_{n\to\infty} F_n(x_0)=F(x_0), \tag{3.1′}$$

则称 $\{F_n(x)\}$ 弱收敛到 $F(x)$，记作 $F_n(x) \xrightarrow{W} F(x)$ $(n \to \infty)$，简记为 $F_n(x) \xrightarrow{W} F(x)$，或者记作

$$\lim_{n\to\infty} F_n(x) = F(x). \quad [W]$$

如果除了 $F_n(x) \xrightarrow{W} F(x)$ 以外，还有 $|F_n(x)| \leqslant M$ $(n \geqslant 1, x \in R^1)$ 且 $F_n(\infty) \to F(\infty)$，$F_n(-\infty) \to F(-\infty)$，则称 $\{F_n(x)\}$ 全收敛于 $F(x)$，记作 $F_n(x) \xrightarrow{c} F(x)$ $(n \to \infty)$，简记为 $F_n(x) \xrightarrow{c} F(x)$，或者记作

$$\lim_{n\to\infty} F_n(x) = F(x). \quad [c]$$

命题 3.1 设 $F_n(x)$，$F(x)$ 是 R^1 上满足 (c_1)，(c_2)，(c_3) 的点函数，若 $F_n(x) \xrightarrow{W} F(x)$，$F_n$ 与 F 分别为 $F_n(x)$ 与 $F(x)$ 的伴随测度，则 $F_n \xrightarrow{W} F$. 反之，若 $\mathscr{B}^1$ 上的测度列 $\{F_n\}$ 弱收敛到测度 F，则存在满足 (c_1)，(c_2)，(c_3) 的点函数 $F_n(x)$ 及 $F(x)$，使

$$F_n(x) \xrightarrow{W} F(x),$$

而且 $F_n(x)$ 和 $F(x)$ 的伴随测度就是 F_n 和 F.

证明甚易，从略.

我们知道，满足 (c_1)，(c_2)，(c_3)，(c_4) 的点函数与满足 (A) 的测度之间有一一对应关系. 所以对 $(R^1, \mathscr{B}^1)$ 空间中满足 (c_1)—(c_4) 的点函数 $F(x)$ 来说，$F(x)$ 的全体连续点与其伴随测度 F 的 $C(F)$ 集是一样的，故 $C(F)$ 既表示如定义 3.1 中所定义的关于测度 F 的 $C(F)$ 集，又表示 $F(x)$ 的全体连续点集.

至于一般的 $(R^N, \mathscr{B}^N)$ 中的点函数的弱收敛性，我们就理解为其伴随测度的弱收敛.

定理 3.2 $\mathscr{B}^N$ 上的测度列 $\{F_n\}$ 弱收敛的充要条件是：存在一个在 R^1 中处处稠密的子集 D，使得对任一 D 区间 I，$\lim\limits_{n\to\infty} F_n(I)$ 存在(为有限数).

证 必要性. 若 $F_n \xrightarrow{W} F$，则对 $C(F)$ 区间 I，

$\lim\limits_{n\to\infty} F_n(I) = F(I)$ 存在(为有限数),而 $C(F)$ 在 R^1 中处处稠密. 必要性得证.

充分性. 在全部D区间上造一集合函数 F 如下:

$$F(I) = \lim_{n\to\infty} F_n(I), \quad I \text{ 是} D \text{区间}.$$

于是有

(1) $0 \leqslant F(I) < \infty$;

(2) $F(I) = F(I_1) + F(I_2)$ $\quad (I = I_1 \cup I_2,\ I_1 \cap I_2 = \varnothing,$ $I,\ I_1,\ I_2$ 都是D区间).

根据第一章定理 2.2 得知集合函数 $F(I)$ 有唯一一个伴随测度 F^*. 往证 $F_n \xrightarrow{\text{W}} F^*$.

事实上, 任给一个区间 I, 都存在一串D区间 $\{I_l\}$, 使 $I_l^0 \supset I_{l+1}^c$, $I_l^0 \supset I$ $(l = 1, 2, \cdots)$, $\lim\limits_{l\to\infty} I_l = I^c$. 由于 F^* 是 F 的伴随测度, 又因为 $I_l^0 \supset I_{l+1}^c$, 所以 $F^*(I_l) \geqslant F(I_{l+1})$. 但是 I_{l+1} 是D区间,所以

$$\lim_{n\to\infty} F_n(I_{l+1}) = F(I_{l+1}).$$

而 $I_{l+1} \supset I$, 所以

$$\lim_{n\to\infty} F_n(I_{l+1}) \geqslant \varlimsup_{n\to\infty} F_n(I),$$

从而

$$F^*(I_l) \geqslant \varlimsup_{n\to\infty} F_n(I).$$

因此

$$F^*(I^c) = \lim_{l\to\infty} F^*(I_l) \geqslant \varlimsup_{n\to\infty} F_n(I).$$

仿之可证

$$F^*(I^0) \leqslant \varliminf_{n\to\infty} F_n(I).$$

如果 I 是 F^* 的连续区间,则 $F^*(I^0) = F^*(I^c) = F^*(I)$, 所以, 由上述二不等式有

$$\lim_{n\to\infty} F_n(I) = F^*(I) \quad (I \text{ 是 } F^* \text{ 的连续区间}).$$

此即 $F_n \xrightarrow{\text{W}} F^*$.

定理 3.3 若 $\{F_n\}$ 是 $\mathscr{B}^N$ 上的测度列,而且对任何固定的

$I \in \mathscr{I}_N$, $\{F_n(I), n \geqslant 1\}$ 有界 $G(I)$，则 $\{F_n\}$ 有弱收敛子列，(通常称此性质为 $\{F_n\}$ 有弱紧性)．

证　用定理3.2．为证定理3.3，只需证明 $\{F_n\}$ 中有一子列，它在某 D 区间上收敛，而 D 在 R^1 中处处稠密．

取 D 为有理数集，则 D 在 R^1 中处处稠密，且 D 区间总共只有可数个，记之为

$$I_1, I_2, \cdots.$$

由于 $\{F_n(I), n \geqslant 1\}$ 有界 $G(I)$，所以 $0 \leqslant F_n(I_1) < G(I_1) < \infty$ $(n = 1, 2, \cdots)$，所以实数列 $\{F_n(I_1)\}$ 有收敛子列，记之为

$$F_{11}(I_1), F_{12}(I_1), \cdots, F_{1n}(I_1), \cdots.$$

又由于 $0 \leqslant F_{1n}(I_2) < G(I_2) < \infty$ $(n = 1, 2, \cdots)$，所以实数列 $\{F_{1n}(I_2)\}$ 有收敛子列，记之为

$$F_{21}(I_2), F_{22}(I_2), \cdots, F_{2n}(I_2), \cdots.$$

如此继续下去，对每个 k，都有 $\{F_n\}$ 的一个子列 $\{F_{kn}\}$，它在 $I_1, I_2, \cdots, I_k$ 上收敛．取 $\{F_{kk}\}$，它必在 $I_1, I_2, \cdots$ 上都收敛，即在全部 D 区间上收敛．定理得证．

系1　设 $\{F_n\}$ 满足定理3.3中全部条件．若 $\{F_n\}$ 不弱收敛，则 $\{F_n\}$ 必存在两个弱收敛子列，它们弱收敛到不同的极限；若 $\{F_n\}$ 的任一弱收敛子列都收敛到同一极限 F，则 $\{F_n\}$ 也弱收敛到 F．

证　由定理3.3知 $\{F_n\}$ 有弱收敛子列，记之为 $\{F_{kk}\}$，$F_{kk} \xrightarrow{W} F$．$\{F_n\}$ 抽去子列 $\{F_{kk}\}$ 后所剩下的子列记之为 $\{F_{n'}\}$．若 $\{F_n\}$ 不弱收敛，则 $\{F_{n'}\}$ 不弱收敛到 F，所以存在 F 的一个连续区间 I，使实数列 $\{F_{n'}(I)\}$ 不收敛到 $F(I)$，因此，$\{F_{n'}(I)\}$ 有子列 $\{F_{k'k'}(I)\}$，使

$$|F_{k'k'}(I) - F(I)| > \varepsilon. \tag{3.2}$$

再一次应用定理3.3，得知 $\{F_{k'k'}\}$ 有弱收敛子列 $\{F_{k_j}\}$，使

$$F_{k_j} \xrightarrow{W} G \quad (j \to \infty).$$

由于(3.2)，G 与 F 在 $\mathscr{B}^N$ 上是不能恒等的，系1得证．

定理 3.4 设 $F_n \xrightarrow{W} F$. 则

(1) $\varliminf\limits_{n\to\infty} F_n(E) \geqslant F(E)$ （E 为开集）；

(2) $\varlimsup\limits_{n\to\infty} F_n(E) \leqslant F(E)$ （E 为有界闭集）.

证 (1) 由于 $C(F)$ 在 R^1 中处处稠密，所以任何一个区间 I 都可表为至多可数个互不相交的 $C(F)$ 区间之和，而每一个开集又可表为可数个互不相交的区间之和，所以每个开集 E 都可表为

$$E = \bigcup_i I_i, \ \{I_i\} \text{ 是互不相交的 } C(F) \text{ 区间列.}$$

所以

$$F\left(\bigcup_{i=1}^{k} I_i\right) = \lim_{n\to\infty} F_n\left(\bigcup_{i=1}^{k} I_i\right) \leqslant \varliminf_{n\to\infty} F_n(E) \quad (k \geqslant 1).$$

因此

$$F(E) = \lim_{k\to\infty} F\left(\bigcup_{i=1}^{k} I_i\right) \leqslant \varliminf_{n\to\infty} F_n(E).$$

(2) 若 E 为有界闭集，则存在 $I^0 \supset E$，I 是 $F, F_1, F_2, \cdots$ 的公共的连续区间. 于是

$$F(I) = \lim_{n\to\infty} F_n(I) = \lim_{n\to\infty} F_n(I^0) = F(I^0).$$

而 $I^0 \backslash E$ 是开集，所以由 (1) 得

$$F(I^0 \backslash E) \leqslant \varliminf_{n\to\infty} F_n(I^0 \backslash E).$$

因此，

$$F(E) \geqslant \varlimsup_{n\to\infty} \{F_n(I^0) - F_n(I^0 \backslash E)\} = \varlimsup_{n\to\infty} F_n(E).$$

定理 3.5 若 $F_n \xrightarrow{W} F$，A 是 F 的有界连续集（所谓集 A 是 F 的连续集，意即 $F(A^0) = F(A^c) = F(A)$，其中 A^0 为含于 A 的最大开集，A^c 为含 A 的最小闭集），则 $\lim\limits_{n\to\infty} F_n(A) = F(A)$.

证 若 A 是 F 的有界连续集，则由定理 3.4 可得

$$\varliminf_{n\to\infty} F_n(A) \geqslant \varliminf_{n\to\infty} F_n(A^0) \geqslant F(A^0) = F(A) = F(A^c)$$

$$\geqslant \overline{\lim_{n\to\infty}} F_n(A^c) = \overline{\lim_{n\to\infty}} F_n(A).$$

故

$$\lim_{n\to\infty} F_n(A) = F(A).$$

定理 3.6 设 $F_n \xrightarrow{W} F$, $F_n(R^N) \leqslant M$, $F(R^N) \leqslant M$, 则

$$F_n \xrightarrow{c} F$$

的充要条件是：任给 $\varepsilon > 0$, 存在自然数 n_0 及区间 I_0, 使得当 $n \geqslant n_0$, $I \supset I_0$ 时有

$$F_n(R^N) - F_n(I) < \varepsilon.$$

证 必要性. 任给 $\varepsilon > 0$, 对 F 而言，存在 F 的一个连续区间 I_0, 使得当 $I \supset I_0$ 时有

$$F(R^N) - F(I) < \frac{\varepsilon}{2}.$$

对 $\frac{\varepsilon}{2} > 0$, 又存在一个自然数 n_0, 使得当 $n \geqslant n_0$ 时有

$$|F_n(R^N) - F(R^N)| < \frac{\varepsilon}{4}, \quad |F_n(I_0) - F(I_0)| < \frac{\varepsilon}{4}.$$

所以，当 $n \geqslant n_0$ 时有

$$\begin{aligned} F_n(R^N) - F_n(I_0) &\leqslant |F_n(R^N) - F(R^N)| + |F(R^N) - F(I_0)| \\ &\quad + |F(I_0) - F_n(I_0)| < \varepsilon. \end{aligned}$$

因此当 $I \supset I_0$, $n \geqslant n_0$ 时更有

$$F_n(R^N) - F_n(I) < \varepsilon.$$

充分性. 设对任意 $\varepsilon > 0$, 存在 n_0 及 I_0, 使 $n \geqslant n_0$, $I \supset I_0$ 时有

$$F_n(R^N) - F_n(I) < \varepsilon.$$

不妨令 I_0 是 F 的连续区间，且 $|F(I_0) - F(R^N)| < \varepsilon$. 所以

$$\begin{aligned} |F_n(R^N) - F(R^N)| &\leqslant |F_n(R^N) - F_n(I_0)| \\ &\quad + |F_n(I_0) - F(I_0)| + |F(I_0) - F(R^N)| \\ &< 2\varepsilon + |F_n(I_0) - F(I_0)| \quad (n \geqslant n_0). \end{aligned}$$

在上式中令 $n\to\infty$，并注意 $F_n \xrightarrow{W} F$ 得

$$\overline{\lim_{n\to\infty}} |F_n(R^N) - F(R^N)| \leqslant 2\varepsilon.$$

由 $\varepsilon > 0$ 可以任意小得知

$$\lim_{n\to\infty} F_n(R^N) = F(R^N).$$

所以 $F_n \xrightarrow{c} F$.

定理 3.7 若 $\mathscr{B}^N$ 上的测度 F_n，F 满足 $F_n(R^N) \leqslant M$，且 $F_n \xrightarrow{c} F$，A 是 F 的连续集(不一定有界)，则 $F_n(A) \to F(A)$.

证　由定理 3.4 得

$$\underline{\lim_{n\to\infty}} F_n(A^0) \geqslant F(A^0). \tag{3.3}$$

又 $R^N \backslash A^c$ 亦为开集，仍用定理 3.4 得

$$\underline{\lim_{n\to\infty}} F_n(R^N \backslash A^c) \geqslant F(R^N \backslash A^c). \tag{3.4}$$

但是

$$\lim_{n\to\infty} F_n(R^N) = F(R^N), \tag{3.5}$$

由 (3.4) 和 (3.5) 得

$$F(A^c) = F(R^N) - F(R^N \backslash A^c) \geqslant \overline{\lim_{n\to\infty}} F_n(A^c). \tag{3.6}$$

而 A 是 F 的连续集，即

$$F(A^0) = F(A^c) = F(A). \tag{3.7}$$

由 (3.3), (3.6), (3.7) 可得 $\lim\limits_{n\to\infty} F_n(A) = F(A)$.

系 1 若 $F_n(x)$, $F(x)$ 是 R^1 上的满足 (c_1)—(c_4) 的点函数，F_n, F 是其伴随测度. 则

$$F_n \xrightarrow{c} F \Longleftrightarrow F_n(x) \xrightarrow{c} F(x).$$

正因为系 1 成立，故满足 (c_1)—(c_4) 的点函数的全收敛与其对应的伴随测度的全收敛在符号上有时不加区别.

注意: (1) 若 $F_n(x)$, $F(x)$ 是 R^1 上的满足 (c_1)—(c_4) 的点函数，F_n, F 是其伴随测度. 虽然恒有"$F_n(x) \xrightarrow{W} F(x) \Rightarrow F_n \xrightarrow{W}$

F", 但一般而言，其逆不真. 所以点函数的弱收敛与其伴随测度的弱收敛,在符号上要严格区别.

反例如下：取

$$F_0(x)=\begin{cases}0, & x\leqslant 0;\\ 1, & x>0,\end{cases}$$

$$F_n(x)=F_0(x+n),\ n=1,2,\cdots,$$

则

$$\lim_{n\to\infty}F_n(x)=1.$$

因此

$$\lim_{n\to\infty}F_n([a,b))=0.$$

此即 $\{F_n\}$ 弱收敛于恒零测度,而 $\{F_n(x)\}$ 不能弱收敛到恒零测度所对应的满足 (c_1)—(c_4) 的点函数,即恒为 0 的函数.

(2) 弱收敛而不全收敛的测度列是存在的. 事实上，上面的例子就是一个反例. 因为 $F_n(R^1)=1$，而 $\{F_n\}$ 又弱收敛于恒零测度,故 $\{F_n\}$ 不能全收敛.

(3) 当 $F_n\xrightarrow{W}F$ 时,确有开集 E_1 和闭集 E_2, 使

$$\lim_{n\to\infty}F_n(E_1)\neq F(E_1),\quad \lim_{n\to\infty}F_n(E_2)\neq F(E_2).$$

例如,取

$$F_1(x)=\begin{cases}0, & x\leqslant 0;\\ 1, & x>0,\end{cases}$$

$$F_n(x)=F_1\left(x+1-\frac{1}{n}\right)=\begin{cases}0, & x\leqslant -1+\dfrac{1}{n};\\ 1, & x>-1+\dfrac{1}{n},\end{cases}\quad n=1,2,\cdots,$$

$$F(x)=\begin{cases}0, & x\leqslant -1;\\ 1, & x>-1,\end{cases}$$

则

$$F_n\xrightarrow{W}F.$$

但是

$$F_n((-1, \infty)) = -F_n(-1+0) + \lim_{x\to\infty} F_n(x) = 1,$$

$$F((-1, \infty)) = -F(-1+0) + \lim_{x\to\infty} F(x) = 0,$$

$$F_n([-2, -1]) = 0, \quad F([-2, -1]) = 1.$$

下面我们将要讨论另外一个主题. 问 题是: 若 $F_n \xrightarrow{W} F$, 对于什么样的函数 g 及什么样的集合 A, 才有

$$\lim_{n\to\infty}\int_A g dF_n = \int_A g dF. \tag{3.8'}$$

首先, 我们看出, 若 A 是区间, 则 A 必为 F 的连续区间才行. 否则即使当 g 是 A 上的示性函数 $\chi_A(x)$ 时, (3.8) 也不成立. 易见, A 为 F 的连续集也可以, 不过连续集 A 的测度等于其内核 A^0 的测度, 故 (3.8) 两边之积分区域可换为 A^0. 而 A^0 是开集, 从而 A^0 可以表成至多可数个互不相交的连续区间之和. 所以我们以后只考虑 A 是 F 的连续区间.

其次,我们来考察 $g(x)$ 满足什么条件才能使(3.8)成立.

(1) 若

$$g(x) = \sum_{i=1}^{m} c_i \chi_{I_i}(x),$$

c_i 是常数, I_i 是 F 的连续区间, $\{I_i\}$ 两两不交, χ_{I_i} 是 I_i 上的示性函数,则

$$\lim_{n\to\infty}\int_{R^N} g dF_n = \lim_{n\to\infty}\sum_{i=1}^{m} c_i F_n(I_i) = \sum_{i=1}^{m} c_i F(I_i)$$

$$= \int_{R^N} g dF.$$

(2) 若 $g_m \geqslant 0$, g_m 是 $(\mathscr{B}^N, \mathscr{B}^1)$ 可测的, 且 $g_m \geqslant g_{m+1}$ $(m \geqslant 1)$, 而且对每个 g_m 及相应的 F 的连续区间 I, (3.8) 成立, 即

$$\lim_{n\to\infty}\int_I g_m dF_n = \int_I g_m dF,$$

且 $g = \lim_{m\to\infty} g_m$, 则

$$\overline{\lim_{n\to\infty}}\int_I gdF_n \leqslant \int_I gdF. \tag{3.9}$$

事实上,由于

$$\lim_{n\to\infty}\int_I g_m dF_n = \int_I g_m dF, \quad \int_I g_m dF_n \geqslant \int_I gdF_n,$$

所以

$$\overline{\lim_{n\to\infty}}\int_I gdF_n \leqslant \int_I g_m dF \quad (m \geqslant 1). \tag{3.10}$$

由法都 (Fatou p.) 引理有 $\overline{\lim_{m\to\infty}}\int_I g_m dF \leqslant \int_I gdF$, 故把 (3.10) 对 $m \to \infty$ 取上极限即得 (3.9).

(3) 若 $g_m \geqslant 0$ 且为 $(\mathscr{B}^N, \mathscr{B}^1)$ 可测,且 $g_m \leqslant g_{m+1}$ $(m \geqslant 1)$, $g = \lim_{m\to\infty} g_m$, 而且对每个 g_m 及相应的 F 的连续区间 I, (3.8) 成立,即

$$\lim_{n\to\infty}\int_I g_m dF_n = \int_I g_m dF \quad (m \geqslant 1),$$

则

$$\lim_{n\to\infty}\int_I gdF_n \geqslant \int_I gdF. \tag{3.11}$$

证明仿 (2).

由 (2) 和 (3) 看出: 若 g 既满足 (2) 中条件又满足 (3) 中条件,则对 g 来说, (3.8) 成立.

定理 3.8 若 $F_n \xrightarrow{W} F$, $g(x)$ 在 R^N 上连续,则对 F 的任一连续区间 I, 有

$$\lim_{n\to\infty}\int_I g(x)dF_n(x) = \int_I g(x)dF(x). \tag{3.8}$$

证 先设 $g \geqslant 0$. 由 g 的连续性得知: 对每一个 k, 都可取两两不交的 F 的连续区间 $\{I_{kj}, j = 1, \cdots, n_k\}$, 使

(i) $I = \bigcup_{j=1}^{n_k} I_{kj}$;

(ii) 任一个 $I_{k+1,i}$ 都含于某一个 I_{kj} 中 $(i = 1, 2, \cdots, n_{k+1})$;

(iii) 若令 $M_{kj}=\sup\limits_{x\in I_{kj}} g(x)$，$m_{kj}=\inf\limits_{x\in I_{kj}} g(x)$，则有

$$(M_{kj}-m_{kj})\leqslant\frac{1}{2^k}\quad (j=1,\cdots,n_k).$$

作

$$g_k(x)=\sum_{j=1}^{n_k} M_{kj}\chi_{I_{kj}}(x),\quad g_k^*(x)=\sum_{j=1}^{n_k} m_{kj}\chi_{I_{kj}}(x),$$

则 $\{g_k(x)\}$ 在 I 上单调下降地趋于 $g(x)$，$\{g_k^*(x)\}$ 在 I 上单调上升地趋于 $g(x)$. 而对 $g_k(x)$ 和 $g_k^*(x)$ 来说，(3.8)成立，所以对非负连续函数 $g(x)$ 来说，(3.8)也成立. 而任一连续函数都可表为两个非负连续函数之差，所以对一般的连续函数而言，(3.8)也成立.

定理 3.9 设 $g(x)$ 在 R^N 上连续，$\lim\limits_{|x|\to\infty} g(x)=0\left(|x|=\sqrt{\sum\limits_{i=1}^N x_i^2}\right)$，$F_n\xrightarrow{W}F$，$F_n(R^N)\leqslant M\quad(n\geqslant1)$，$F(R^N)\leqslant M$，则

$$\lim_{n\to\infty}\int_{R^N} g(x)dF_n(x)=\int_{R^N} g(x)dF(x).\qquad(3.8.1)$$

证

$$\begin{aligned}&\left|\int_{R^N} g(x)dF_n(x)-\int_{R^N} g(x)dF(x)\right|\\&\leqslant\left|\int_A g(x)dF_n(x)-\int_A g(x)dF(x)\right|\\&\quad+\left|\int_{R^N\setminus A} g(x)dF_n(x)-\int_{R^N\setminus A} g(x)dF(x)\right|.\end{aligned}$$

选 A 为 F 及 F_n $(n\geqslant1)$ 的连续区间，且使

$$|g(x)|<\varepsilon,\quad x\bar{\in}A,$$

则

$$\begin{aligned}&\left|\int_{R^N} g(x)dF_n(x)-\int_{R^N} g(x)dF(x)\right|\\&\leqslant\left|\int_A g(x)dF_n(x)-\int_A g(x)dF(x)\right|+2M\varepsilon.\end{aligned}$$

再用定理 3.8 即得定理 3.9.

定理 3.10 设 $g(x)$ 在 R^N 上连续，$|g(x)| < G$ $(x \in R^N)$，$F_n \xrightarrow{c} F$，则

$$\lim_{n\to\infty}\int_{R^N} g(x)dF_n(x) = \int_{R^N} g(x)dF(x). \tag{3.8.1}$$

证

$$\begin{aligned}
&\left|\int_{R^N} g(x)dF_n(x) - \int_{R^N} g(x)dF(x)\right| \\
&\leqslant \left|\int_A g(x)dF_n(x) - \int_A g(x)dF(x)\right| \\
&\quad + \left|\int_{R^N\setminus A} g(x)dF_n(x) - \int_{R^N\setminus A} g(x)dF(x)\right| \\
&\leqslant \left|\int_A g(x)dF_n(x) - \int_A g(x)dF(x)\right| \\
&\quad + G(F_n(R^N\setminus A) + F(R^N\setminus A)),
\end{aligned}$$

由定理 3.6 知：可取 A 为 F 和 F_n 的连续区间使

$$F_n(R^N\setminus A) \leqslant \frac{\varepsilon}{4G} \quad (n \geqslant n_0),$$

$$F(R^N\setminus A) \leqslant \frac{\varepsilon}{4G}.$$

于是，应用定理 3.8 即得定理 3.10.

定理 3.8.1 设 $F_n \xrightarrow{W} F$，U 为一抽象集合，其中的点用 u 表示．若 $g(u, x)$ 定义在 $U \times R^N$，取值于 R^1，而且满足条件：任给 $\varepsilon > 0$ 及区间 J，都存在一个 $\delta > 0$，使 $|x^{(1)} - x^{(2)}| < \delta$，$x^{(1)}, x^{(2)} \in J$ 时，对 $u \in U$ 一致地有

$$|g(u, x^{(1)}) - g(u, x^{(2)})| < \varepsilon.$$

则对 F 的任何一个连续区间 I，对 $u \in U$ 一致地有

$$\lim_{n\to\infty}\int_I g(u, x)dF_n(x) = \int_I g(u, x)dF(x).$$

定理 3.9.1 设 $F_n \xrightarrow{W} F$，$F_n(R^N) \leqslant M$，$F(R^N) \leqslant M$，$g(u, x)$ 除满足定理 3.8.1 中的全部条件外，还满足

$$\lim_{|x|\to\infty} g(u, x) = 0 \quad (\text{对 } u \in U \text{ 一致成立}),$$

则对 $u \in U$ 一致地有

$$\lim_{n\to\infty} \int_{R^N} g(u, x) dF_n(x) = \int_{R^N} g(u, x) dF(x).$$

定理 3.10.1 设 $F_n \xrightarrow{c} F$，$g(u, x)$ 除满足定理 3.8.1 中的全部条件外，还满足：

$$|g(u, x)| < G \quad (x \in R^N, \ u \in U),$$

则对 $u \in U$ 一致地有

$$\lim_{n\to\infty} \int_{R^N} g(u, x) dF_n(x) = \int_{R^N} g(u, x) dF(x).$$

注意：若 $N = 1$，$x_0 \in c(F)$，则定理 3.9.1 和 3.10.1 中的积分区域 $R^N = R^1$ 换为 $(-\infty, x_0)$，$(-\infty, x_0]$，$[x_0, \infty)$，(x_0, ∞)，定理仍然成立.

事实上，任给 $\varepsilon>0$，由 $x_0 \in c(F)$ 知：可取 $\delta>0$，$(x_0+\delta) \in c(F)$，$F([x_0, x_0+\delta)) < \varepsilon$. 令

$$g_\varepsilon(u, x) = \begin{cases} g(u, x), & x \in (-\infty, x_0); \\ g(u, x_0)\left(1 - \dfrac{x - x_0}{\delta}\right), & x \in [x_0, x_0+\delta); \\ 0, & x \in [x_0+\delta, \infty), \end{cases}$$

则

$$\begin{aligned} &\left|\int_{(-\infty, x_0)} g(u, x) dF_n(x) - \int_{(-\infty, x_0)} g(u, x) dF(x)\right| \\ &\leqslant \left|\int_{(-\infty, x_0)} g(u, x) dF_n(x) - \int_{R^1} g_\varepsilon(u, x) dF_n(x)\right| \\ &\quad + \left|\int_{R^1} g_\varepsilon(u, x) dF_n(x) - \int_{R^1} g_\varepsilon(u, x) dF(x)\right| \\ &\quad + \left|\int_{R^1} g_\varepsilon(u, x) dF(x) - \int_{(-\infty, x_0)} g(u, x) dF(x)\right| \\ &\leqslant |g(u, x_0)| (F_n([x_0, x_0+\delta)) + F([x_0, x_0+\delta))) \\ &\quad + \left|\int_{R^1} g_\varepsilon(u, x) dF_n(x) - \int_{R^1} g_\varepsilon(u, x) dF(x)\right|. \end{aligned}$$

由定理的条件有充分大的 $x_1 \in c(F)$，$\sup_{u\in U} |g(u, x_1)| \leqslant M < \infty$.

不妨令 $x_1=x_0$（否则考虑 $(-\infty, x_0)=(-\infty, x_1)\setminus[x_0, x_1)$）。于是

$$\overline{\lim_{n\to\infty}}\sup_{u\in U}\left|\int_{(-\infty, x_0)} g(u, x)dF_n(x)-\int_{(-\infty, x_0)} g(u, x)dF(x)\right|$$

$$\leqslant 2\varepsilon\sup_{u\in U}|g(u, x_0)|\leqslant 2\varepsilon M \quad (\varepsilon>0 \text{ 可任意小}).$$

第二章 特征函数

§1 定义及反演公式

定义 1.1 设 $F(x)$ 是定义在 R^1 上的单调非降、左连续且 $0 \leqslant F(x) \leqslant M$ 的函数. 称

$$f(t) = \int_{R^1} e^{itx} dF(x) \quad (t \in R^1),$$

为 $F(x)$ 的傅氏 (Fourier, J. B. J.) 变换,或称之为 $F(x)$ 的伴随测度 F 的傅氏变换. 特别地,准分布函数 $F(x)$ 的傅氏变换称为 $F(x)$ 的特征函数,分布函数 $F(x)$ 的特征函数也称为此分布函数所对应的随机变量的特征函数,特征函数用符号 c. f. 表示.

显然,由定义出发,R^1 上的单调非降、左连续且 $0 \leqslant F(x) \leqslant M$ 的 $F(x)$ 唯一决定其傅氏变换. 现在问: 两个满足上述三条件的其伴随测度不恒等的函数 $F_1(x)$, $F_2(x)$ 的傅氏变换是否可能相同? 回答是不相同. 因而准分布函数与特征函数之间的对应是一对一的. 下面的反演公式回答了这一问题.

定理 1.1 (反演公式) 设 $F(x)$ 是定义在 R^1 上的单调非降、左连续且 $0 \leqslant F(x) \leqslant M$ 的函数, $f(t)$ 是其傅氏变换,则对任意的 $a < b$, 有

$$\frac{1}{2}[F(b+0) + F(b)] - \frac{1}{2}[F(a+0) + F(a)]$$
$$= \frac{1}{2\pi} \lim_{T \to \infty} \int_{-T}^{T} \frac{e^{-itb} - e^{-ita}}{-it} f(t) dt. \tag{1.1}$$

证 令

$$I_T = \frac{1}{2\pi} \int_{-T}^{T} \frac{e^{-itb} - e^{-ita}}{-it} f(t) dt,$$

则由

$$\left|\frac{e^{-itb}-e^{-ita}}{-it}e^{itx}\right|\leqslant\left|\frac{1}{t}\right|\left|e^{-i(b-x)t}-e^{-i(a-x)t}\right|$$

$$\leqslant\left|\frac{1}{t}\right|\left|(b-x)t-(a-x)t\right|=(b-a)$$

得知下述重积分可交换次序

$$I_T=\frac{1}{2\pi}\int_{-T}^{T}\left(\int_{R^1}\frac{e^{-itb}-e^{-ita}}{-it}e^{itx}dF(x)\right)dt$$

$$=\frac{1}{2\pi}\int_{R^1}\left(\int_{-T}^{T}\frac{e^{-it(b-x)}-e^{-it(a-x)}}{-it}dt\right)dF(x).$$

令

$$J(b,T,x)=\int_{-T}^{T}\frac{e^{-it(b-x)}}{-it}dt,$$

则

$$I_T=\frac{1}{2\pi}\int_{R^1}(J(b,T,x)-J(a,T,x))dF(x)$$

$$=\frac{1}{\pi}\int_{R^1}\left(\int_{T(x-b)}^{T(x-a)}\frac{\sin v}{v}dv\right)dF(x).$$

再令

$$H(x)=\lim_{T\to\infty}\int_{T(x-b)}^{T(x-a)}\frac{\sin v}{v}dv,$$

则由

$$\int_0^{\infty}\frac{\sin v}{v}dv=\frac{\pi}{2}$$

可知

$$H(x)=\begin{cases}\pi, & a<x<b;\\ \dfrac{\pi}{2}, & x=a \text{ 或 } x=b;\\ 0, & x<a \text{ 或 } x>b.\end{cases}$$

由此推知

$$\frac{1}{\pi}\int_{R^1}H(x)dF(x)$$

$$= \frac{1}{\pi}\left[\int_{(a,b)} \pi dF(x) + \int_{\{a\}} \frac{\pi}{2} dF(x) + \int_{\{b\}} \frac{\pi}{2} dF(x)\right]$$

$$= \frac{1}{\pi}\left[\pi(F(b) - F(a+0)) + \frac{\pi}{2}(F(a+0) - F(a)) + \frac{\pi}{2}(F(b+0) - F(b))\right]$$

$$= \frac{F(b+0)+F(b)}{2} - \frac{F(a+0)+F(a)}{2}.$$

若能证明

$$\lim_{T\to\infty} I_T = \lim_{T\to\infty} \frac{1}{\pi}\int_{R^1}\left(\int_{T(x-b)}^{T(x-a)} \frac{\sin v}{v} dv\right) dF(x)$$

$$= \frac{1}{\pi}\int_{R^1}\left[\lim_{T\to\infty}\int_{T(x-b)}^{T(x-a)} \frac{\sin v}{v} dv\right] dF(x), \tag{1.2}$$

则定理 1.1 得证，事实上，因为

$$\left|\int_0^t \frac{\sin v}{v} dv\right| \leqslant \left|\int_0^1 \frac{\sin v}{v} dv\right| + \left|\int_1^t \frac{\sin v}{v} dv\right|,$$

而根据第二中值定理有

$$\left|\int_1^t \frac{\sin v}{v} dv\right| \leqslant 2,$$

所以

$$\left|\int_0^t \frac{\sin v}{v} dv\right| \leqslant 3$$

而 $\sin v/v$ 是偶函数，所以

$$\int_{T(x-b)}^{T(x-a)} \frac{\sin v}{v} dv$$

是 x 的有界函数. 因此，由勒贝格控制收敛定理得知(1.2)成立.

从定理 1.1 看出：若 $a, b \in C(F)$，则 $\lim\limits_{T\to\infty} I_T = F(b) - F(a)$，从而 F 在其连续区间上的测度值由 $f(t)$ 唯一决定. 但是 F 又由其连续区间上的测度值唯一决定，因此，F 由其傅氏变换唯一决定.

以后随机变量、分布函数、准分布函数、特征函数常用 R. V.，d. f.，d′. f.，c. f. 表示，不再逐处说明.

容易看出:

1. 若 R. V. X 是连续的，即有密度函数 $p(x)$，则 X 的 c. f. $f(t)=\int_{R^1} e^{itx}\cdot p(x)dx$;

2. 若 R. V. X 是离散的,即 $P(X=x_k)=p_k$, $\sum\limits_k p_k=1$，则 X 的 c. f. $f(t)=\sum\limits_k e^{itx_k}p_k$;

3. X 的 c. f. $f(t)=E(e^{itX})$ 恒存在.

§2 简单性质及例子

以后我们所谈及的随机变量总是概率空间$(\Omega, \mathscr{F}, P)$上的，且经常用 X, Y, X_n, Y_n 表示,不再逐处说明.

命题 2.1 特征函数 $f(t)$ 在 R^1 上一致连续，$|f(t)|\leqslant f(0)=F(R^1)\leqslant 1$，$f(-t)=\overline{f(t)}$ ($\bar{f}$ 表 f 的复共轭).

证 $|f(t+h)-f(t)|=\left|\int_{R^1}(e^{ihx}-1)e^{itx}dF(x)\right|$

$$\leqslant \int_{|x|<A}|e^{ihx}-1|dF(x)+\int_{|x|\geqslant A}2dF(x), \qquad (2.1)$$

任给 $\varepsilon>0$，可取 $A>0$ 使 $\int_{|x|\geqslant A}dF(x)<\frac{\varepsilon}{4}$. A 取定后，再取 $h_0>0$，使 $|e^{ihx}-1|<\frac{\varepsilon}{2}$ (当 $|x|<A$，$|h|<h_0$)，则由 (2.1) 可知

$$|f(t+h)-f(t)|<\varepsilon \quad (\text{只要 } |h|<h_0).$$

注意 h_0 与 t 无关可知 $f(t)$ 在 R^1 上一致连续. 至于 $|f(t)|\leqslant f(0)\leqslant 1$，$f(-t)=\overline{f(t)}$ 可由定义直接验证之.

命题 2.2 若 $f(t)$ 是随机变量 X 的特征函数，则 $a+bX$ 的特征函数为 $g(t)=e^{iat}f(bt)$，其中 a 与 b 是常数.

证 甚易,从略.

命题 2.3 若 $F_1(x)$，$F_2(x)$ 为 d'. f.，$f_1(t)$，$f_2(t)$ 为其对应的 c. f.，则 $F=F_1*F_2$ 的 c. f. 为 $f(t)=f_1(t)\cdot f_2(t)$; 反之也对.

证 取 $a = x_{n1} < \cdots < x_{nk_n+1} = b$ 使

$$\lim_{n\to\infty} \sup_{1\leqslant k\leqslant k_n} (x_{nk+1} - x_{nk}) = 0.$$

因为 e^{itx} 是连续函数，F 是有限测度，所以 $\int_{[a,b)} e^{itx}dF(x)$ 可以表成下述黎曼-斯蒂尔吉斯（Riemann-Stieltjes）和

$$\begin{aligned}\int_{[a,b)} e^{itx}dF(x) &= \lim_{n\to\infty}\sum_{k=1}^{k_n} e^{itx_{nk}}F([x_{nk}, x_{nk+1}))\\ &= \lim_{n\to\infty}\int_{R^1}\sum_{k=1}^{k_n} e^{it(x_{nk}-y)}F_1([x_{nk}-y, x_{nk+1}-y))e^{ity}dF_2(y)\\ &= \int_{R^1}\left(\int_{[a-y,b-y)} e^{itx}dF_1(x)\right)e^{ity}dF_2(y),\end{aligned}$$

令 $a\to-\infty$，$b\to\infty$，即得

$$\int_{R^1} e^{itx}dF(x) = \int_{R^1} e^{itx}dF_1(x)\cdot\int_{R^1} e^{ity}dF_2(y),$$

此即 $f(t) = f_1(t)\cdot f_2(t)$.

反之，若 $F(x)$ 的 c. f. 为 $f(t) = f_1(t)\cdot f_2(t)$，($f_i(t)$ 是 $F_i(x)$ 的c. f.)，则由命题 2.3 的第一部分知：$f(t)$ 是 $F_1 * F_2$ 的 c. f.. 根据定理 1.1，d'. f. 到 c. f. 之间的对应是一对一的，所以 $F = F_1 * F_2$.

系 设 X_1, X_2 的 c. f. 及 d. f. 分别为 $f_1(t)$，$f_2(t)$ 和 $F_1(x)$，$F_2(x)$，则下列二陈述等价：

1. $X_1 + X_2$ 的 d. f. 为 $F_1 * F_2$;
2. $X_1 + X_2$ 的 c. f. 为 $f_1(t)\cdot f_2(t)$.

命题 2.4 R. V. X 的 c. f. $f(t)$ 是实值函数的充要条件是：X 的 d. f. $F(x)$ 是对称的，即 $F(x) = 1 - F(-x+0)$，也就是 $P(X < x) = P(-X < x)$.

证 充分性. 若 X 的 d.f. $F(x)$ 是对称的，即 X 与 $-X$ 有相同的分布函数，从而 X 与 $-X$ 的特征函数相同，即 $f(t) = f(-t)$，但 $f(-t) = \overline{f(t)}$，所以 $f(t) = \overline{f(t)}$，此即 $f(t)$ 是实值的.

必要性. 若 X 的 c. f. $f(t)$ 是实值的，则 $f(t) = \overline{f(t)} = f(-t)$，此即 X 与 $-X$ 有相同的特征函数，从而 X 与 $-X$ 有相同的分布函

数，也就是X的分布函数是对称的.

例1 若d. f. $F(x)$ 只在$x=a$这点有正测度，则称 $F(x)$是退化的，记之以 $\varepsilon_a(x)$，$\varepsilon_0(x)$ 称为零一律. $\varepsilon_a(x)$ 的特征函数为 e^{iat}，特别地零一律的特征函数为 1 .

例2 若 $X_1, \cdots, X_n$ 相互独立，且具有公共分布:

$$P(X_i=1)=p,\ P(X_i=0)=q,\ p+q=1,$$

则 $S_n=\sum_{i=1}^{n} X_i$ 具有二项分布 $b(k;n,p)$

$$P(S_n=k)=b(k;n,p)=\binom{n}{k} p^k q^{n-k},\quad k=0,1,\cdots,n,$$

其中$\binom{n}{k}$是n个元素中取k个的组合数，S_n的特征函数为:

$$f(t)=(pe^{it}+q)^n.$$

例3 若X服从泊松 (Poisson, S. D.) 分布:

$$P(X=k)=e^{-\lambda}\frac{\lambda^k}{k!},\quad k=0,1,2,\cdots,$$

则X的特征函数为

$$f(t)=\sum_{k=0}^{\infty} e^{-\lambda}\frac{\lambda^k}{k!}e^{itk}=e^{\lambda(e^{it}-1)}.$$

例4 若X服从标准正态分布 $N(0,1)$，则X的特征函数为: $f(t)=e^{-\frac{1}{2}t^2}$.

事实上，

$$f(t)=\int_{R^1} e^{itx}\frac{1}{\sqrt{2\pi}}e^{-\frac{1}{2}x^2}dx,$$

而

$$\left|\frac{\partial}{\partial t}\left(e^{itx}\frac{1}{\sqrt{2\pi}}e^{-\frac{1}{2}x^2}\right)\right|=\left|\frac{1}{\sqrt{2\pi}}ixe^{-\frac{1}{2}x^2}\right|,$$

$$\int_{R^1}\left|\frac{1}{\sqrt{2\pi}}e^{-\frac{1}{2}x^2}x\right|dx<\infty,$$

所以可以对 $f(t)$ 积分号下取导数，即

$$f'(t)=\int_{R^1} ixe^{itx}\frac{1}{\sqrt{2\pi}}e^{-\frac{1}{2}x^2}dx$$

$$=\int_{R^1}-x\frac{1}{\sqrt{2\pi}}e^{-\frac{1}{2}x^2}\sin txdx$$

$$=-t\int_{R^1}\frac{1}{\sqrt{2\pi}}e^{-\frac{1}{2}x^2}\cos tx=-tf(t).$$

所以解

$$\frac{f'(t)}{f(t)}=-t$$

得

$$\log f(t)=-\frac{1}{2}t^2+c,$$

而 $f(0)=1$，所以 $c=0$，即 $f(t)=e^{-\frac{1}{2}t^2}$.

更一般的，若X服从正态分布 $N(a,\sigma)$，则X的特征函数为 $f(t)=e^{iat-\frac{1}{2}\sigma^2t^2}$.

例5 若 $f_1(t),f_2(t)$ 皆为特征函数，则 $|f_1(t)|^2$，$f_1(t)\cdot f_2(t)$ 亦然.

例6 若 $P(X=a+ku)=p_k$，$\sum_k p_k=1$，则称X服从格子点分布，u称为其间隔. X服从格子点分布的充要条件是：存在一个 $t_0\neq 0$，使X的特征函数 $f(t)$ 满足 $|f(t_0)|=1$.

证 必要性. 若X服从格子点分布，则

$$f(t)=\sum_k e^{it(a+ku)}p_k,$$

令 $u\neq 0$，则

$$f\left(\frac{2\pi}{u}\right)=e^{\frac{2\pi ai}{u}},\quad \left|f\left(\frac{2\pi}{u}\right)\right|=1;$$

若 $u=0$，则 $f(t)=e^{iat}$，$|f(t)|=1$.

充分性. 若存在 $t_0\neq 0$，使 $|f(t_0)|=1$，则 $f(t_0)=e^{iat_0}$. 所以

$$1=e^{-iat_0}f(t_0)=E\left(e^{-iat_0+iXt_0}\right),$$

从而

$$E(\cos t_0(X-a))=1,$$

故得：$P(1-\cos t_0(X-a)=0)=1$，也即

$$P(t_0(X-a)=2k\pi,\ k=0,\pm 1,\pm 2,\cdots)=1.$$

令

$$p_k=P\left(X=a+\frac{2k\pi}{t_0}\right)\quad (k=0,\pm 1,\pm 2,\cdots),$$

则 $\sum_k p_k=1$，此即X服从格子点分布.（其间隔 $u=\frac{2\pi}{t_0}$.）

系 若 t_0 与 t_1 之比为非有理数，且使 X 的 c.f. $f(t)$ 满足 $|f(t_0)|=|f(t_1)|=1$，则X服从退化分布.

证 若 $|f(t_0)|=|f(t_1)|=1$，则由例 6 可知：

$$p_k=P\left(X=a_0+\frac{2k\pi}{t_0}\right)\ (k=0,\pm 1,\pm 2,\cdots),$$

$$q_k=P\left(X=a_1+\frac{2k\pi}{t_1}\right)\ (k=0,\pm 1,\pm 2,\cdots),$$

$\sum_k p_k=\sum_k q_k=1$. 谬设X不服从退化分布，则有 $p_{k_1}>0$，$p_{k_2}>0$，$p_{k_1}=q_{n_1}$，$p_{k_2}=q_{n_2}$，所以

$$\left|(k_1-k_2)\frac{2\pi}{t_0}\right|=\left|(n_1-n_2)\frac{2\pi}{t_1}\right|,$$

即 t_0 与 t_1 之比为有理数. 系得证.

§3 连续性定理

在§1中我们看到了：准分布函数与特征函数之间的对应是一对一的. 现在我们问：它们的对应是否有某种意义的连续性，譬如说，设 $F_n(x)$，$F(x)$ 皆为 d'.f.，$f_n(t)$，$f(t)$ 为其对应的 c.f.，若 $F_n\xrightarrow{c}F$，问是否有 $f_n\to f$? 反过来，若 $f_n\to f$，问是否有 $F_n\xrightarrow{c}F$? 上述两个问题的回答都是肯定的.

定理 3.1 设 d'.f. $F_n(x)$ 和 $F(x)$ 所对应的 c.f. 为 $f_n(t)$ 和 $f(t)$，若 $F_n(x)\xrightarrow{c}F(x)$，则

$$\lim_{n\to\infty} f_n(t) = f(t)$$

在 t 属于任何有限区间上一致成立.

证 此定理是第一章定理 3.10.1 的直接推论.

定理 3.2 设 d'. f. $F_n(x)$ 所对应的 c. f. 为 $f_n(t)$, 若

$$\lim_{n\to\infty} f_n(t) = f(t),$$

[a. e.] (在勒贝格测度下), 则存在唯一一个有限测度 F, 使得:

(1) $F_n \xrightarrow{W} F$;

(2) $f(t) = \int_{R^1} e^{itx} dF(x)$, [a. e.] (在勒贝格测度下).

证 由第一章定理 3.3 系 1, 为证(1), 只需证明 $\{F_n\}$ 的任何一个弱收敛子列都收敛到同一极限.

任取 $\{F_n\}$ 的一个弱收敛子列 $\{G_n\}$,

$$G_n \xrightarrow{W} F,$$

往证 F 与 $\{G_n\}$ 之选取无关. 事实上, 由第一章定理 3.9.1 有

$$\lim_{n\to\infty} \int_{R^1} \frac{e^{itx}-1}{ix} dG_n(x) = \int_{R^1} \frac{e^{itx}-1}{ix} dF(x). \tag{3.1}$$

令 G_n 所对应的 c. f. 为 $g_n(t)$, 由于 $\{g_n\}$ 是 $\{f_n\}$ 的子列, 所以

$$\lim_{n\to\infty} g_n(t) = f(t), \quad [\text{a. e.}],$$

因此

$$\lim_{n\to\infty} \int_{R^1} \frac{e^{itx}-1}{ix} dG_n(x) = \lim_{n\to\infty} \int_0^t g_n(u)du = \int_0^t f(u)du.$$

代入 (3.1) 得

$$\int_0^t f(u)du = \int_{R^1} \frac{e^{itx}-1}{ix} dF(x). \tag{3.2}$$

对 (3.2) 求导数即得

$$f(t) = \int_{R^1} e^{itx} dF(x), \quad [\text{a. e.}].$$

因此, 由定理 1.1 得知 F 被 $f(t)$ 所唯一决定, 而与子列 $\{G_n\}$ 之选取无关, 这就证明了(1). 而在此证明中还说明 F 的傅氏变换确实

与 $f(t)$ [a. e.] 相等．因此 (2) 也得证．

定理 3.3 设 d'. f. $F_n(x)$ 的 c. f. 为 $f_n(t)$．若

$$\lim_{n\to\infty} f_n(t)=f(t),\quad f(t)\text{ 在 0 点连续，}$$

则

(1) $F_n(x) \xrightarrow{c} F(x)$;

(2) $f(t)=\int_{R^1} e^{itx}dF(x)$;

(3) $\lim\limits_{n\to\infty} f_n(t)=f(t)$，在 t 属于任何有限区间上一致成立．

证 因为 $\lim\limits_{n\to\infty} f_n(t)=f(t)$，所以，根据定理 3.2 得知

$$F_n \xrightarrow{W} F,$$

且

$$f(t)=\int_{R^1} e^{itx}dF(x),\quad [\text{a. e.}].$$

但 $f(t)$ 在 $t=0$ 连续，所以

$$f(0)=\int_{R^1} dF(x). \tag{3.3}$$

而

$$f(0)=\lim_{n\to\infty} f_n(0)=\lim_{n\to\infty}\int_{R^1} dF_n(x), \tag{3.4}$$

所以由 (3.3)，(3.4) 得知，任给 $\varepsilon>0$，存在 n_0 及 I_0，使得当

$$n\geqslant n_0,\quad I\supset I_0 \text{ 时有}$$

$$F_n(R^1)-F_n(I)<\varepsilon.$$

因此，用第一章定理 3.6 知 $F_n \xrightarrow{c} F$，故

$$F_n(x) \xrightarrow{c} F(x).$$

这就证明了 (1)，由 (1) 及定理 3.1，本定理后部分得证．

定理 3.4 设 d'. f. $F_n(x)$ 所对应的 c. f. 为 $f_n(t)$．若 $\lim\limits_{n\to\infty} f_n(t)=f(t)$ (当 $|t|<\delta$)，且 $f(t)$ 在 $t=0$ 连续，则

(1) $\{F_n\}$ 的任何一个弱收敛子列 $\{G_n\}$ 都全收敛；

(2) $\{F_n(x)\}$ 的全收敛子列的极限 (一定是 d'. f.) 的特征函数在 $|t|<\delta$ 上与 $f(t)$ 相等；

(3) $\lim\limits_{n\to\infty} f_n(t) = f(t)$ 在 $|t| < \delta$ 上一致成立.

证 (1) 令 $G_n \xrightarrow{\text{W}} G$, G_n 对应之 c. f. 为 $g_n(t)$, 则由第一章定理 3.9.1 得知

$$\lim_{n\to\infty} \int_{R^1} \frac{e^{itx}-1}{ix} dG_n(x) = \int_{R^1} \frac{e^{itx}-1}{ix} dG(x), \tag{3.5}$$

但是

$$\lim_{n\to\infty} f_n(t) = f(t), \quad |t| < \delta,$$

$\{g_n(t)\}$ 是 $\{f_n(t)\}$ 的子列,所以

$$\lim_{n\to\infty} g_n(t) = f(t), \quad |t| < \delta.$$

由此推知

$$\lim_{n\to\infty} \int_{R^1} \frac{e^{itx}-1}{ix} dG_n(x) = \lim_{n\to\infty} \int_0^t g_n(u)du$$

$$= \int_0^t f(u)du, \quad |t| < \delta.$$

将上式代入 (3.5) 得

$$\int_0^t f(u)du = \int_{R^1} \frac{e^{itx}-1}{ix} dG(x), \quad |t| < \delta. \tag{3.6}$$

对 (3.6) 求导数得

$$f(t) = \int_{R^1} e^{itx} dG(x), \quad [\text{a. e.}], \ |t| < \delta.$$

又因为 $f(t)$ 在 $t = 0$ 连续,所以

$$f(0) = \int_{R^1} dG(x), \tag{3.7}$$

$$f(0) = \lim_{n\to\infty} g_n(0) = \lim_{n\to\infty} \int_{R^1} dG_n(x), \tag{3.8}$$

比较 (3.7) 和 (3.8) 并应用第一章定理 3.6 得知

$$G_n \xrightarrow{\text{c}} G.$$

(2) 若 $G_n \xrightarrow{\text{c}} G$ (由弱紧性及(1),这样的子列 $\{G_n\}$ 是存在的),则由第一章定理 3.10.1 有

$$\int_{R^1} e^{itx} dG(x) = \lim_{n\to\infty} \int_{R^1} e^{itx} dG_n(x) = \lim_{n\to\infty} g_n(t) = f(t), \tag{3.9}$$

在 $|t|<\delta$ 上一致成立. 这就证明了(2).

(3) 若(3)不成立,则存在 $\varepsilon>0$ 及 n_k 使

$$\sup_{|t|<\delta}|f_{n_k}(t)-f(t)|>\varepsilon \quad (\text{一切 } k\geqslant 1). \tag{3.10}$$

由于 $\{f_{n_k}(t)\}$ 是 $\{f_n\}$ 的子序列,所以由本定理的(1)和(2), $\{F_{n_k}\}$ 有子列 $\{G_{n_k}\}$ 使

$$G_{n_k}\xrightarrow{c}G^*,$$

$$\lim_{k\to\infty}g_{n_k}(t)=f(t) \quad (\text{在 } |t|<\delta \text{ 一致成立}). \tag{3.11}$$

(3.11)与(3.10)矛盾. 定理证毕.

系 1 若 $f_n(t)$, $f(t)$ 都是 c.f., 而且 $f_n(t)\to f(t)$, 则 $f_n(t)\to f(t)$ 在 t 的任何有限区间上一致成立.

证 由定理 3.3 即得.

系 2 若 $f_n(t)$, $f(t)$ 都是特征函数,而且 $f_n(t)\to f(t)$, $t_n\to t_0$, 则 $f_n(t_n)\to f(t_0)$.

证 $|f_n(t_n)-f(t_0)|\leqslant|f_n(t_n)-f(t_n)|+|f(t_n)-f(t_0)|$, 所以,由 $f(t)$ 的连续性及系 1 即得系 2.

§4 不 等 式

在这节中,如不特别声明,恒设 $F(x)$ 和 $f(t)$ 分别为 X 的 d.f. 和 c.f.,又设 X' 与 X 的分布相同,则 $-X'$ 的 d.f. 为 $1-F(-x+0)$, c.f. 为 $\overline{f(t)}$. 再设 X 与 X' 相互独立, 则 $X^s=X-X'$ 的 d.f. 为 $F^s(x)=F(x)*(1-F(-x+0))$, c.f. 为 $|f(t)|^2$.

定义 4.1 称 μ 为 R.V. X 的中位数,如果

$$F(\mu)\leqslant\frac{1}{2},\quad F(\mu+0)\geqslant\frac{1}{2}.$$

显然, $X-\mu$ 的 d.f. 为 $F^\mu(x)=F(x+\mu)$, c.f. 为 $e^{-i\mu t}f(t)$.

$$F^s(-x)=P(X-X'<-x)\geqslant P(X-\mu<-x,\ X'-\mu\geqslant 0)$$

$$=P(X-\mu<-x)P(X'-\mu\geqslant 0)\geqslant\frac{1}{2}F^\mu(-x);$$

$$1-F^s(x)=P(X-X'\geqslant x)\geqslant P(X-\mu\geqslant x,\ X'-\mu'\leqslant 0)$$

$$= P(X - \mu \geqslant x)P(X' - \mu' \leqslant 0) \geqslant \frac{1}{2}(1 - F^{\mu}(x)).$$

(1) 增量不等式

$$|f(t) - f(t+h)|^2 \leqslant 2f(0)\{f(0) - \mathscr{R}(f(h))\}, \quad (4.1)$$

$$1 - \mathscr{R}(f(2t)) \leqslant 4\{1 - \mathscr{R}(f(t))\}. \quad (4.2)$$

其中 $\mathscr{R}(f)$ 表 f 的实部.

证　由施瓦兹 (Schwarz, H. A.) 不等式有

$$|f(t) - f(t+h)|^2 = \left|\int_{R^1} e^{itx}(1 - e^{ihx})dF(x)\right|^2$$

$$\leqslant \int_{R^1} |e^{itx}|^2 dF(x) \int_{R^1} |1 - e^{ihx}|^2 dF(x)$$

$$= f(0)\int_{R^1} (1 - e^{ihx})(1 - e^{-ihx})dF(x)$$

$$= f(0)\int_{R^1} 2(1 - \cos hx)dF(x)$$

$$= 2f(0)\{f(0) - \mathscr{R}(f(h))\}$$

$$4\{1 - \mathscr{R}(f(t))\} - \{1 - \mathscr{R}(f(2t))\}$$

$$= \int_{R^1} [4(1 - \cos tx) - (1 - \cos 2tx)]dF(x)$$

$$= \int_{R^1} [4(1 - \cos tx) - 2(1 - \cos^2 tx)]dF(x)$$

$$= \int_{R^1} 2(\cos tx - 1)^2 dF(x) \geqslant 0.$$

系　若 $f_n(t)$ 是 R. V. X_n 的 c. f., 而且

$$\lim_{n\to\infty} f_n(t) = 1 \quad (|t| \leqslant T),$$

则

$$\lim_{n\to\infty} f_n(t) = 1, \quad t \in (-\infty, \infty).$$

证　用增量不等式 (4.1) 可知

$$|1 - f_n(2t)|^2 \leqslant \{|1 - f_n(t)| + |f_n(t) - f_n(2t)|\}^2$$

$$\leqslant \{|1 - f_n(t)| + 2|1 - f_n(t)|\}^2,$$

因此,由 $\lim\limits_{n\to\infty} f_n(t) = 1 \quad (|t| \leqslant T)$ 可推出

$$\lim_{n\to\infty} f_n(t) = 1 \quad (|t| \leqslant 2T),$$

由此递推即得 $\lim_{n\to\infty} f_n(t)=1$，$t\in(-\infty,\infty)$.

(2) 积分不等式

设 $A\subset[0,\delta]$，A 为一维勒贝格可测集，其测度值

$$L(A)=\rho>0.$$

首先我们证明

$$\int_A(1-\cos\lambda t)dt\geqslant\frac{\rho^3\lambda^2}{(\delta|\lambda|+2\pi)^2}$$

$$\geqslant\frac{\rho^3\lambda^2}{2(\delta^2+4\pi^2)(1+\lambda^2)}. \tag{4.3}$$

证 由于函数 $s-\sin s-\frac{s^3}{\pi^2}$ 在 $s=0$ 或 π 时为 0，而且当 s 充分小时它大于 0，它的导数在 $(0,\pi)$ 内只有一点为 0，所以

$$s-\sin s\geqslant\frac{s^3}{\pi^2}\quad(0\leqslant s\leqslant\pi). \tag{4.4}$$

当 $\lambda=0$ 时，(4.3) 显然成立. 再设 $\lambda>0$. 令 δ_1 为 $\geqslant\delta$ 且使 $\lambda\delta_1/2\pi$ 为整数的最小的数，则

$$\delta_1\leqslant\delta+\frac{2\pi}{\lambda}\quad A\subset[0,\delta_1].$$

若把(4.3)左边的积分区域 $A(L(A)=\rho)$ 代之以 $[0,\delta_1]$ 中 $\frac{\lambda\delta_1}{\pi}$ 个互不相交的长为 $\frac{\pi\rho}{\delta_1\lambda}$ 的左端点为 $2k\pi/\lambda$ $\left(k=0,1,\cdots,\frac{\lambda\delta_1}{\pi}-1\right)$ 的区间，则积分值变小，即

$$\int_A(1-\cos\lambda t)dt\geqslant\sum_{k=0}^{\frac{\lambda\delta_1}{\pi}-1}\int_{\frac{2k\pi}{\lambda}}^{\frac{2k\pi}{\lambda}+\frac{\pi\rho}{\delta_1\lambda}}(1-\cos\lambda t)dt$$

$$=\frac{\lambda\delta_1}{\pi}\int_0^{\frac{\pi\rho}{\delta_1\lambda}}(1-\cos\lambda t)dt$$

$$=\rho-\frac{\delta_1}{\pi}\sin\left(\frac{\pi\rho}{\delta_1}\right).$$

再用 (4.4) 即可得

$$\int_A (1-\cos\lambda t)dt \geqslant \frac{\rho^3}{\delta_1^2} > \frac{\rho^3\lambda^2}{(\lambda\delta+2\pi)^2}.$$

此即(4.3)第一不等式对 $\lambda>0$ 成立．而(4.3)第一不等式两边都是 λ 的偶函数，故(4.3)第一不等式对 $\lambda<0$ 也成立．而(4.3)第二不等式直接验证即得．

由(4.3)得

$$\begin{aligned}\int_A \mathscr{R}(1-f(t))dt &= \int_{R^1}\int_A (1-\cos tx)dtdF(x)\\ &\geqslant \frac{\rho^3}{2(\delta^2+4\pi^2)}\int_{R^1}\frac{x^2}{1+x^2}dF(x).\end{aligned} \tag{4.5}$$

若把不等式(4.5)用于 $F^s(x)$ 和 $|f(t)|^2$，则得

$$\int_A (1-|f(t)|^2)dt \geqslant \frac{\rho^3}{2(\delta^2+4\pi^2)}\int_{R^1}\frac{x^2}{1+x^2}dF^s(x). \tag{4.6}$$

又因为

$$\begin{aligned}\int_{R^1}\frac{x^2}{1+x^2}dF^s(x) &= \int_{(-\infty,0)}\frac{x^2}{1+x^2}dF^s(x)\\ &\quad+\int_{[0,\infty)}\frac{x^2}{1+x^2}d(F^s(x)-1)\\ &= -\int_{(-\infty,0)}F^s(x)\frac{2x}{(1+x^2)^2}dx\\ &\quad+\int_{[0,\infty)}(1-F^s(x))\frac{2x}{(1+x^2)^2}dx\\ &= \int_{[0,\infty)}(1-F^s(x)+F^s(-x))\frac{2x}{(1+x^2)^2}dx\\ &\geqslant \frac{1}{2}\int_{[0,\infty)}(1-F^\mu(x)+F^\mu(-x))\frac{2x}{(1+x^2)^2}dx\\ &= \frac{1}{2}\int_{R^1}\frac{x^2}{1+x^2}dF^\mu(x),\end{aligned}$$

所以

$$\int_A (1-|f(t)|^2)dt \geqslant \frac{\rho^3}{4(\delta^2+4\pi^2)}\int_{R^1}\frac{x^2}{1+x^2}dF^\mu(x). \tag{4.7}$$

特别地，若 $A=[0,t]$，则(4.5)还可以加强为

$$m(t)\int_0^t \{1-\mathscr{R}(f(v))\}dv \leqslant \int_{R^1} \frac{x^2}{1+x^2}\,dF(x)$$

$$\leqslant M(t)\int_0^t \{1-\mathscr{R}(f(v))\}dv. \tag{4.8}$$

$\Bigg($其中
$$\frac{1}{m(t)} = \sup_x \left(t\left(1-\frac{\sin tx}{tx}\right)\frac{1+x^2}{x^2}\right),$$
$$\frac{1}{M(t)} = \inf_x \left(t\left(1-\frac{\sin tx}{tx}\right)\frac{1+x^2}{x^2}\right).\ \Bigg)$$

事实上,

$$\int_0^t \{1-\mathscr{R}(f(v))\}dv = \int_{R^1}\left(\int_0^t (1-\cos vx)dv\right)dF(x)$$
$$= \int_{R^1} t\left(1-\frac{\sin tx}{tx}\right)\frac{1+x^2}{x^2}\,\frac{x^2}{1+x^2}\,dF(x),$$

故(4.8)成立.

(3) 截尾不等式

令 τ 为任意给定的正数，$a(\tau)=\int_{|x|<\tau} x\,dF(x)$，则 $|a(\tau)|\leqslant \tau$. 在不混淆的情况下,简记 $a(\tau)$ 为 a.

因为

$$|e^{-ia(\tau)t}f(t)-1| = \int_{R^1}(e^{it(x-a(\tau))}-1)dF(x)$$
$$= \int_{|x|\geqslant\tau}(e^{it(x-a(\tau))}-1)dF(x) + ita(\tau)\int_{|x|\geqslant\tau}dF(x)$$
$$+ \int_{|x|<\tau}(e^{it(x-a(\tau))}-1-it(x-a(\tau)))dF(x),$$

所以

$$|e^{-ia(\tau)t}f(t)-1|$$
$$\leqslant (2+|t|\tau)\int_{|x|\geqslant\tau}dF(x) + \frac{t^2}{2}\int_{|x|<\tau}(x-a(\tau))^2dF(x). \tag{4.9}$$

又因为

$$(x-\mu)^2 = (x-a(\tau)+a(\tau)-\mu)^2 \geqslant (x-a(\tau))^2$$
$$+ 2(a(\tau)-\mu)(x-a(\tau)),$$

$$(x-a(\tau))^2 \leqslant (x-\mu)^2 - 2(a(\tau)-\mu)(x-a(\tau)),$$

所以

$$\int_{|x|<\tau} (x-a(\tau))^2 dF(x) \leqslant \int_{|x|<\tau} (x-\mu)^2 dF(x)$$

$$+ 2(\mu - a(\tau))a(\tau) \int_{|x|\geqslant\tau} dF(x)$$

$$\leqslant \int_{|x|<\tau} (x-\mu)^2 dF(x) + 2(|\mu|+\tau)\tau \int_{|x|\geqslant\tau} dF(x).$$

代入 (4.9) 得

$$|e^{-ia(\tau)t}f(t) - 1| \leqslant [(|\mu|+\tau)\tau t^2 + \tau|t| + 2] \int_{|x|\geqslant\tau} dF(x)$$

$$+ \frac{t^2}{2}\int_{|x|<\tau} (x-\mu)^2 dF(x). \tag{4.10}$$

简记 $a(\tau)=a$，当 $|a| < \frac{\tau}{2}$ 时，(4.9) 可化为

$$|e^{-iat}f(t) - 1| \leqslant (2+\tau|t|)$$

$$\times \int_{|x|\geqslant\tau} \left(1 + \frac{1}{(x-a)^2}\right) \frac{(x-a)^2}{1+(x-a)^2} dF(x)$$

$$+ \frac{t^2}{2}\int_{|x|<\tau} (1+(x-a)^2) \frac{(x-a)^2}{1+(x-a)^2} dF(x)$$

$$\leqslant \left[(2+\tau|t|)\left(1+\frac{4}{\tau^2}\right) + \frac{t^2}{2}\left(1+\frac{9\tau^2}{4}\right)\right]$$

$$\times \int_{R^1} \frac{(x-a)^2}{1+(x-a)^2} dF(x)$$

$$= A(t,\tau)\int_{R^1} \frac{(x-a)^2}{1+(x-a)^2} dF(x). \tag{4.9$'$}$$

当 $|\mu| < \frac{\tau}{2}$ 时，仿 (4.9)′，(4.10) 可化为

$$|e^{-iat}f(t) - 1| \leqslant B_1(t,\tau)\int_{R^1} \frac{(x-\mu)^2}{1+(x-\mu)^2} dF(x),$$

再利用 (4.7) 得

$$\int_{R^1} \frac{(x-\mu)^2}{1+(x-\mu)^2} dF(x) \leqslant \frac{4(\delta^2+4\pi^2)}{\delta^3}\int_0^\delta (1-|f(t)|^2)dt,$$

所以

$$|e^{-iat}f(t)-1|\leqslant B_2(t,\tau,\delta)\int_0^\delta(1-|f(t)|^2)dt,$$

因此

$$\int_0^1|e^{-iat}f(t)-1|dt\leqslant B_3(\tau,\delta)\int_0^\delta(1-|f(t)|^2)dt.$$

但是，由(4.5)有

$$\int_0^1|e^{-iat}f(t)-1|dt\geqslant\int_0^1\mathscr{R}(1-e^{-iat}f(t))dt$$

$$\geqslant\frac{1}{2(1+4\pi^2)}\int_{R^1}\frac{(x-a)^2}{1+(x-a)^2}dF(x),$$

所以

$$\int_{R^1}\frac{(x-a)^2}{1+(x-a)^2}dF(x)\leqslant B(\tau,\delta)\int_0^\delta(1-|f(t)|^2)dt$$

$$\left(|\mu|\leqslant\frac{\tau}{2}\right). \tag{4.10$'$}$$

若把(4.10)用之于 $F^\mu(x)$ 和 $e^{-i\mu t}f(t)$，则对应于(4.10)中的 $F(x)$，$f(t)$，μ，$a(\tau)$ 分别代之以 $F^\mu(x)$，$e^{-i\mu t}f(t)$，0，$a^\mu(\tau)=\int_{|x|<\tau}xdF^\mu(x)=\int_{|x-\mu|<\tau}(x-\mu)dF(x)$ 即可．即我们有：

$$|e^{-ib(\tau)t}f(t)-1|\leqslant[\tau^2t^2+\tau|t|+2]\int_{|x|\geqslant\tau}dF^\mu(x)$$

$$+\frac{t^2}{2}\int_{|x|<\tau}x^2dF^\mu(x), \tag{4.11}$$

其中 $b(\tau)=\mu+a^\mu(\tau)$.

但是

$$\int_{|x|\geqslant\tau}dF^\mu(x)\leqslant\frac{1+\tau^2}{\tau^2}\int_{|x|\geqslant\tau}\frac{x^2}{1+x^2}dF^\mu(x)$$

$$\leqslant\frac{1+\tau^2}{\tau^2}\int_{R^1}\frac{x^2}{1+x^2}dF^\mu(x);$$

$$\int_{|x|<\tau}x^2dF^\mu(x)\leqslant(1+\tau^2)\int_{|x|<\tau}\frac{x^2}{1+x^2}dF^\mu(x)$$

$$\leqslant (1+\tau^2)\int_{R^1}\frac{x^2}{1+x^2}\,dF^{\mu}(x).$$

把上述二不等式代入 (4.11) 即可得

$$|e^{-ib(\tau)t}f(t)-1|$$
$$\leqslant (1+\tau^2)\left(\frac{3t^2}{2}+\frac{|t|}{\tau}+\frac{2}{\tau^2}\right)\int_{R^1}\frac{x^2}{1+x^2}\,dF^{\mu}(x). \quad (4.12)$$

再利用 (4.7) 即可得

$$|e^{-ib(\tau)t}f(t)-1|$$
$$\leqslant (1+\tau^2)\left(\frac{3t^2}{2}+\frac{|t|}{\tau}+\frac{2}{\tau^2}\right)\frac{4(\delta^2+4\pi^2)}{\rho^3}$$
$$\times\int_A (1-|f(t)|^2)dt. \quad (4.13)$$

特别地当 $|t|\leqslant T$ 时，(4.13) 变为

$$|e^{-ib(\tau)t}f(t)-1|\leqslant L_0(T,\tau,\rho,\delta)\int_A (1-|f(t)|^2)dt$$
$$(|t|\leqslant T). \quad (4.14)$$

由 (4.5) 知

$$\int_{R^1}\frac{(x-b(\tau))^2}{1+(x-b(\tau))^2}\,dF(x)\leqslant\frac{2(\delta^2+4\pi^2)}{\rho^3}$$
$$\times\int_A \mathscr{R}(1-e^{-ib(\tau)t}f(t))dt,$$

特别地，若 $A=[0,1]$，则 $\delta=\rho=1$，从而上式可化为

$$\int_{R^1}\frac{(x-b(\tau))^2}{1+(x-b(\tau))^2}\,dF(x)\leqslant 2(1+4\pi^2)$$
$$\times\int_0^1 |1-e^{-ib(\tau)t}f(t)|dt,$$

再利用 (4.13) 则可得

$$\int_{R^1}\frac{(x-b(\tau))^2}{1+(x-b(\tau))^2}\,dF(x)$$
$$\leqslant 2(1+4\pi^2)(1+\tau^2)\left(\frac{1}{2}+\frac{1}{2\tau}+\frac{2}{\tau^2}\right)\frac{4(\delta^2+4\pi^2)}{\rho^3}$$
$$\times\int_A (1-|f(t)|^2)dt. \quad (4.15)$$

（4）几个积分的估计

$$\int_{|x|\geqslant\tau} dF(x);\ \int_{|x|<\tau} x^2 dF(x);\ \int_{|x-\mu|<\tau} (x-\mu)^2 dF(x) - \left(\int_{|x-\mu|<\tau} (x-\mu) dF(x)\right)^2.$$

（i）关于 $\int_{|x|\geqslant\tau} dF(x)$ 的估计

$$\int_{|x|\geqslant\tau} dF(x) \leqslant \frac{1+\tau^2}{\tau^2}\int_{|x|\geqslant\tau} \frac{x^2}{1+x^2} dF(x) \leqslant \frac{1+\tau^2}{\tau^2}\int_{R^1} \frac{x^2}{1+x^2} dF(x),$$

利用（4.5）则可得

$$\int_{|x|\geqslant\tau} dF(x) \leqslant \frac{2(\delta^2+4\pi^2)}{\rho^3}\cdot\frac{1+\tau^2}{\tau^2}\int_A \mathscr{R}(1-f(t))dt \overset{\text{记作}}{=\!=} L_1(\tau,\rho,\delta)\int_A \mathscr{R}(1-f(t))dt. \tag{4.16}$$

类似地，利用（4.7）则可得

$$\int_{|x-\mu|\geqslant\tau} dF(x) = \int_{|x|\geqslant\tau} dF^{\mu}(x) \leqslant \frac{1+\tau^2}{\tau^2}\int_{R^1} \frac{x^2}{1+x^2} dF^{\mu}(x) \leqslant \frac{4(\delta^2+4\pi^2)}{\rho^3}\,\frac{1+\tau^2}{\tau^2}\int_A (1-|f(t)|^2)dt \overset{\text{记作}}{=\!=} 2L_1(\tau,\rho,\delta)\int_A (1-|f(t)|^2)dt. \tag{4.17}$$

利用（4.15）则可得

$$\int_{|x-b(\tau)|\geqslant\tau'} dF(x) \leqslant \frac{1+\tau'^2}{\tau'^2}\int_{R^1} \frac{(x-b(\tau))^2}{1+(x-b(\tau))^2} dF(x) \leqslant \frac{1+\tau'^2}{\tau'^2} 2(1+4\pi^2)(1+\tau^2)\left(\frac{1}{2}+\frac{1}{2\tau}+\frac{1}{\tau^2}\right) \times \frac{4(\delta^2+4\pi^2)}{\rho^3}\int_A (1-|f(t)|^2)dt \overset{\text{记作}}{=\!=} L_2(\tau,\tau',\rho,\delta)\int_A (1-|f(t)|^2)dt. \tag{4.18}$$

（ii）关于 $\int_{|x|<\tau} x^2 dF(x)$ 的估计

$$\int_{|x|<\tau} x^2 dF(x) \leqslant (1+\tau^2)\int_{|x|<\tau} \frac{x^2}{1+x^2} dF(x)$$

$$\leqslant (1+\tau^2)\int_{R^1} \frac{x^2}{1+x^2} dF(x),$$

利用(4.5)可得

$$\int_{|x|<\tau} x^2 dF(x) \leqslant (1+\tau^2)\frac{2(\delta^2+4\pi^2)}{\rho^3}\int_A \mathscr{R}(1-f(t))dt$$

$$\stackrel{\text{记作}}{=\!=} L_3(\tau, \rho, \delta)\int_A \mathscr{R}(1-f(t))dt. \tag{4.19}$$

(iii) 关于 $\int_{|x-\mu|<\tau} x^2 dF(x) - \left(\int_{|x-\mu|<\tau} x dF(x)\right)^2$ 的估计

由(4.19)得

$$\int_{|x|<2\tau} x^2 dF^s(x) \leqslant L_3(2\tau, \rho, \delta)\int_A (1-|f(t)|^2)dt,$$

但是

$$\int_{|x|<2\tau} x^2 dF^s(x) = \int_{|x-y|<2\tau} (x-y)^2 dF(x)dF(y)$$

$$\geqslant \int_{\substack{|x-\mu|<\tau \\ |y-\mu|<\tau}} [(x-\mu)^2 - 2(x-\mu)(y-\mu)$$

$$+ (y-\mu)^2]dF(x)dF(y)$$

$$= 2\int_{|x-\mu|<\tau} (x-\mu)^2 dF(x)\int_{|x-\mu|<\tau} dF(x)$$

$$- 2\left(\int_{|x-\mu|<\tau} (x-\mu)dF(x)\right)^2$$

$$= 2\int_{|x-\mu|<\tau} (x-\mu)^2 dF(x)$$

$$- 2\int_{|x-\mu|<\tau} (x-\mu)^2 dF(x)\int_{|x-\mu|\geqslant\tau} dF(x)$$

$$- 2\left(\int_{|x-\mu|<\tau} (x-\mu)dF(x)\right)^2,$$

所以

$$\int_{|x-\mu|<\tau} (x-\mu)^2 dF(x) - \left(\int_{|x-\mu|<\tau} (x-\mu)dF(x)\right)^2$$

$$\leqslant \int_{|x-\mu|<\tau}(x-\mu)^2 dF(x)\int_{|x-\mu|\geqslant\tau} dF(x)$$

$$+\frac{1}{2}L_3(2\tau, \rho, \delta)\int_A (1-|f(t)|^2)dt$$

$$\leqslant 2\tau^2 L_1(\tau, \rho, \delta)\int_A (1-|f(t)|^2)dt$$

$$+\frac{1}{2}L_3(2\tau, \rho, \delta)\int_A (1-|f(t)|^2)dt$$

$$\overset{\text{记作}}{=\!=} L_4(\tau, \rho, \delta)\int_A (1-|f(t)|^2)dt. \tag{4.20}$$

§5 可微性和泰勒展开

定理5.1 设 $f(t)$ 是 R. V. X 的 c. f.，若 $f^{(2n)}(0)$ 存在，则 $E(|X|^r)<\infty$ $(0\leqslant r\leqslant 2n)$.

证 令 $\Delta_h(f(0))=f(h)-f(-h)$,

$$\Delta_h^{(k)}(f(0))=\Delta_h(\Delta_h^{(k-1)}(f(0)))$$

$$=\sum_{j=0}^{k}(-1)^j\binom{k}{j}f((k-2j)h),$$

$(k\geqslant 2)$，再令 $F(x)$ 为X的 d. f. 则

$$f^{(2n)}(0)=\lim_{h\to 0}\frac{\Delta_h^{(2n)}(f(0))}{(2h)^{2n}}$$

$$=\lim_{h\to 0}\frac{\sum_{j=0}^{2n}(-1)^j\binom{2n}{j}f((2n-2j)h)}{(2h)^{2n}}$$

$$=\lim_{h\to 0}\frac{\sum_{j=0}^{2n}(-1)^j\binom{2n}{j}\int_{R^1}e^{i(2n-2j)hx}dF(x)}{(2h)^{2n}}$$

$$=\lim_{h\to 0}\frac{1}{(2h)^{2n}}\int_{R^1}\sum_{j=0}^{2n}(-1)^j\binom{2n}{j}e^{i(2n-2j)hx}dF(x)$$

$$=\lim_{h\to 0}\int_{R^1}\left(\frac{e^{ihx}-e^{-ihx}}{2h}\right)^{2n}dF(x)$$

$$= \lim_{h\to 0}\int_{R^1}\left(\frac{2i\sin hx}{2h}\right)^{2n} dF(x)$$

$$= \lim_{h\to 0}\int_{R^1}(-1)^n x^{2n}\left(\frac{\sin hx}{hx}\right)^{2n} dF(x).$$

但是，由法都引理有

$$\boldsymbol{E}(|X|^{2n}) = \int_{R^1}\lim_{h\to 0} x^{2n}\left(\frac{\sin hx}{hx}\right)^{2n} dF(x)$$

$$\leqslant \lim_{h\to 0}\int_{R^1} x^{2n}\left(\frac{\sin hx}{hx}\right)^{2n} dF(x).$$

若 $f^{(2n)}(0)$ 存在，则

$$\lim_{h\to 0}\int_{R^1} x^{2n}\left(\frac{\sin hx}{hx}\right)^{2n} dF(x) = |f^{(2n)}(0)| < \infty,$$

因此 $\boldsymbol{E}(|X|^{2n}) < \infty$，从而由霍尔德尔（Hölder, O.）不等式可知 $E(|X|^r) < \infty$ $(0 \leqslant r \leqslant 2n)$.

定理 5.2 若 $\boldsymbol{E}(|X|^n) < \infty$，则 $f(t)$ 具有 n 阶连续导数：

$$f^{(n)}(t) = \int_{R^1}(ix)^n e^{itx} dF(x).$$

证 对 n 作归纳法. 若 $\boldsymbol{E}(|X|) < \infty$，则用勒贝格控制收敛定理可证

$$f'(t) = \int_{R^1}\frac{\partial}{\partial t}(e^{itx})dF(x) = \int_R ixe^{itx}dF(x)$$

是 t 的连续函数.

设定理对 $n = k$ 成立，往证它对 $n = k+1$ 也成立. 事实上，若定理对 $n = k$ 成立，即当 $\boldsymbol{E}(|X|^k) < \infty$ 时，

$$f^{(k)}(t) = \int_{R^1} e^{itx}(ix)^k dF(x)$$

是 t 的连续函数. 今设 $\boldsymbol{E}(|X|^{k+1}) < \infty$，再用勒贝格控制收敛定理可证

$$f^{(k+1)}(t) = \int_{R^1}(ix)^{k+1}e^{itx}dF(x)$$

是 t 的连续函数，定理得证.

下面我们简单地讨论一下特征函数 $f(t)$ 的泰勒（Taylor, B.）

展开. 以 μ_n 记 $\boldsymbol{E}(|X|^n)$.

定理 5.3 若 $\mu_n<\infty$, 则

$$f(t)=\sum_{k=0}^{n-1}f^{(k)}(0)\frac{t^k}{k!}+O(t^n)$$

$$=\sum_{k=0}^{n}f^{(k)}(0)\frac{t^k}{k!}+o(t^n)\quad(t\to 0).$$

证 因为 $\mu_n<\infty$, 所以 $f(t)$ 有 n 阶连续导数,故得

$$f(t)=\sum_{k=0}^{n-1}f^{(k)}(0)\frac{t^k}{k!}+\int_0^t f^{(n)}(s)\frac{(t-s)^{n-1}}{(n-1)!}ds$$

$$=\sum_{k=0}^{n}f^{(k)}(0)\frac{t^k}{k!}+\int_0^t [f^{(n)}(s)-f^{(n)}(0)]\frac{(t-s)^{n-1}}{(n-1)!}ds.$$

令

$$R_{n-1}=\int_0^t f^{(n)}(s)\frac{(t-s)^{n-1}}{(n-1)!}ds,$$

$$R_n=\int_0^t (f^{(n)}(s)-f^{(n)}(0))\frac{(t-s)^{n-1}}{(n-1)!}ds,$$

则由 $f^{(n)}(t)=\int_{R^1}(ix)^n e^{itx}dF(x)$ 得:

$$|f^{(n)}(t)|\leqslant\int_{R^1}|x|^n dF(x)=\mu_n<\infty.$$

所以

$$|R_{n-1}|\leqslant\mu_n\left|\int_0^t\frac{(t-s)^{n-1}}{(n-1)!}ds\right|=\mu_n\frac{|t|^n}{n!}=O(t^n)\quad(t\to 0).$$

$$|R_n|\leqslant\sup_{0\leqslant s\leqslant t}|f^{(n)}(s)-f^{(n)}(0)|\left|\int_0^t\frac{(t-s)^{n-1}}{(n-1)!}ds\right|$$

$$\leqslant\sup_{0\leqslant s\leqslant t}|f^{(n)}(s)-f^{(n)}(0)|\frac{|t|^n}{n!}=o(t^n)\quad(t\to 0).$$

定理 5.4 若 $\mu_{n+\delta}<\infty\quad(0<\delta<1)$, 则

$$f(t)=\sum_{k=0}^{n}\frac{f^{(k)}(0)}{k!}t^k+\theta 2^{1-\delta}\mu_{n+\delta}\frac{t^{n+\delta}}{(1+\delta)(2+\delta)\cdots(n+\delta)},$$

其中 $|\theta| \leqslant 1$.

证　由定理 5.3 可知

$$f(t) = \sum_{k=0}^{n} \frac{f^{(k)}(0)}{k!} t^k + R_n,$$

$$|R_n| = \left| \int_0^t [f^{(n)}(s) - f^{(n)}(0)] \frac{(t-s)^{n-1}}{(n-1)!} ds \right|$$

$$= \left| \int_0^t \frac{(t-s)^{n-1}}{(n-1)!} \left(\int_{R^1} (ix)^n (e^{isx} - 1) dF(x) \right) ds \right|.$$

但是

$$|e^{isx} - 1| \leqslant 2^{1-\delta} |sx|^\delta \quad (0 < \delta < 1),$$

所以

$$|R_n| \leqslant \left| \int_0^t \frac{(t-s)^{n-1}}{(n-1)!} \left(\int_{R^1} |x|^n 2^{1-\delta} |sx|^\delta dF(x) \right) ds \right|$$

$$\leqslant 2^{1-\delta} \mu_{n+\delta} \left| \int_0^t \frac{s^\delta (t-s)^{n-1}}{(n-1)!} ds \right|$$

$$= 2^{1-\delta} \mu_{n+\delta} \left| \int_0^1 \frac{x^\delta (1-x)^{n-1} t^{n+\delta}}{(n-1)!} dx \right|$$

$$\leqslant 2^{1-\delta} \mu_{n+\delta} \frac{|t|^{n+\delta}}{(n-1)!} \int_0^1 x^\delta (1-x)^{n-1} dx$$

$$= 2^{1-\delta} \mu_{n+\delta} \frac{|t|^{n+\delta}}{(n-1)!} B(\delta + 1, n)$$

$$= 2^{1-\delta} \mu_{n+\delta} \frac{|t|^{n+\delta}}{(n-1)!} \frac{\Gamma(\delta+1)\Gamma(n)}{\Gamma(\delta+1+n)}$$

$$= 2^{1-\delta} \mu_{n+\delta} \frac{|t|^{n+\delta}}{(n-1)!}$$

$$\times \frac{\Gamma(\delta+1)(n-1)!}{(n+\delta)(n-1+\delta)\cdots(1+\delta)\Gamma(1+\delta)}$$

$$= 2^{1-\delta} \mu_{n+\delta} \frac{|t|^{n+\delta}}{(1+\delta)(2+\delta)\cdots(n+\delta)}.$$

§6　非负定函数，辛钦-波赫纳定理

定义 6.1　称实变复值函数 $f(t)$ 是非负定的，如果它对任何

正整数 n，任何实数 $t_1, \cdots, t_n$ 及任何复数 $\xi_1, \cdots, \xi_n$，都有

$$\sum_{k=1}^{n} \sum_{j=1}^{n} f(t_j - t_k)\xi_j\bar{\xi}_k \geqslant 0, \tag{6.1}$$

其中 $\bar{\xi}_k$ 表 ξ_k 的复共轭.

非负定函数 $f(t)$ 具有下述性质:

(1) $f(0) \geqslant 0$.

事实上，取 $n = 1$，$t_1 = 0$，$\xi_1 = 1$，则由(6.1)得知

$$f(0) = \sum_{k=1}^{n} \sum_{j=1}^{n} f(t_j - t_k)\xi_j\bar{\xi}_k \geqslant 0.$$

(2) 对任何实数 t，有 $\overline{f(t)} = f(-t)$.

事实上，在(6.1)中取 $n = 2$，$t_1 = 0$，$t_2 = t$，则有

$$\begin{aligned} 0 &\leqslant \sum_{k=1}^{n} \sum_{j=1}^{n} f(t_j - t_k)\xi_j\bar{\xi}_k \\ &= f(0)\{|\xi_1|^2 + |\xi_2|^2\} + f(-t)\xi_1\bar{\xi}_2 + f(t)\xi_2\bar{\xi}_1. \end{aligned} \tag{6.2}$$

此即 $f(-t)\xi_1\bar{\xi}_2+f(t)\xi_2\bar{\xi}_1$ 是实数. 令 $f(-t)=\alpha_1 + i\beta_1$，$f(t)=\alpha_2 + i\beta_2$，$\xi_1\bar{\xi}_2 = \gamma + i\delta$，则 $\xi_2\bar{\xi}_1 = \gamma - i\delta$. 令 $\mathscr{I}(f)$ 表 f 的虚部，则 $0 = \mathscr{I}(f(-t)\xi_1\bar{\xi}_2 + f(t)\xi_2\bar{\xi}_1) = \alpha_1\delta + \beta_1\gamma - \alpha_2\delta + \beta_2\gamma$，因此 $(\alpha_1 - \alpha_2)\delta + (\beta_1 + \beta_2)\gamma = 0$. 而 ξ_1 与 ξ_2 可以任意，即 γ 与 δ 可以任意，所以 $\alpha_1 - \alpha_2 = 0$，$\beta_1 + \beta_2 = 0$，此即 $f(-t) - \overline{f(t)} = (\alpha_1 - \alpha_2) + (\beta_1 + \beta_2)i = 0$，也就是 $\overline{f(t)} = f(-t)$.

(3) 对任意实数 t，有 $|f(t)| \leqslant |f(0)|$.

事实上，在(6.2)中令 $\xi_1 = f(t)$，$\xi_2 = -|f(t)|$，则有

$$0 \leqslant 2f(0)|f(t)|^2 - 2|f(t)||f(t)|^2. \tag{6.3}$$

若 $f(t) = 0$，则由 $f(0) \geqslant 0$ 推知 $f(0) \geqslant |f(t)|$；若 $f(t) \neq 0$，则把(6.3)两边除以 $|f(t)|^2$ 即得 $|f(t)| \leqslant f(0)$.

系 若 $f(t)$ 是非负定的，且 $f(0) = 0$，则 $f(t) \equiv 0$.

定理 6.1 (辛钦(Хинчин)-波赫纳(Bochner)) 若 $f(t)$ 是连续函数，$f(0) = 1$，则 $f(t)$ 是非负定函数的充要条件是: $f(t)$ 是随机变量的特征函数.

证　充分性.

若 $f(t)=\int_{R^1} e^{itx}dF(x)$，$F(x)$ 是 d.f.，则对任意正整数 n，实数 $t_1,\cdots,t_n$，复数 $\xi_1,\cdots,\xi_n$，都有

$$\sum_{k=1}^{n}\sum_{j=1}^{n} f(t_j-t_k)\xi_j\bar{\xi}_k=\sum_{k=1}^{n}\sum_{j=1}^{n}\left(\int_{R^1} e^{i(t_j-t_k)x}dF(x)\right)\xi_j\bar{\xi}_k$$

$$=\int_{R^1}\left(\sum_{k=1}^{n}\sum_{j=1}^{n} e^{i(t_j-t_k)x}\xi_j\bar{\xi}_k\right)dF(x)$$

$$=\int_{R^1}\left|\sum_{j=1}^{n} e^{it_jx}\xi_j\right|^2 dF(x)\geqslant 0.$$

必要性.

由于 $f(t)$ 是非负定的，所以 $f(t)$ 满足 (6.1). 在 (6.1) 中取 $t_k=\frac{k}{n}$，$\xi_k=e^{-ikx}$，则有

$$P_N^{(n)}(x)=\frac{1}{N}\sum_{k=0}^{N-1}\sum_{j=0}^{N-1} f\left(\frac{k-j}{n}\right)e^{-i(k-j)x}\geqslant 0. \qquad (6.4)$$

虽然，(6.4) 右边的和中使 $k-j=r$ 的共有 $N-|r|$ 项，(r 由 $-N+1$ 变到 $N-1$)，故得

$$P_N^{(n)}(x)=\frac{1}{N}\sum_{r=-N+1}^{N-1}(N-|r|)f\left(\frac{r}{n}\right)e^{-irx}$$

$$=\frac{1}{N}\sum_{r=-N}^{N}(N-|r|)f\left(\frac{r}{n}\right)e^{-irx}.$$

把上式两边乘以 e^{isx}，并对 x 由 $-\pi$ 到 π 积分得

$$\int_{-\pi}^{\pi} P_N^{(n)}(x)e^{isx}dx=\sum_{r=-N}^{N}\left(1-\frac{|r|}{N}\right)f\left(\frac{r}{n}\right)\int_{-\pi}^{\pi} e^{-i(r-s)x}dx. \qquad (6.5)$$

因为

$$\int_{-\pi}^{\pi} e^{-i(r-s)x}dx=\begin{cases}0, & r\neq s;\\ 2\pi, & r=s,\end{cases}$$

所以

$$\int_{-\pi}^{\pi} P_N^{(n)}(x) e^{isx} dx = \left(1 - \frac{|s|}{N}\right) f\left(\frac{s}{n}\right) 2\pi,$$

即

$$\left(1 - \frac{|s|}{N}\right) f\left(\frac{s}{n}\right) = \frac{1}{2\pi} \int_{-\pi}^{\pi} P_N^{(n)}(x) e^{isx} dx. \tag{6.6}$$

令

$$F_N^{(n)}(x) = \begin{cases} \frac{1}{2\pi} \int_{-\pi}^{x} P_N^{(n)}(x) dx, & -\pi \leqslant x \leqslant \pi; \\ F_N^{(n)}(\pi), & x > \pi; \\ F_N^{(n)}(-\pi), & x < -\pi, \end{cases}$$

则 $F_N^{(n)}(x)$ 是一个分布函数. 所以 $\{F_N^{(n)}(x), N = 1, 2, \cdots\}$ 有一个弱收敛子序列 $\{F_{N_k}^{(n)}(x)\}$. 但是

$$F_{N_k}^{(n)}(x) = \begin{cases} 1, & x \geqslant \pi; \\ 0, & x \leqslant -\pi, \end{cases}$$

所以 $\{F_{N_k}^{(n)}(x)\}$ 全收敛，从而其极限函数 $F^{(n)}(x)$ 也是分布函数. 所以，由第一章定理 3.10.1 有

$$\begin{aligned} &\lim_{k\to\infty} \int_{[-\pi,\pi]} e^{isx} dF_{N_k}^{(n)}(x) \\ &= \lim_{k\to\infty} \int_{R^1} e^{isx} dF_{N_k}^{(n)}(x) = \int_{R^1} e^{isx} dF^{(n)}(x) \\ &= \int_{[-\pi,\pi]} e^{isx} dF^{(n)}(x). \end{aligned}$$

因此

$$\begin{aligned} f\left(\frac{s}{n}\right) &= \lim_{k\to\infty} \left(1 - \frac{|s|}{N_k}\right) f\left(\frac{s}{n}\right) \\ &= \lim_{k\to\infty} \frac{1}{2\pi} \int_{-\pi}^{\pi} P_{N_k}^{(n)}(x) e^{isx} dx \\ &= \int_{[-\pi,\pi]} e^{isx} dF^{(n)}(x). \end{aligned} \tag{6.7}$$

令 $F_n(x) = F^{(n)}\left(\frac{x}{n}\right)$, 由于

$$F^{(n)}(x)=\begin{cases}1, & x>\pi;\\ 0, & x\leqslant -\pi,\end{cases}$$

所以 $F_n(x)$ 的 c. f. 为

$$f_n(t)=\int_{[-n\pi,n\pi]} e^{itx}dF_n(x).$$

因此

$$f_n\left(\frac{k}{n}\right)=\int_{[-n\pi,n\pi]} e^{i\frac{k}{n}x}dF^{(n)}\left(\frac{x}{n}\right)$$

$$=\int_{[-\pi,\pi]} e^{iky}dF^{(n)}(y)=f\left(\frac{k}{n}\right). \qquad (6.8)$$

对任意的 t，我们选取 $k=k(n,t)$，使 $0\leqslant t-\frac{k}{n}<\frac{1}{n}$，则由 $f(t)$ 的连续性得知

$$f(t)=\lim_{n\to\infty} f\left(\frac{k}{n}\right)=\lim_{n\to\infty} f_n\left(\frac{k}{n}\right). \qquad (6.9)$$

如果能证 $\lim\limits_{n\to\infty} f_n(t)=f(t)$，则由 $f_n(t)$ 是特征函数和 $f(t)$ 连续可知 $f(t)$ 也是特征函数，即定理得证。

由 (6.8) 及 (6.9) 有

$$\lim_{n\to\infty}f_n(t)=\lim_{n\to\infty}\left(\left[f_n(t)-f_n\left(\frac{k}{n}\right)\right]+f_n\left(\frac{k}{n}\right)\right)$$

$$=f(t)+\lim_{n\to\infty}\left(f_n(t)-f_n\left(\frac{k}{n}\right)\right). \qquad (6.10)$$

令 $\theta=t-\frac{k}{n}$，按 k 的取法就有 $0\leqslant\theta<\frac{1}{n}$，按函数 $f_n(t)$ 的定义有

$$\left|f_n(t)-f_n\left(\frac{k}{n}\right)\right|=\left|\int_{[-n\pi,n\pi]} e^{i\frac{k}{n}x}(e^{i\theta x}-1)dF_n(x)\right|$$

$$\leqslant\int_{[-n\pi,n\pi]}|e^{i\theta x}-1|dF_n(x). \qquad (6.11)$$

用霍尔德尔不等式有

$$\int_{[-n\pi,n\pi]}|e^{i\theta x}-1|dF_n(x)\leqslant\sqrt{\int_{[-n\pi,n\pi]}|e^{i\theta x}-1|^2dF_n(x)}$$

$$= \sqrt{\int_{[-n\pi,n\pi]} (e^{i\theta x} - 1)(e^{-i\theta x} - 1) dF_n(x)}$$

$$= \sqrt{\int_{[-n\pi,n\pi]} 2(1 - \cos\theta x) dF_n(x)}$$

$$= \sqrt{2\mathscr{R}(1 - f_n(\theta))}. \tag{6.12}$$

因为当 $0 \leqslant \varphi < 1$，$-\pi \leqslant z \leqslant \pi$ 时，$\cos z \leqslant \cos \varphi z$，所以由 $0 \leqslant n\theta < 1$ 得

$$\mathscr{R}(1 - f_n(\theta)) = \int_{[-n\pi,n\pi]} (1 - \cos\theta x) dF_n(x)$$

$$= \int_{[-\pi,\pi]} (1 - \cos n\theta z) dF_n(nz)$$

$$\leqslant \int_{[-\pi,\pi]} (1 - \cos z) dF_n(nz)$$

$$= \int_{[-\pi,\pi]} (1 - \cos z) dF^{(n)}(z)$$

$$= 1 - \mathscr{R}\left(\int_{[-\pi,\pi]} e^{iz} dF^{(n)}(z)\right)$$

$$= 1 - \mathscr{R}\left(f\left(\frac{1}{n}\right)\right). \tag{6.13}$$

综合(6.11)，(6.12)，(6.13)得

$$\left|f_n(t) - f_n\left(\frac{k}{n}\right)\right| \leqslant \sqrt{2\left[1 - \mathscr{R}\left(f\left(\frac{1}{n}\right)\right)\right]}. \tag{6.14}$$

由于 $f(t)$ 连续，$f(0) = 1$，所以把(6.14)对 $n \to \infty$ 取极限即得

$$\lim_{n\to\infty} \left|f_n(t) - f_n\left(\frac{k}{n}\right)\right| = 0. \tag{6.15}$$

以(6.15)代入(6.10)即得

$$\lim_{n\to\infty} f_n(t) = f(t).$$

定理证毕.

§7 多维特征函数

定义 7.1 设 $F(x_1, \cdots, x_N)$ 为 R^N 中的准分布函数. 称

$$f(t_1, \cdots, t_N) = \int_{R^N} e^{i(t_1x_1+\cdots+t_Nx_N)} dF(x_1, \cdots, x_N)$$

为 $F(x_1, \cdots, x_N)$ 的特征函数．特别地，若 $F(x_1, \cdots, x_N)$ 为分布函数，则其特征函数有时也称为 $F(x_1, \cdots, x_N)$ 所对应的随机向量$(X_1, \cdots, X_N)$的特征函数．为简单计，有时简写 $f(t_1, \cdots, t_N)$，$F(x_1, \cdots, x_N)$ 为 $f(t)$，$F(x)$，而 $t_1x_1 + \cdots + t_Nx_N$ 简写为 tx。

定理 7.1 d'. f. $F(x)$ 的 c. f. $f(t)$ 具有下述性质：

(1) $|f(t)| \leqslant |f(0)| = F(R^N) \leqslant 1$;

(2) $f(-t) = \overline{f(t)}$;

(3) $f(t)$ 在 R^N 上一致连续．

证 只证(3)．事实上，

$$|f(t+h) - f(t)| \leqslant \int_{R^N} |1 - e^{ihx}| dF(x)$$

$$\leqslant \int_A |1 - e^{ihx}| dF(x) + 2\int_{R^N \setminus A} dF(x).$$

任给 $\varepsilon > 0$，可取 A，使 $\int_{R^N \setminus A} dF(x) < \frac{\varepsilon}{4}$，$A$ 取定后，取 h_0 充分小，可使 $|1 - e^{ihx}| < \frac{\varepsilon}{2}$ $(x \in A, |h| < h_0)$，所以

$$|f(t+h) - f(t)| < \varepsilon, \quad |h| < h_0.$$

此即 $f(t)$ 在 R^N 上一致连续．

以下我们只讨论分布函数的特征函数．在一维的情形，我们曾建立了分布函数与特征函数的一一对应关系，证明了它们之间的连续性定理．在这一节中，我们将对 N 维的情形，证明类似的定理．证明方法与一维完全类似．在这一节中，如不特别声明，恒用 $f(t)$ 表示 N 维 d. f. $F(x)$ 的 c. f.．

定理 7.2 （反演公式）

设 A^j 是恰巧属于 $[a, b]$ 的 j 个面上的点所构成的点集，$(j = 1, 2, \cdots, N)$，$T = (t_1, \cdots, t_N)$，则

$$F(A) \overset{\text{记作}}{=} F((a, b)) + \frac{1}{2} F(A^1) + \cdots + \left(\frac{1}{2}\right)^N F(A^N)$$

$$= \lim_{\substack{t_j\to\infty\\ j=1,\cdots,N}} \int_{[-T,T)} \left(\prod_{j=1}^{N} \frac{e^{-it_ja_j} - e^{-it_jb_j}}{i2\pi t_j}\right) f(t)\, dt.$$

特别地，若 $[a, b)$ 是 F 的连续区间，则

$$F([a, b)) = F([a, b]) = F((a, b))$$

$$= \lim_{\substack{t_j\to\infty\\ j=1,\cdots,N}} \int_{[-T,T)} \left(\prod_{j=1}^{N} \frac{e^{-it_ja_j} - e^{-it_jb_j}}{i2\pi t_j}\right) f(t)\, dt.$$

注意 A^N 就是 $[a, b]$ 的全部顶点．如 $N = 2$，$[a, b) = [a_1, b_1; a_2, b_2)$，则 A^1 就是开区间 (a, b) 的四个(不含顶点的)边，A^2 就是 $[a, b]$ 的四个顶点．

证　令

$$I(T; a, b) = \int_{[-T,T)} \left(\prod_{j=1}^{N} \frac{e^{-it_ja_j} - e^{-it_jb_j}}{i2\pi t_j}\right) f(t)\, dt,$$

则

$$I(T; a, b) = \left(\frac{1}{2\pi}\right)^N \int_{[-T,T)} \left(\prod_{j=1}^{N} \frac{e^{-it_ja_j} - e^{-it_jb_j}}{it_j}\right) \int_{R^N} e^{itx} dF(x)\, dt$$

$$= \int_{R^N} \prod_{j=1}^{N} \left(\frac{1}{2\pi} \int_{[-t_j,t_j)} \frac{e^{it_j(x_j-a_j)} - e^{it_j(x_j-b_j)}}{it_j} dt_j\right) dF(x).$$

令

$$J(t_j, a_j, x_j) = \int_{[-t_j,t_j)} \frac{e^{it_j(x_j-a_j)}}{it_j} dt_j,$$

由于

$$\int_0^\infty \frac{\sin t}{t} dt = \frac{\pi}{2},$$

所以

$$\int_0^\infty \frac{\sin t(x-a)}{t} dt = \begin{cases} \frac{\pi}{2}, & x > a; \\ 0, & x = a; \\ -\frac{\pi}{2}, & x < a. \end{cases}$$

因此

$$\lim_{t_j\to\infty} J(t_j, a_j, x_j) = \int_{-\infty}^{\infty} \frac{e^{it_j(x_j-a_j)}}{it_j} dt_j$$

$$= 2\int_0^{\infty} \frac{\sin s(x_j - a_j)}{s} ds$$

$$= \begin{cases} \pi, & x_j > a_j; \\ 0, & x_j = a_j; \\ -\pi, & x_j < a_j. \end{cases}$$

所以，由 $I(t_j, a_j, x_j)$ 的有界性推知

$$\lim_{\substack{t_j\to\infty \\ j=1,\cdots,N}} I(T; a, b)$$

$$= \int_{R^N} \lim_{\substack{t_j\to\infty \\ j=1,\cdots,N}} \prod_{j=1}^{N} \left(\frac{1}{2\pi}[J(t_j, a_j, x_j) - J(t_j, b_j, x_j)]\right) dF(x)$$

$$= \int_{R^N} \prod_{j=1}^{N} \left(\frac{1}{\pi}\int_0^{\infty} \frac{\sin t_j(x_j - a_j) - \sin t_j(x_j - b_j)}{t_j} dt_j\right) dF(x)$$

$$= F(A).$$

至此，定理得证.

由于 R^N 中的正则化测度（即全空间上测度值为 1 的测度）F 由其连续区间上的测度值所唯一决定，而分布函数与正则化测度之间有一一对应，所以由定理 7.2 得知 N 维分布函数与其特征函数之间有一一对应.

下面我们考虑几种特殊情形.

(1) 若 $F(x)$ 是格子点分布，(不妨设 F 只在 R^N 的整点上才可能有正测度)，则

$$F((n_1, n_2, \cdots, n_N)) = p_{n_1,\cdots,n_N} = \left(\frac{1}{2\pi}\right)^N \int_{-\pi}^{\pi} f(t) e^{-itn} dt,$$

其中 $n = (n_1, \cdots, n_N)$.

证 $f(t) = \sum_m e^{itm} p_m$，所以

$$\left(\frac{1}{2\pi}\right)^N \int_{-\pi}^{\pi} f(t) e^{-itn} dt = \left(\frac{1}{2\pi}\right)^N \int_{-\pi}^{\pi} \left(\sum_m e^{it(m-n)} p_m\right) dt$$

$$= \left(\frac{1}{2\pi}\right)^N \int_{-\pi}^{\pi} \left(p_n + \sum_{m \neq n} e^{it(m-n)} p_m\right) dt$$

$$= \left(\frac{1}{2\pi}\right)^N \int_{-\pi}^{\pi} p_n dt = p_n.$$

(2) 设 $f(t)$ 是 d. f. $F(x)$ 的 c. f.，且 $f(t)$ 是勒贝格可积的，则 $F(x)$ 具有有界连续的密度函数 $p(x)$ 如下:

$$p(x) = \frac{1}{2\pi} \int_{-\infty}^{\infty} e^{-itx} f(t) dt.$$

证 可参阅 [3] p. 509.

现在，我们来讨论多维分布函数与特征函数之间的连续性定理.

定义 7.2 设 $f(t)$ 是 d. f. $F(x)$ 的 c. f.，定义

$$\hat{f}(t) = \int_0^t f(v) dv.$$

显然

$$\hat{f}(t) = \int_0^{t_1} \cdots \int_0^{t_N} f(v_1, \cdots, v_N) dv_1 \cdots dv_N$$

$$= \int_{R^N} \prod_{j=1}^{N} \frac{e^{it_j x_j} - 1}{ix_j} dF(x_1, \cdots, x_N),$$

而且

$$\frac{\partial_N}{\partial x_1 \cdots \partial x_N} \hat{f} = f(t_1, \cdots, t_N).$$

因此，$F(x)$，$f(t)$，$\hat{f}(t)$ 之间的对应都是一对一的(勒贝格零测集上的差异不加考虑的情况下).

定理 7.3 设 d. f. $F_n(x)$ 对应的 c. f. 为 $f_n(t)$，$\hat{f}_n(t) = \int_0^t f_n(v) dv$，若 $F_n \xrightarrow{W} F$，则

$$\lim_{n \to \infty} \hat{f}_n(t) = \hat{f}(t)$$

在 t 的任何有限区间上一致成立，其中

$$\hat{f}(t) = \int_0^t \left(\int_{R^N} e^{ivx} dF(x)\right) dv.$$

证 因为

$$\hat{f}_n(t)=\int_0^t f_n(v)dv=\int_{R^N}\int_0^t e^{ivx}dF_n(x)dv,$$

$$\hat{f}(t)=\int_{R^N}\int_0^t e^{ivx}dF(x)dv,$$

而 $F_n\xrightarrow{W}F$, $g(t,x)=\int_0^t e^{ivx}dv$ 是连续函数，且

$$\lim_{|x|\to\infty}g(t,x)=\lim_{|x|\to\infty}\frac{e^{itx}-1}{ix}=0,$$

所以由第一章定理 3.9.1 知

$\lim\limits_{n\to\infty}\hat{f}_n(t)=\hat{f}(t)$ （在 t 的任何有限区间上一致成立）.

定理 7.4 设 d.f. $F_n(x)$所对应的 c.f. 为 $f_n(t)$,

$$\hat{f}_n(t)=\int_0^t f_n(v)dv,$$

若 $\hat{f}_n(t)\to f^*(t)$，则

$$F_{n_k}\xrightarrow{W}F,$$

且

$$\hat{f}(t)\equiv\int_0^t\left(\int_{R^N}e^{ivx}dF(x)\right)dv=f^*(t).$$

证 因为 $|F_n(R^N)|\leqslant 1$，所以 $\{F_n\}$ 有弱收敛子列

$$F_{n_k}\xrightarrow{W}F,$$

因此，由定理 7.3 得知

$$\lim_{k\to\infty}\hat{f}_{n_k}(t)=\hat{f}(t),\quad\left(\hat{f}(t)=\int_0^t\left(\int_{R^N}e^{ivx}dF(x)\right)dv\right).$$

但是

$$\lim_{n\to\infty}\hat{f}_n(t)=f^*(t),$$

所以

$$\hat{f}(t)=f^*(t).$$

又由于 F, f, $\hat{f}$ 之间的对应是一对一的，所以 $\{F_n\}$ 的任何弱收敛子列都弱收敛到同一极限 F，因此 $F_n\xrightarrow{W}F$.

定理 7.5 设 $f_n(t)$ 为 d.f. $F_n(x)$ 的 c.f.. 若

$$\lim_{n\to\infty}f_n(t)=f(t),\quad [\text{a.e.}],$$

则 $F_n \xrightarrow{W} F$，且

$$f(t)=\int_{R^N} e^{itx}dF(x), \quad [\text{a. e.}].$$

证　因为 $f_n(t)\to f(t)$，[a. e.]，所以

$$\lim_{n\to\infty}\hat{f}_n(t)=\lim_{n\to\infty}\int_0^t f_n(v)dv=\int_0^t f(v)dv=\hat{f}(t).$$

因此，根据定理 7.4 有

$$F_n \xrightarrow{W} F, \quad f(t)=\int_{R^N} e^{itx}dF(x), \ [\text{a. e.}].$$

定理 7.6　设 $f_n(t)$ 是 d. f. $F_n(x)$ 的 c. f.，若 $F_n \xrightarrow{c} F$（从而 F 一定是正则化测度），则

$$\lim_{n\to\infty} f_n(t)=f(t) \quad (\text{在任何有限 } t \text{ 区间上一致成立}),$$

而且

$$f(t)=\int_{R^N} e^{itx}dF(x).$$

证　令 $g(t,x)=e^{itx}$，则定理 7.6 是第一章定理 3.10.1 的直接推论.

定理 7.7　设 $f_n(t)$ 是 d. f. $F(x)$ 的 c. f.. 若

$$\lim_{n\to\infty} f_n(t)=f^*(t), \quad f^*(t) \text{ 在 } t=0 \text{ 连续},$$

则

(1) $F_n \xrightarrow{c} F$;

(2) $f^*(t)=\int_{R^N} e^{itx}dF(x)$;

(3) $\lim_{n\to\infty} f_n(t)=f^*(t)$（在任何有限 t 区间一致成立）.

证　因为 $f_n(t)\to f^*(t)$，所以，由定理 7.5 有

$$F_n \xrightarrow{W} F, \quad f^*(t)=f(t)=\int_{R^N} e^{itx}dF(x), \ [\text{a. e.}].$$

又因为 $f^*(t)$ 在 $t=0$ 连续，所以 $f^*(0)=f(0)$，因此

$$\lim_{n\to\infty} F_n(R^N)=\lim_{n\to\infty} f_n(0)=f^*(0)=f(0)=F(R^N).$$

所以

$$F_n \xrightarrow{c} F.$$

此即(1)成立. 再利用定理 7.6 可知(2)和(3)也对.

最后,作为一个例子,我们讨论一下多维正态分布.

若 n 维随机向量 $(X_1, \cdots, X_N)$ 具有密度函数

$$p(x_1, \cdots, x_N) = c e^{-\frac{1}{2}Q(x_1,\cdots,x_N)},$$

其中 $Q(x_1, \cdots, x_N) = \sum_{i,j=1}^{N} b_{ij}(x_i - a_i)(x_j - a_j)$ 是正定二次型, c, a_i, b_{ij} 都是实数,则说 $(X_1, \cdots, X_N)$ 服从N维正态分布,以 $p(x_1,\cdots, x_N)$为密度函数的分布函数称为 N 维正态分布函数.

直接计算可以证明

$$c = (\sqrt{2\pi})^{-n}\sqrt{D},$$

其中

$$D = \begin{vmatrix} b_{11} & b_{12} \cdots b_{1N} \\ b_{21} & b_{22} \cdots b_{2N} \\ \cdots & \cdots\cdots\cdots \\ b_{N1} & b_{N2} \cdots b_{NN} \end{vmatrix},$$

$\boldsymbol{E}(X_j) = a_j$, $\operatorname{var}(X_j) = \sigma_j^2 = D_{jj}/D > 0$, $\boldsymbol{E}((X_i - a_i)(X_j - a_j))/\sigma_i\sigma_j = r_{ij} = D_{ij}/\sqrt{D_{ii}D_{jj}}$, 其中 D_{ij} 是 D 中对应于 b_{ij} 的子行列式.

$(X_1, \cdots, X_N)$ 的特征函数为:

$$f(t_1, \cdots, t_N) = e^{i\sum_{j=1}^{N} a_j t_j - \frac{1}{2}\sum_{j,k=1}^{N}\sigma_j\sigma_k r_{jk} t_j t_k}.$$

习　题

1. 试证下列诸对应关系:

a 二项分布: 其分布为 $p_k = \binom{n}{k} p^k q^{n-k}$ $(k = 0, 1,\cdots, n)$, 其特征函数为 $f(t) = (pe^{it} + q)^n$.

b 泊松分布: 其分布为 $p_k = e^{-\lambda}\frac{\lambda^k}{k!}$ $(k = 0, 1, 2, \cdots)$, 其特征函数为 $f(t) = e^{\lambda(e^{it}-1)}$.

c 均匀分布: 其密度函数为

$$p(x)=\begin{cases}\dfrac{1}{b-a}, & x\in[a,b],\\ 0, & \text{反之},\end{cases}$$

其特征函数为 $f(t)=(e^{ibt}-e^{iat})/i(b-a)t$.

d 柯西 (Cauchy, A. L.) 分布：其密度函数为

$$p(x)=\frac{1}{\pi}\frac{a}{a^2+(x-b)^2}\quad(a>0),$$

其特征函数为 $f(t)=e^{-a|t|+ibt}$.

e 拉普拉斯 (Laplace, P. S. M.) 分布：其密度函数为

$$p(x)=\frac{1}{2a}e^{-|x-b|/a}\quad(a>0),$$

其特征函数为 $f(t)=(1+a^2t^2)^{-1}e^{ibt}$.

f 正态分布：其密度函数为

$$p(x)=\frac{1}{\sigma\sqrt{2\pi}}e^{-\frac{1}{2}\left(\frac{x-a}{\sigma}\right)^2}\quad(\sigma>0),$$

其特征函数为 $f(t)=e^{iat-\frac{1}{2}\sigma^2t^2}$.

2. 试证下述诸函数是特征函数，并求出其对应的分布函数.

a $f_1(t)=\sum\limits_{k=0}^{\infty}a_k\cos kt$;

b $f_2(t)=\sum\limits_{k=0}^{\infty}a_k e^{i\lambda_k t}$;

c $f_3(t)=\cos^2 t$;

d $f_4(t)=\sin at/at$,

其中 $a_k\geqslant 0\ (k=0,1,2,\cdots)$, $\sum\limits_{k=0}^{\infty}a_k=1$.

3. 若 $f(t)$ 是随机变量 X 的特征函数，则下述函数也是特征函数：

a $f_1(t)=e^{f(t)-1}$;

b $f_2(t)=\dfrac{1}{t}\int_0^t f(z)dz$.

4. 设 $f(t)$ 和 $f_k(t)$ 是 d. f. $F(x)$ 和 $F_k(x)$ 的 c. f., 令

$$M_hf=\frac{2}{\pi h}\int_0^{\infty}|f(t)|^2\frac{\sin^2 ht}{t}dt\quad(h>0),$$

$$Mf=\lim_{T\to\infty}\frac{1}{2T}\int_{-T}^{T}|f(t)|^2dt,$$

则

a M_hf 是 h 的非降函数，而且

$$\lim_{h\to\infty} M_h f = 1; \quad \lim_{h\to 0} M_h f = Mf.$$

b $\lim\limits_{m\to\infty}\lim\limits_{n\to\infty} M_h\left(\prod\limits_{k=m+1}^{n} f_k\right)$

或则为 0 或则为 1.

c $Mf = \sum\limits_k (F(x_k + 0) - F(x_k - 0))^2$，其中 $\{x_k\}$ 为 $F(x)$ 的全部间断点.

d $M(f_1f_2) \geqslant (Mf_1)(Mf_2)$,

$$M_h f = 2\int_0^{2h}\left(1 - \frac{x}{2h}\right) dF^s(x),$$

其中 $F^s(x)$ 是 $|f(t)|^2$ 所对应的分布函数.

e $\lim\limits_{n\to\infty} f_n(t) = f(t), Mf = 0 \Rightarrow \lim\limits_{n\to\infty} Mf_n = 0$.

但是其逆不真.

f $\lim\limits_{n\to\infty}\prod\limits_{k=1}^{n} f_k(t) = f(t) \Rightarrow \lim\limits_{n\to\infty} M\left(\prod\limits_{k=1}^{n} f_k\right) = Mf$.

5. 如果随机变量 X 有密度函数，则 X 的特征函数 $f(t)$ 在 $|t|\to\infty$ 时趋于 0.

6. 若 $P(|X| \geqslant x) \to 0$（当 $x\to\infty$）的速度比 $\frac{1}{x}$ 的任何次方都要快，则 X 的各阶矩都存在.

7. 设 $\{X_n\}$ 为相互独立随机变量序列，X_n 服从泊松分布：

$$P(X_n = k) = e^{-\lambda_n}\frac{\lambda_n^k}{k!} \quad (k = 0, 1, 2, \cdots),$$

则随机变量

$$\sum_{k=1}^{n}(X_k - \lambda_k)\Big/\sqrt{\sum_{k=1}^{n}\lambda_k}$$

的分布函数趋于标准正态分布 $N(0, 1)$. $\left(\text{假定 } \lambda_k > 0, \sum\limits_{k=1}^{\infty}\lambda_k = \infty.\right)$

8. 设随机变量 X 具有密度函数

$$p(x) = \begin{cases} 0, & x \leqslant 0; \\ \dfrac{\beta^\alpha}{\Gamma(\alpha)} x^{\alpha-1}e^{-\beta x}, & x > 0, \end{cases}$$

则当 $\alpha\to\infty$ 时，随机变量 $(\beta X - \alpha)/\sqrt{\alpha}$ 的分布函数趋于 $N(0, 1)$.

9. 设随机变量 X_1 和 X_2 的特征函数分别为 $f_1(t)$ 和 $f_2(t)$，$f(t_1, t_2)$ 是随机向量 (X_1, X_2) 的特征函数，试证 X_1 与 X_2 相互独立的充要条件是

$$f(t_1, t_2) = f_1(t_1)f_2(t_2).$$

第三章　大数定律与中心极限定理

§1　相互独立相同分布的随机变量序列的大数定律

在这一章中，概率空间 $(\Omega, \mathscr{F}, P)$ 总是给定的，而提及的一切随机变量，总是给定的概率空间 $(\Omega, \mathscr{F}, P)$ 上的随机变量.

定义 1.1　设 $\{X_n\}$ 是随机变量序列，$y_n = f_n(x_1, \cdots, x_n)$ 是 $(\mathscr{B}^n, \mathscr{B}^1)$ 可测的，而且 $f_n(x_1, \cdots, x_n)$ 关于 $x_1, \cdots, x_n$ 是对称的. 如果存在实数列 $\{a_n\}$，使得对任何 $\varepsilon > 0$，都有

$$\lim_{n\to\infty} P(|f_n(X_1, \cdots, X_n) - a_n| < \varepsilon) = 1, \tag{1.1}$$

即 $f_n(X_1, \cdots, X_n) - a_n$ 度量收敛(概率收敛)到 0，记为

$$\lim_{n\to\infty} (f_n(X_1, \cdots, X_n) - a_n) = 0, \quad [\mathrm{p}], \tag{1.2}$$

则说 $\{X_n\}$ 服从给定函数 f_n 的大数定律.

但是，一般常说的大数定律的概念都是假定 $y_n = f_n(x_1, \cdots, x_n)$ 是 $x_1, \cdots, x_n$ 的算术平均

$$M_n = \frac{1}{n}(x_1 + \cdots + x_n).$$

而且以后我们谈 $\{X_n\}$ 服从大数定律，意思就是指 $\{X_n\}$ 服从给定函数 M_n 的大数定律.

命题 1.1　设 $F_n(x)$ 是 R. V. X_n 的 d. f.. 若

$$\lim_{n\to\infty} X_n = X, \quad [\mathrm{P}],$$

即 $\{X_n\}$ 度量收敛(或概率收敛)到 X，则

$$F_n(x) \xrightarrow{c} F(x),$$

其中 $F(x)$ 是 X 的 d. f.. 但命题 1.1 的逆命题不真.

证　任取 $x \in c(F)$.

$$|F_n(x) - F(x)| \leqslant |P(X_n < x) - P(X < x + \varepsilon)|$$
$$+ |P(X < x + \varepsilon) - P(X < x)|$$

$$
\begin{aligned}
&\leqslant P(X_n < x, X \geqslant x+\varepsilon) + P(X_n \geqslant x, X < x+\varepsilon) \\
&+ |F(x+\varepsilon) - F(x)| \\
&\leqslant P(X_n < x, X \geqslant x+\varepsilon) + P(X_n \geqslant x, X < x-\varepsilon) \\
&+ P(x-\varepsilon \leqslant X < x+\varepsilon) + |F(x+\varepsilon) - F(x)| \\
&\leqslant 2P(|X_n - X| \geqslant \varepsilon) + F(x+\varepsilon) - F(x) \\
&+ F(x+\varepsilon) - F(x-\varepsilon). \qquad (1.3)
\end{aligned}
$$

由于 $\lim\limits_{n\to\infty} X_n = X$, [P], $x \in c(F)$, 所以,由(1.3)知

$$F_n(x) \xrightarrow{c} F(x).$$

命题 1.1 的逆命题不真是容易看出的，因为一串分布函数 $\{F_n(x)\}$ 给定以后，以此 $\{F_n(x)\}$ 作分布函数的随机变量序列 $\{X_n\}$ 之间可以没有任何收敛性. 例如，作概率空间 $(\Omega, \mathscr{F}, P)$ 如下: $\Omega = \{0, 1\}$, $\mathscr{F} = \{\varnothing, \{0\}, \{1\}, \{0, 1\}\}$, $P(\{0\}) = P(\{1\}) = \frac{1}{2}$. 在 $(\Omega, \mathscr{F}, P)$ 上定义一串随机变量 $\{X_n\}$ 如下

$$X_{2n+1}(\omega) = \begin{cases} 0, & \omega = 0; \\ 1, & \omega = 1; \end{cases} \quad n = 0, 1, 2, \cdots,$$

$$X_{2n}(\omega) = \begin{cases} 0, & \omega = 1; \\ 1, & \omega = 0, \end{cases} \quad n = 1, 2, \cdots,$$

则 X_n 的分布函数 $F_n(x)$ 为

$$F_n(x) = \begin{cases} 0, & x \leqslant 0; \\ \dfrac{1}{2}, & 0 < x \leqslant 1; \quad n = 1, 2, \cdots. \\ 1, & x > 1, \end{cases}$$

所以 $\{F_n(x)\}$ 全收敛,但 $\{X_n\}$ 不概率收敛到 X.

虽然一般说来，命题 1.1 的逆命题不成立，但在特殊情况下，命题 1.1 的逆命题成立.

命题 1.2 设 R. V. X_n 的 d. f. 为 $F_n(x)$. 则

$$\lim_{n\to\infty} X_n = a, \ [\mathrm{P}] \Longleftrightarrow F_n(x) \xrightarrow{c} \varepsilon_a(x).$$

(其中 a 是常数，$\varepsilon_a(x)$ 是退化分布函数. 特别地 $\varepsilon_0(x)$ 是零一

律.)

证　必要性. 它是命题 1.1 的特款.

充分性. 设 $F_n(x) \xrightarrow{c} \varepsilon_a(x)$. 因为

$$P(|X_n - a| < \varepsilon) \leqslant F_n(a+\varepsilon) - F_n(a-\varepsilon),$$

而 $a+\varepsilon,\ a-\varepsilon \in c(\varepsilon_a(x))$, 所以由 $F_n(x) \xrightarrow{c} \varepsilon_a(x)$ 可得

$$\lim_{n\to\infty} P(|X_n - a| < \varepsilon) = 1 \quad (\varepsilon > 0).$$

此即

$$\lim_{n\to\infty} X_n = a, \quad [\mathrm{P}].$$

根据命题 1.2 及分布函数与特征函数之间的连续性定理可知：欲随机变量序列 $\{X_n\}$ 服从大数定律，必须而且只须存在一串实数 $\{a_n\}$，使得下面任何一个条件成立：

1. $$\lim_{n\to\infty} \frac{1}{n} \sum_{k=1}^{n} (X_k - a_k) = 0, \quad [\mathrm{P}];$$

2. $$\mathscr{L}\left(\frac{1}{n} \sum_{k=1}^{n} (X_k - a_k)\right) \xrightarrow{c} \varepsilon_0(x),$$

3. $$\boldsymbol{E}\left(e^{it\frac{1}{n}\sum_{k=1}^{n}(X_k - a_k)}\right) \to 1,$$

其中 $\mathscr{L}(X)$ 代表 R. V. X 的 d. f.. 以后常用此符号，不再逐处说明.

定理 1.1（辛钦）　设 $\{X_n\}$ 是一串相互独立相同分布的随机变量，$F(x)$ 和 $f(t)$ 分别为 X_n 的 d. f. 和 c. f.，$\boldsymbol{E}(X_n) = 0$. 令

$$S_n = \sum_{k=1}^{n} X_k \quad (n = 1, 2, \cdots),$$

则

$$\lim_{n\to\infty} \boldsymbol{E}(e^{itS_n/n}) = 1.$$

证　$\boldsymbol{E}(e^{itS_n/n}) = \prod_{k=1}^{n} \boldsymbol{E}(e^{itX_k/n}) = \prod_{k=1}^{n} f\left(\frac{t}{n}\right)$, 但是,

$$f\left(\frac{t}{n}\right) = f(0) + f'(0)\frac{t}{n} + o\left(\frac{t}{n}\right)$$

$$= 1 + o\left(\frac{t}{n}\right) \quad (n \to \infty),$$

所以

$$\boldsymbol{E}(e^{itS_n/n}) = \prod_{k=1}^{n}\left(1 + o\left(\frac{t}{n}\right)\right) = \left(1 + o\left(\frac{t}{n}\right)\right)^n \to 1.$$

系 1 若 $\{X_n\}$ 为相互独立相同分布的随机变量序列，

$$E(X_n) = p,$$

则

$$\lim_{n\to\infty} \boldsymbol{E}(e^{it(S_n-np)/n}) = 1.$$

例 设 S_n 是 n 次相互独立的试验中事件 A 出现的次数，而 p 是每次试验中 A 出现的概率，则 $\lim\limits_{n\to\infty} S_n/n = p$，[P]．

§2 相互独立相同分布的随机变量序列的中心极限定理

定义 2.1 设 $\{X_n\}$ 为一随机变量序列，如果存在一串实数 $\{a_n\}$ 和一串正数 $\{b_n\}$，使得

$$\mathscr{L}\left(\frac{\sum\limits_{k=1}^{n}(X_k - a_k)}{\sum\limits_{k=1}^{n} b_k}\right) \xrightarrow{c} N(0, 1),$$

则称 $\{X_n\}$ 服从中心极限定理，其中 $N(0, 1)$ 是标准正态分布函数．

定理 2.1 设 $\{X_n\}$ 是相互独立相同分布的随机变量序列，$f(t)$ 为 X_n 的 c. f.，若 $\boldsymbol{E}(X_n) = 0$，$\mathrm{var}(X_n) = \sigma_n^2 = \sigma^2$，$0 < \sigma^2 < \infty$，则

$$\mathscr{L}\left(\frac{S_n}{s_n}\right) \xrightarrow{c} N(0, 1).$$

$$\left(\text{其中}\quad s_n^2 = \sum_{k=1}^{n}\sigma_k^2,\ S_n = \sum_{k=1}^{n} X_k.\right)$$

证 $\boldsymbol{E}(e^{itS_n/s_n}) = f\left(\frac{t}{s_n}\right)^n$.

但是

$$f\left(\frac{t}{s_n}\right)=f(0)+f'(0)\frac{t}{s_n}+\frac{f''(0)}{2}\left(\frac{t}{s_n}\right)^2+o\left(\left(\frac{t}{s_n}\right)^2\right)$$

$$=1-\frac{1}{2}\left(\frac{t\sigma}{s_n}\right)^2+o\left(\frac{t^2}{s_n^2}\right)$$

$$=1-\frac{1}{n}\left(\frac{t^2}{2}\right)+o\left(\frac{t}{n}\right),$$

所以

$$\boldsymbol{E}(e^{itS_n/s_n})=\left(1-\frac{1}{n}\frac{t^2}{2}+o\left(\frac{t^2}{n}\right)\right)^n\to e^{-\frac{1}{2}t^2}.$$

此即

$$\mathscr{L}(S_n/s_n)\xrightarrow{c}N(0,1).$$

系 1 若 $\{X_n\}$ 为相互独立相同分布的随机变量序列，$\boldsymbol{E}(X_n)=p$，$\mathrm{var}(X_n)=\sigma_n^2=\sigma^2$，$0<\sigma^2<\infty$，则

$$\mathscr{L}((S_n-np)/s_n)\xrightarrow{c}N(0,1).$$

例 (棣莫弗尔-拉普拉斯 (De Moivre-Laplace)) 设 S_n 为 n 次独立试验中事件 A 出现的次数，而每次试验中 A 出现的概率为 p，$0<p<1$，则

$$\mathscr{L}((S_n-np)/\sqrt{np(1-p)})\xrightarrow{c}N(0,1).$$

§3 相互独立的随机变量序列的大数定律

在§1中，我们讨论了相互独立相同分布的随机变量序列 $\{X_n\}$ 的大数定律，我们得出的一个主要定理(辛钦定理)，即只要 $\boldsymbol{E}(X_n)=p$ 存在，就有

$$\mathscr{L}\left(\frac{S_n-np}{n}\right)\xrightarrow{c}\varepsilon_0(x).$$

现在，我们对于一般的相互独立的随机变量序列 $\{X_n\}$ (不一定有相同的分布)来说，

$$\mathscr{L}\left(\frac{S_n-\boldsymbol{E}(S_n)}{n}\right)\xrightarrow{c}\varepsilon_0(x)$$

是否成立？如果一般说来不成立，那么它成立的条件是什么？首

先我们在一些特殊情形下找出它成立的条件.

契比谢夫（Чебышев, П. Л.）**不等式** 设 R. V. X 具有有限方差 $\mathrm{var}(X)=\sigma^2<\infty$，则对任何 $\varepsilon>0$，有

$$P(|X-\boldsymbol{E}(X)|\geqslant\varepsilon)\leqslant \mathrm{var}(X)/\varepsilon^2.$$

证 设X的 d. f. 为 $F(x)$，则

$$P(|X-\boldsymbol{E}(X)|\geqslant\varepsilon)=\int_{|x-\boldsymbol{E}(X)|\geqslant\varepsilon}dF(x)$$

$$\leqslant\frac{1}{\varepsilon^2}\int_{|x-\boldsymbol{E}(X)|\geqslant\varepsilon}(x-\boldsymbol{E}(X))^2dF(x)\leqslant\frac{\mathrm{var}(X)}{\varepsilon^2}.$$

定理 3.1（契比谢夫） 设$\{X_n\}$是相互独立、方差一致有界的随机变量序列，$\mathrm{var}(X_n)\leqslant c<\infty$ $(n=1,2,\cdots)$，令

$$S_n=\sum_{k=1}^{n}X_k,$$

则

$$\mathscr{L}\left(\frac{S_n-\boldsymbol{E}(S_n)}{n}\right)\xrightarrow{c}\varepsilon_0(x).$$

证 $P\left(\left|\frac{1}{n}(S_n-\boldsymbol{E}(S_n))\right|\geqslant\varepsilon\right)$

$$\leqslant\frac{1}{\varepsilon^2}\mathrm{var}\left(\frac{S_n-\boldsymbol{E}(S_n)}{n}\right)\leqslant\left(\frac{1}{n\varepsilon}\right)^2\mathrm{var}(S_n)$$

$$\leqslant\frac{c}{n\varepsilon^2},$$

所以

$$\mathscr{L}\left(\frac{1}{n}(S_n-\boldsymbol{E}(S_n))\right)\xrightarrow{c}\varepsilon_0(x).$$

例（泊松） 设 S_n 是 n 次独立试验中事件A出现的次数，p_k是第k次试验中A出现的概率，则

$$\mathscr{L}\left(\frac{S_n}{n}-\frac{p_1+\cdots+p_n}{n}\right)\xrightarrow{c}\varepsilon_0(x).$$

以后我们经常要对特征函数 $f(t)$ 取对数，而对数函数是多值

的. 不过我们约定，以后的对数都是取主值的，即如果 c. f. $f(t)$ 在 $|t|<T$ 中无处为 0，则满足下述两个条件的连续函数 $\phi(t)$ 就称为 $f(t)$ 的对数:

(1) $\phi(t)$ 定义在 $|t|<T$ 上，且 $e^{\phi(t)}=f(t)$;

(2) $\phi(0)=0$.

如果 c. f. $f(t)$ 在 $|t|<T$ 内无处为 0，则 $f(t)$ 之对数函数在 $|t|<T$ 中唯一存在. 如果 c. f. $f(t)$ 及 $f_n(t)$ $(n=1,2,\cdots)$ 在 $|t|<T$ 中无处为 $f(t)$，则 $\log f_n(t)\to\log f(t)$，在 $|t|<T$ 中任一闭 立.

1. 关于等价性

定义 3.1 称二个 $F_n\}$，$\{G_n\}$ 等价，如果对 $\{F_n\}$ 的任何一个全收敛子列

$$F_{n_k}(x) \qquad (k\to\infty),$$

都有

$$G_{n_k}(x) \qquad \to\infty),$$

反之亦然.

显然，若 $\{F_n\}$，$\{G_n\}$ 一分布函数 F，则 $\{F_n\}$ 与 $\{G_n\}$ 等价，但反之不 性”的定义中并不要求 $\{F_n\}$ 或 $\{G_n\}$ 全收敛. 若 (x)，则 $\{F_n\}$ 与 $\{G_n\}$ 等价的充要条件是 $G_n(x)\xrightarrow{c}F(x)$. 因此，为了证明 $\{F_n\}$ 全收敛到 F，只需证明与 $\{F_n\}$ 等价的 $\{G_n\}$ 全收敛到 F.

命题 3.1（等价性引理） 若 $P(X_n\neq Y_n)\to 0$，则 $\{\mathscr{L}(X_n)\}$ 与 $\{\mathscr{L}(Y_n)\}$ 等价.

证 由
$$\begin{aligned}|P(X_n<x)-P(Y_n<x)| &\leqslant P(X_n<x,Y_n\geqslant x)+P(Y_n<x,X_n\geqslant x)\\ &\leqslant 2P(X_n\neq Y_n)\end{aligned}$$
立得命题 3.1.

2. 关于搬中心

命题 3.2 若 $P(a\leqslant X\leqslant b)>\frac{1}{2}$，则 $[a,b]$ 中至少有 R.

V. X 的一个中位数.

证　令 $\mu = \sup\left\{x \mid x \in [a, b],\ F(x) < \frac{1}{2}\right\}$, $F(x)$ 是 X 的 d.f., 则 μ 是 X 的一个中位数.

由命题 3.2 得知：任何 R. V. X 的中位数总是存在的. 但不一定唯一. 例如,若 R. V. X 的 d. f. 为

$$F(x) = \begin{cases} 0, & x \leqslant 0; \\ \frac{1}{2}, & 0 < x \leqslant 1; \\ 1, & x > 1, \end{cases}$$

则 $(0, 1)$ 内任一点都是 X 的中位数.

命题 3.3　若 $P(|X| \geqslant \varepsilon) < \frac{1}{2}$, 且 μ 是 R. V. X 的中位数, 则 $|\mu| < \varepsilon$.

证　若 $\mu \geqslant \varepsilon$, 则

$$P(|X| \geqslant \varepsilon) \geqslant P(X \geqslant \varepsilon) \geqslant P(X \geqslant \mu) \geqslant \frac{1}{2},$$

与命题的假设矛盾. 若 $\mu \leqslant -\varepsilon$, 则 $P(|X| \geqslant \varepsilon) \geqslant P(X \leqslant -\varepsilon) \geqslant P(X \leqslant \mu) \geqslant \frac{1}{2}$, 这也与假设矛盾,所以 $|\mu| < \varepsilon$.

命题 3.4（弱对称化引理）　若 μ 为 R. V. X 的中位数, X' 是与 X 相互独立相同分布的 R. V., $X^s = X - X'$ 为 X 的对称化, 则

$$\frac{1}{2} P(|X - \mu| \geqslant x) \leqslant P(|X^s| \geqslant x)。$$

证
$$\begin{aligned} P(X^s \leqslant -x) &\geqslant P(X \leqslant \mu - x, X' \geqslant \mu) \\ &= P(X \leqslant \mu - x) P(X' \geqslant \mu) \geqslant \frac{1}{2} P(X \leqslant \mu - x) \\ &= \frac{1}{2} P(X - \mu \leqslant -x); \end{aligned}$$

$$\begin{aligned} P(X^s \geqslant x) &\geqslant P(X \geqslant \mu + x,\ X' \leqslant \mu) \\ &= P(X \geqslant \mu + x) P(X' \leqslant \mu) \end{aligned}$$

$$\geqslant P(X \geqslant \mu + x)\frac{1}{2} = \frac{1}{2}P(X - \mu \geqslant x).$$

综合上面二式即得命题 3.4.

定理 3.2 (马尔科夫 (Марков, A. A.)) 设 $\{X_n\}$ 为相互独立的随机变量序列. 若 $\boldsymbol{E}(X_n) = 0$, $(n = 1, 2, \cdots)$, 且对某一个 $0 < \delta \leqslant 1$ 有

$$\frac{1}{n^{1+\delta}} \sum_{k=1}^{n} \boldsymbol{E}(|X_k|^{1+\delta}) \to 0 \quad (n \to \infty),$$

则

$$\mathscr{L}\left(\frac{S_n}{n}\right) \xrightarrow{c} \varepsilon_0(x),$$

其中

$$S_n = \sum_{k=1}^{n} X_k.$$

证 令 $\mu_r^{(k)} = \boldsymbol{E}(|X_k|^r)$, $f_k(t)$ 是 X_k 的 c. f., 则由特征函数的泰勒展开式得

$$f_k\left(\frac{t}{n}\right) = f_k(0) + f_k'(0)\frac{t}{n} + \theta_{nk}2^{1-\delta}\mu_{1+\delta}^{(k)}\frac{1}{1+\delta}\left(\frac{t}{n}\right)^{1+\delta}.$$

令

$$\omega_{nk}(t) = \theta_{nk}2^{1-\delta}\mu_{1+\delta}^{(k)}\frac{1}{1+\delta}\left(\frac{t}{n}\right)^{1+\delta},$$

则

$$f_k\left(\frac{t}{n}\right) = 1 + \omega_{nk}(t).$$

但是

$$\lim_{n\to\infty}\max_{1\leqslant k\leqslant n}\left\{\frac{\mu_{1+\delta}^{(k)}}{n^{1+\delta}}\right\} \leqslant \lim_{n\to\infty}\frac{1}{n^{1+\delta}}\sum_{k=1}^{n}\mu_{1+\delta}^{(k)} = 0;$$

所以

$$\lim_{n\to\infty}\max_{1\leqslant k\leqslant n}|\omega_{nk}(t)| = 0 \quad (\text{在 } |t| \leqslant T \text{ 一致成立}),$$

因此当 n 充分大时有

$$\log f_k\left(\frac{t}{n}\right) = \log(1 + \omega_{nk}(t)) = \omega_{nk}(t) + o(\omega_{nk}(t)) \quad (n \to \infty),$$

所以

$$\boldsymbol{E}(e^{itS_n/n}) = \prod_{k=1}^{n} \boldsymbol{E}(e^{itX_k/n})$$

$$= \prod_{k=1}^{n} f_k\left(\frac{t}{n}\right) = e^{\log \prod_{k=1}^{n} f_k\left(\frac{t}{n}\right)}$$

$$= e^{\sum_{k=1}^{n} (\omega_{nk}(t) + o(\omega_{nk}(t)))}.$$

但是

$$\lim_{n\to\infty} \sum_{k=1}^{n} \omega_{nk}(t) = \lim_{n\to\infty} \sum_{k=1}^{n} \theta_{nk} \frac{2^{1-\delta}}{1+\delta} t^{1+\delta} \frac{\mu_{1+\delta}^{(k)}}{n^{1+\delta}} = 0,$$

所以

$$\boldsymbol{E}(e^{itS_n/n}) \to 1.$$

定理 3.3 设 $\{X_n\}$ 为相互独立的随机变量序列，$\boldsymbol{E}(X_n)=0$，X_n 的 d. f. 为 $F_n(x)$，若

(1) $$\lim_{n\to\infty} \sum_{k=1}^{n} \int_{|x|\geqslant n} dF_k(x) = 0,$$

(2) $$\lim_{n\to\infty} \frac{1}{n} \sum_{k=1}^{n} \int_{|x|<n} x dF_k(x) = 0,$$

(3) $$\lim_{n\to\infty} \frac{1}{n^2} \sum_{k=1}^{n} \int_{|x|<n} x^2 dF_k(x) = 0,$$

则

$$\mathscr{L}\left(\frac{S_n}{n}\right) \xrightarrow{c} e_0(x) \qquad \left(其中\ S_n = \sum_{k=1}^{n} X_k\right).$$

证 作 R. V. X_{nk} 如下

$$X_{nk} = \begin{cases} X_k, & |X_k| < n; \\ 0, & |X_k| \geqslant n, \end{cases}$$

令 $S_{nn} = \sum_{k=1}^{n} X_{nk}$. 由于

$$P\left(\frac{S_{nn}}{n} \neq \frac{S_n}{n}\right) \leqslant \sum_{k=1}^{n} P(X_{nk} \neq X_k)$$

$$= \sum_{k=1}^{n} \int_{|x| \geqslant n} dF_k(x),$$

所以，由 (1) 得知 $\left\{\mathscr{L}\left(\frac{S_{nn}}{n}\right)\right\}$ 与 $\left\{\mathscr{L}\left(\frac{S_n}{n}\right)\right\}$ 等价. 因此，为证定理，只需证明

$$\mathscr{L}\left(\frac{S_{nn}}{n}\right) \xrightarrow{\text{c}} \varepsilon_0(x),$$

也就是只需证明

$$\boldsymbol{E}(e^{itS_{nn}/n}) \to 1.$$

但是，由 (2) 知

$$\frac{1}{n}\boldsymbol{E}(S_{nn}) = \frac{1}{n}\sum_{k=1}^{n}\boldsymbol{E}(X_{nk}) = \frac{1}{n}\sum_{k=1}^{n}\int_{|x|<n} x dF_k(x) \to 0,$$

因此为证定理又只需证明

$$\boldsymbol{E}\left(e^{it\left(\frac{S_{nn}}{n} - \boldsymbol{E}\left(\frac{S_{nn}}{n}\right)\right)}\right) \to 1.$$

但是，由 (3) 有

$$\frac{1}{n^2}\sum_{k=1}^{n}\boldsymbol{E}((X_{nk} - \boldsymbol{E}(X_{nk}))^2) \leqslant \frac{1}{n^2}\sum_{k=1}^{n}\boldsymbol{E}(X_{nk}^2)$$

$$= \frac{1}{n^2}\sum_{k=1}^{n}\int_{|x|<n} x^2 dF_k(x) \to 0 \quad (n \to \infty),$$

所以，由定理 3.2 即得

$$\boldsymbol{E}\left(e^{it\left(\frac{S_{nn}}{n} - \boldsymbol{E}\left(\frac{S_{nn}}{n}\right)\right)}\right) \to 1.$$

定理得证.

系 设 $\{X_n\}$ 为相互独立的随机变量序列，$\boldsymbol{E}(X_n) = p_n$ 存在，$F_n(x)$ 是 X_n 的 d. f.，$S_n = \sum_{k=1}^{n} X_k$ $(n = 1, 2, \cdots)$，若

(1)′ $$\lim_{n\to\infty}\sum_{k=1}^{n}\int_{|x|\geqslant n} dF_k(x + p_k) = 0,$$

(2)′ $$\lim_{n\to\infty}\frac{1}{n}\sum_{k=1}^{n}\int_{|x|<n} x dF_k(x + p_k) = 0,$$

(3)′ $$\lim_{n\to\infty}\frac{1}{n^2}\sum_{k=1}^{n}\int_{|x|<n}x^2dF_k(x+p_k)=0,$$

则

$$\mathscr{L}\left(\frac{S_n-\boldsymbol{E}(S_n)}{n}\right)\xrightarrow{c}e_0(x).$$

§4 相互独立的随机变量序列的中心极限定理

定理 4.1 (李雅普诺夫 (Ляпунов, A. M.)) 设 $\{X_n\}$ 为相互独立的随机变量序列，$\boldsymbol{E}(X_n)=0$ $(n=1,2,\cdots)$. 若对某一个 $\delta>0$ 有

$$\frac{1}{s_n^{2+\delta}}\sum_{k=1}^{n}\boldsymbol{E}(|X_k|^{2+\delta})\to 0\quad(n\to\infty),\tag{4.1}$$

则

$$\mathscr{L}\left(\frac{S_n}{s_n}\right)\xrightarrow{c}N(0,1).$$

其中 $s_n^2=\mathrm{var}(S_n)$, $S_n=\sum\limits_{k=1}^{n}X_k$, $\sigma_k^2=\mathrm{var}(X_k)$.

证. 记 $\mu_{2+\delta}^{(k)}=\boldsymbol{E}(|X_k|^{2+\delta})$. (1) 先设存在一个 $0<\delta\leqslant 1$，使 (4.1) 成立. 令 $f_n(t)$ 为 X_n 的 c. f.，则由特征函数的泰勒展开有

$$\begin{aligned}f_k\left(\frac{t}{s_n}\right)&=1+f_k'(0)\frac{t}{s_n}+\frac{f_k''(0)}{2}\left(\frac{t}{s_n}\right)^2\\&\quad+\theta_{nk}2^{1-\delta}\mu_{2+\delta}^{(k)}\frac{1}{(1+\delta)(2+\delta)}\left(\frac{t}{s_n}\right)^{2+\delta}\\&=1-\frac{\sigma_k^2}{2}\left(\frac{t}{s_n}\right)^2+\theta_{nk}2^{1-\delta}\mu_{2+\delta}^{(k)}\frac{1}{(1+\delta)(1+\delta)}\left(\frac{t}{s_n}\right)^{2+\delta}.\end{aligned}$$

令

$$\omega_{nk}(t)=-\frac{\sigma_k^2}{2}\left(\frac{t}{s_n}\right)^2+\theta_{nk}2^{1-\delta}\mu_{2+\delta}^{(k)}\frac{1}{(1+\delta)(2+\delta)}\left(\frac{t}{s_n}\right)^{2+\delta}.$$

而由 (4.1) 得

$$\max_{1\leqslant k\leqslant n}\left(\frac{\mu_{2+\delta}^{(k)}}{s_n^{2+\delta}}\right)\leqslant\sum_{k=1}^{n}\frac{\mu_{2+\delta}^{(k)}}{s_n^{2+\delta}}\to 0,\tag{4.2}$$

由霍尔德尔不等式有

$$\sigma_k^{2+\delta} = \boldsymbol{E}(|X_k|^2)^{2+\delta/2} \leqslant \boldsymbol{E}(|X_k|^{2+\delta}) = \mu_{2+\delta}^{(k)},$$

所以

$$\sigma_k^2/s_n^2 \leqslant (\sigma_k^{2+\delta}/s_n^{2+\delta})^{2/2+\delta} \leqslant (\mu_{2+\delta}^{(k)}/s_n^{2+\delta})^{2/2+\delta}.$$

利用 (4.2) 即得

$$\max_{1\leqslant k\leqslant n} \frac{\sigma_k^2}{s_n^2} \to 0. \tag{4.3}$$

由 (4.2) 及 (4.3) 可知

$$\lim_{n\to\infty} \max_{1\leqslant k\leqslant n} |\omega_{nk}(t)| = 0 \quad (\text{对 } |t| < T \text{ 一致成立}).$$

因此,当 n 充分大后,对 $k = 1, 2, \cdots, n$, $\log f_k\left(\frac{t}{n}\right) = \log(1 + \omega_{nk}(t))$ 存在,且

$$\log f_k\left(\frac{t}{s_n}\right) = \log(1 + \omega_{nk}(t))$$
$$= \omega_{nk}(t) + o(\omega_{nk}(t)) \quad (n \to \infty).$$

所以

$$\boldsymbol{E}(e^{itS_n/s_n}) = \prod_{k=1}^{n} f_k\left(\frac{t}{s_n}\right)$$
$$= e^{\sum_{k=1}^{n}(\omega_{nk}(t)+o(\omega_{nk}(t)))}.$$

但是

$$\sum_{k=1}^{n} \omega_{nk}(t) = \sum_{k=1}^{n}\left(-\frac{1}{2}\sigma_k^2\left(\frac{t}{s_n}\right)^2 + \frac{2^{1-\delta}\theta_{nk}}{(1+\delta)(2+\delta)} t^{2+\delta} \frac{\mu_{2+\delta}^{(k)}}{s_n^{2+\delta}}\right)$$
$$= -\frac{1}{2}t^2 + \frac{2^{1-\delta}}{(1+\delta)(2+\delta)} \sum_{k=1}^{n} \theta_{nk} \frac{\mu_{2+\delta}^{(k)}}{s_n^{2+\delta}} t^{2+\delta}$$
$$\to -\frac{1}{2}t^2, \tag{4.4}$$

而且

$$\lim_{n\to\infty} \max_{1\leqslant k\leqslant n} |\omega_{nk}(t)| = 0,$$

所以

$$\sum_{k=1}^{n} o(\omega_{nk}(t)) = o(1) \quad (n \to \infty). \tag{4.5}$$

由 (4.4), (4.5) 得

$$\boldsymbol{E}\left(e^{itS_n/s_n}\right) \to e^{-\frac{1}{2}t^2}.$$

(2) 设存在一个 $\delta > 1$，使 (4.1) 成立.

首先注意：若 R. V. Y 满足 $\boldsymbol{E}(|Y|^{2+\delta}) < \infty$，则由霍尔德尔不等式有

$$\begin{aligned}\boldsymbol{E}(|Y|^3) &= \boldsymbol{E}(|Y|^{2+\delta/\delta}|Y|^{2(\delta-1)/\delta}) \\ &\leqslant [\boldsymbol{E}(|Y|^{2+\delta})]^{1/\delta}[\boldsymbol{E}(|Y|^2)]^{\delta-1/\delta}. \end{aligned} \tag{4.6}$$

今作 R. V. Y，使其分布函数为 $\frac{1}{n}\sum_{k=1}^{n} F_k(x)$，则

$$\boldsymbol{E}(|Y|^r) = \frac{1}{n}\sum_{k=1}^{n}\int_{R^1}|x|^r dF_k(x) = \frac{1}{n}\sum_{k=1}^{n}\boldsymbol{E}(|X_k|^r),$$

所以，由 (4.6) 得

$$\begin{aligned}\frac{1}{n}\sum_{k=1}^{n}\boldsymbol{E}(|X_k|^3) &= \boldsymbol{E}(|Y|^3) \leqslant [\boldsymbol{E}(|Y|^{2+\delta})]^{1/\delta}[\boldsymbol{E}(|Y|^2)]^{\delta-1/\delta} \\ &= \left[\frac{1}{n}\sum_{k=1}^{n}\boldsymbol{E}(|X_k|^{2+\delta})\right]^{1/\delta}\left[\frac{1}{n}\sum_{k=1}^{n}\boldsymbol{E}(|X_k|^2)\right]^{\delta-1/\delta}. \end{aligned} \tag{4.7}$$

因此

$$\begin{aligned}\sum_{k=1}^{n}\boldsymbol{E}(|X_k|^3) &\leqslant \left[\sum_{k=1}^{n}\boldsymbol{E}(|X_k|^{2+\delta})\right]^{1/\delta}\left[\sum_{k=1}^{n}\boldsymbol{E}(|X_k|^2)\right]^{\delta-1/\delta} \\ &= \left[\sum_{k=1}^{n}\boldsymbol{E}(|X_k|^{2+\delta})\right]^{1/\delta}[s_n^2]^{\delta-1/\delta}. \end{aligned} \tag{4.8}$$

把 (4.8) 两边除以 s_n^3 由 (4.1) 对 δ 成立得知

$$\frac{1}{s_n^3}\sum_{k=1}^{n}\boldsymbol{E}(|X_k|^3) \leqslant \left[\frac{1}{s_n^{2+\delta}}\sum_{k=1}^{n}\boldsymbol{E}(|X_k|^{2+\delta})\right]^{1/\delta} \to 0$$

此即存在 $\delta' = 1$，当 $\delta = \delta'$ 时 (4.1) 也成立，所以由 (1) 得知

$$\mathscr{L}\left(\frac{S_n}{s_n}\right) \xrightarrow{c} N(0, 1).$$

定理证毕.

定理 4.2 （林得伯格（Lindeberg, J. W.)） 设 $\{X_n\}$ 为一串相互独立的随机变量，$\boldsymbol{E}(X_n)=0$，$\operatorname{var}(X_n)=\sigma_n^2$ 都存在（$n=1,2,\cdots$），$s_n^2=\sum_{k=1}^n \sigma_k^2$，$S_n=\sum_{k=1}^n X_k$，则

$$\mathscr{L}\left(\frac{S_n}{s_n}\right)\xrightarrow{c} N(0,1) \text{ 及 } \lim_{n\to\infty}\max_{1\leqslant k\leqslant n}\frac{\sigma_k^2}{s_n^2}=0$$

的充要条件为：任给 $\varepsilon>0$，都有

$$g_n(\varepsilon)=\frac{1}{s_n^2}\sum_{k=1}^n\int_{|x|\geqslant\varepsilon s_n}x^2dF_k(x)\to 0. \tag{4.9}$$

(4.9) 一般称为林得伯格条件.

证. 充分性. 若对任意给定的 $\varepsilon>0$，都有 $g_n(\varepsilon)\to 0$，则对每个 k，存在 n_k，使 $n_{k+1}>n_k$，$g_n\left(\frac{1}{k}\right)\leqslant\frac{1}{k^3}$ （$n\geqslant n_k$）. 取

$$\varepsilon_n=\frac{1}{k},\quad \text{当 } n_k\leqslant n<n_{k+1} \text{ 时，}$$

则

$$\frac{1}{\varepsilon_n^2}g_n(\varepsilon_n)\to 0,\quad \frac{1}{\varepsilon_n}g_n(\varepsilon_n)\to 0\quad (n\to\infty).$$

显然

$$\begin{aligned}&\lim_{n\to\infty}\max_{1\leqslant k\leqslant n}\frac{\sigma_k^2}{s_n^2}\\&=\lim_{n\to\infty}\max_{1\leqslant k\leqslant n}\frac{1}{s_n^2}\left\{\int_{|x|\geqslant\varepsilon_n s_n}x^2dF_k(x)+\int_{|x|<\varepsilon_n s_n}x^2dF_k(x)\right\}\\&\leqslant\lim_{n\to\infty}(g_n(\varepsilon_n)+\varepsilon_n^2)=0.\end{aligned}$$

再证 $\mathscr{L}(S_n/s_n)\xrightarrow{c} N(0,1)$. 为此，作一串新随机变量：

$$X_{nk}=\begin{cases}X_k, & |X_k|<\varepsilon_n s_n;\\ 0, & |X_k|\geqslant\varepsilon_n s_n,\end{cases}$$

$$S_{nn}=\sum_{k=1}^n X_{nk}.$$

由于

$$P\left(\frac{S_n}{s_n} \neq \frac{S_{nn}}{s_n}\right) \leqslant \sum_{k=1}^{n} P(X_{nk} \neq X_k)$$

$$= \sum_{k=1}^{n} \int_{|x| \geqslant \varepsilon_n s_n} dF_k(x) \leqslant \frac{1}{\varepsilon_n^2 s_n^2} \sum_{k=1}^{n} \int_{|x| \geqslant \varepsilon_n s_n} x^2 dF_k(x)$$

$$= \frac{1}{\varepsilon_n^2} g_n(\varepsilon_n) \to 0,$$

所以$\left\{\mathscr{L}\left(\frac{S_n}{s_n}\right)\right\}$ 与 $\left\{\mathscr{L}\left(\frac{S_{nn}}{s_n}\right)\right\}$ 等价. 因此,欲证 $\mathscr{L}(S_n/s_n) \xrightarrow{c} N(0, 1)$, 只需证 $\mathscr{L}(S_{nn}/s_n) \xrightarrow{c} N(0, 1)$. 而

$$|\boldsymbol{E}(X_{nk})| = \left|\int_{|x| < \varepsilon_n s_n} x dF_k(x)\right|$$

$$= \left|\boldsymbol{E}(X_k) - \int_{|x| \geqslant \varepsilon_n s_n} x dF_k(x)\right|$$

$$= \left|\int_{|x| \geqslant \varepsilon_n s_n} x dF_k(x)\right|$$

$$\leqslant \frac{1}{\varepsilon_n s_n} \left|\int_{|x| \geqslant \varepsilon_n s_n} x^2 dF_k(x)\right|,$$

所以

$$\left|\frac{1}{s_n} \boldsymbol{E}(S_{nn})\right| \leqslant \sum_{k=1}^{n} \frac{1}{s_n} |\boldsymbol{E}(X_{nk})|$$

$$\leqslant \frac{1}{\varepsilon_n s_n^2} \sum_{k=1}^{n} \int_{|x| \geqslant \varepsilon_n s_n} x^2 dF_k(x) = \frac{1}{\varepsilon_n} g(\varepsilon_n) \to 0,$$

所以

$$\boldsymbol{E}(e^{it\boldsymbol{E}(S_{nn})/s_n}) \to 1.$$

因此, 欲证 $\mathscr{L}(S_{nn}/s_n) \xrightarrow{c} N(0, 1)$, 即欲证 $\boldsymbol{E}(e^{itS_{nn}/s_n}) \to e^{-\frac{1}{2}t^2}$, 只需证明

$$\boldsymbol{E}(e^{it(S_{nn} - \boldsymbol{E}(S_{nn}))/s_n}) \to e^{-\frac{1}{2}t^2}. \tag{4.10}$$

令 $s_{nn}^2 = \text{var}(S_{nn}) = \sum_{k=1}^{n} \text{var}(X_{nk})$. 因为 $\boldsymbol{E}(X_k) = 0$, 故

$$1 - \frac{s_{nn}^2}{s_n^2} = \frac{1}{s_n^2} \left\{ \sum_{k=1}^{n} \int_{R^1} x^2 dF_k - \sum_{k=1}^{n} \left[\int_{|x| < \varepsilon_n s_n} x^2 dF_k \right.\right.$$

$$-\left(\int_{|x|<\varepsilon_n s_n} x dF_k\right)^2\Big]\Big\}$$

$$=\frac{1}{s_n^2}\left\{\sum_{k=1}^{n}\int_{|x|\geq\varepsilon_n s_n} x^2 dF_k+\sum_{k=1}^{n}\left(\int_{|x|<\varepsilon_n s_n} x dF_k\right)^2\right\}$$

$$=g_n(\varepsilon_n)+\frac{1}{s_n^2}\sum_{k=1}^{n}\left(\int_{|x|\geq\varepsilon_n s_n} x dF_k\right)^2$$

$$\leqslant g_n(\varepsilon_n)+\frac{1}{s_n^2}\frac{1}{\varepsilon_n^2 s_n^2}\sum_{k=1}^{n}\left(\int_{|x|\geq\varepsilon_n s_n} x^2 dF_k\right)^2$$

$$\leqslant g_n(\varepsilon_n)+\frac{1}{\varepsilon_n^2}\left(\frac{1}{s_n^2}\sum_{k=1}^{n}\int_{|x|\geq\varepsilon_n s_n} x^2 dF_k\right)^2$$

$$=g_n(\varepsilon_n)+\frac{1}{\varepsilon_n^2}g_n(\varepsilon_n)^2, \tag{4.11}$$

所以 $\lim\limits_{n\to\infty} s_{nn}/s_n=1$. 而

$$\frac{1}{s_{nn}^3}\sum_{k=1}^{n}\boldsymbol{E}(|X_{nk}-\boldsymbol{E}(X_{nk})|^3)$$

$$=\frac{1}{s_{nn}^3}\sum_{k=1}^{n}\left(\int_{|x|<\varepsilon_n s_n}|x-\boldsymbol{E}(X_{nk})|^3 dF_k\right.$$

$$\left.+|\boldsymbol{E}(X_{nk})|^3\int_{|x|\geq\varepsilon_n s_n} dF_k\right)$$

$$\leqslant\frac{2\varepsilon_n s_n}{s_{nn}^3}\sum_{k=1}^{n}\int_{|x|<\varepsilon_n s_n}|x-\boldsymbol{E}(X_{nk})|^2 dF_k+\frac{\varepsilon_n s_n^3}{s_{nn}^3}g_n(\varepsilon_n)$$

$$\leqslant\frac{2\varepsilon_n s_n}{s_{nn}}\cdot\frac{1}{s_{nn}^2}\sum_{k=1}^{n}\boldsymbol{E}(|X_{nk}-\boldsymbol{E}(X_{nk})|^2)+\frac{\varepsilon_n s_n^3}{s_{nn}^3}g_n(\varepsilon_n)$$

$$=\frac{2\varepsilon_n s_n}{s_{nn}}+\frac{\varepsilon_n s_n^3}{s_{nn}^3}g_n(\varepsilon_n),$$

因此

$$\lim_{n\to\infty}\frac{1}{s_{nn}^3}\sum_{k=1}^{n}\boldsymbol{E}(|X_{nk}-\boldsymbol{E}(X_{nk})|^3)=0.$$

所以，由定理 4.1 得知

$$\boldsymbol{E}(e^{it(S_{nn}-\boldsymbol{E}(S_{nn}))/s_{nn}})\to e^{-\frac{1}{2}t^2}.$$

但是 $s_{nn}/s_n \to 1$，所以由第二章定理 3.4 系 2 得知

$$\boldsymbol{E}\left(e^{it(S_{nn}-\boldsymbol{E}(S_{nn}))/s_n}\right) \to e^{-\frac{1}{2}t^2}.$$

充分性证毕.

必要性. 设 $f_k(t)$ 为 X_k 的 c.f.. 若

$$\mathscr{L}\left(\frac{S_n}{s_n}\right) \xrightarrow{c} N(0, 1), \lim_{n\to\infty} \max_{1\leqslant k\leqslant n} \frac{\sigma_k^2}{s_n^2} = 0,$$

则由

$$f_k\left(\frac{t}{s_n}\right) = 1 + f_k'(0)\frac{t}{s_n} + \theta f_k''(0)\frac{1}{2}\left(\frac{t}{s_n}\right)^2$$

$$= 1 - \theta\frac{\sigma_k^2}{2}\left(\frac{t}{s_n}\right)^2 \quad (|\theta| \leqslant 1) \tag{4.12}$$

可推出

$$\lim_{n\to\infty} \max_{1\leqslant k\leqslant n} \left|f_k\left(\frac{t}{s_n}\right) - 1\right| \leqslant \lim_{n\to\infty} \max_{1\leqslant k\leqslant n} \left|\frac{\sigma_k^2}{s_n^2}\frac{t^2}{2}\right| = 0.$$

因此，当 $1 \leqslant k \leqslant n$，$n$ 充分大后，$\log f_k\left(\frac{t}{s_n}\right)$存在. 由假设有 $\mathscr{L}(S_n/s_n) \xrightarrow{c} N(0, 1)$，即

$$\lim_{n\to\infty} \prod_{k=1}^{n} f_k\left(\frac{t}{s_n}\right) = e^{-\frac{1}{2}t^2}, \tag{4.13}$$

把 (4.13) 换成对数形式有

$$\lim_{n\to\infty} \sum_{k=1}^{n} \log f_k\left(\frac{t}{s_n}\right) = -\frac{1}{2}t^2.$$

即

$$\lim_{n\to\infty} \sum_{k=1}^{n} \left\{\left(f_k\left(\frac{t}{s_n}\right) - 1\right) + M_{nk}(t)\left(f_k\left(\frac{t}{s_n}\right) - 1\right)^2\right\} = -\frac{1}{2}t^2,$$

其中

$$\max_{1\leqslant k\leqslant n} |M_{nk}(t)| \leqslant K(t) < \infty \quad (\text{一切 } n \geqslant 1).$$

而

$$\sum_{k=1}^{n} \left|f_k\left(\frac{t}{s_n}\right) - 1\right|^2 \leqslant \max_{1\leqslant k\leqslant n}\left|f_k\left(\frac{t}{s_n}\right) - 1\right| \sum_{k=1}^{n} \frac{\sigma_k^2}{2}\left(\frac{t}{s_n}\right)^2$$

$$= \frac{t^2}{2} \max_{1\leqslant k\leqslant n}\left|f_k\left(\frac{t}{s_n}\right) - 1\right| \to 0 \quad (n \to \infty),$$

所以

$$\lim_{n\to\infty}\sum_{k=1}^{n}\left(f_k\left(\frac{t}{s_n}\right)-1\right)=-\frac{1}{2}t^2. \tag{4.14}$$

把(4.14)取实部即得

$$\lim_{n\to\infty}\sum_{k=1}^{n}\int_{R^1}\left(\cos\frac{tx}{s_n}-1\right)dF_k(x)=-\frac{1}{2}t^2,$$

即

$$\sum_{k=1}^{n}\int_{R^1}\left(\cos\frac{tx}{s_n}-1\right)dF_k(x)$$
$$=-\frac{1}{2}t^2+o(1)\quad(n\to\infty). \tag{4.15}$$

但是

$$\begin{aligned}&\sum_{k=1}^{n}\int_{|x|<\varepsilon s_n}\left(1-\cos\frac{tx}{s_n}\right)dF_k(x)\\ &\leqslant\sum_{k=1}^{n}\int_{|x|<\varepsilon s_n}\frac{1}{2}\left(\frac{tx}{s_n}\right)^2dF_k(x)\\ &\leqslant\frac{t^2}{2s_n^2}\sum_{k=1}^{n}\left(\int_{R^1}x^2dF_k(x)-\int_{|x|\geqslant\varepsilon s_n}x^2dF_k(x)\right)\\ &=\frac{t^2}{2s_n^2}\sum_{k=1}^{n}\left(\sigma_k^2-\int_{|x|\geqslant\varepsilon s_n}x^2dF_k(x)\right)\\ &=\frac{t^2}{2}(1-g_n(\varepsilon)).\end{aligned} \tag{4.16}$$

$$\begin{aligned}&\sum_{k=1}^{n}\int_{|x|\geqslant\varepsilon s_n}\left(1-\cos\frac{tx}{s_n}\right)dF_k(x)\\ &\leqslant 2\sum_{k=1}^{n}\int_{|x|\geqslant\varepsilon s_n}dF_k(x)\\ &\leqslant\frac{2}{\varepsilon^2 s_n^2}\sum_{k=1}^{n}\int_{|x|\geqslant\varepsilon s_n}x^2dF_k(x)\\ &=\frac{2}{\varepsilon^2}g_n(\varepsilon)\leqslant\frac{2}{\varepsilon^2},\end{aligned} \tag{4.17}$$

把(4.16),(4.17)代入(4.15)得

$$o(1)+\frac{1}{2}t^2\leqslant\frac{t^2}{2}(1-g_n(\varepsilon))+\frac{2}{\varepsilon^2}.$$

即

$$0\leqslant g_n(\varepsilon)\leqslant\frac{2}{t^2}\left(\frac{2}{\varepsilon^2}+o(1)\right),$$

先令 $n\to\infty$，次令 $t\to\infty$，即得 $g_n(\varepsilon)\to 0$. 至此定理证毕.

系 1 设$\{X_n\}$是相互独立的随机变量序列，而且 $\boldsymbol{E}(X_n)=p_n$，$\operatorname{var}(X_n)=\sigma_n^2$ 都存在 $(n=1,2,\cdots)$，若令 $S_n=\sum_{k=1}^{n}X_k$，$s_n^2=\operatorname{var}(S_n)=\sum_{k=1}^{n}\sigma_k^2$，则

$$\lim_{n\to\infty}\max_{1\leqslant k\leqslant n}\frac{\sigma_k^2}{s_n^2}=0 \text{ 及 } \mathscr{L}\left(\frac{S_n-\boldsymbol{E}(S_n)}{s_n}\right)\xrightarrow{c}N(0,1)$$

的充要条件是：任给 $\varepsilon>0$，都有

$$g_n(\varepsilon)=\frac{1}{s_n^2}\sum_{k=1}^{n}\int_{|x-p_k|\geqslant\varepsilon s_n}(x-p_k)^2dF_k(x)\to 0\ (n\to\infty).$$

习　题

1. 设 $\{X_n\}$ 是相互独立相同分布的随机变量序列，若其分布由

a $P(X_n=2^{k-\log k-2\log\log k})=\frac{1}{2^k}\ (k=1,2,\cdots)$;

b $P(X_n=k)=\frac{c}{k^2\log^2 k}\quad\left(k\geqslant 2,\quad \frac{1}{c}=\sum_{k=2}^{\infty}\frac{1}{k^2\log^2 k}\right)$

所确定，则 $\{X_n\}$ 服从大数定律.

2. 设 $\{X_n\}$ 是相互独立的随机变量序列，若其分布由

$$P(X_n=n^\alpha)=P(X_n=-n^\alpha)=\frac{1}{2}\ (n=1,2,\cdots)$$

所确定，则 $\{X_n\}$ 服从大数定律的充要条件是 $\alpha<\frac{1}{2}$.

3. 设 $\{X_n\}$ 是相互独立的随机变量序列，若

$$\lim_{A\to\infty}\left(\sup_{n\geqslant 1}\int_{|x|\geqslant A}|x|dF_n(x)\right)=0,$$

其中 $F_n(x)$ 是 X_n 的 d. f.. 则 $\{X_n\}$ 服从大数定律.

4. 设 $\{X_n\}$ 是随机变量序列. 若 $\operatorname{var}(X_n)\leqslant c\ (n=1,2,\cdots)$，且

$\lim\limits_{|i-j|\to\infty}\rho(X_i, X_j)=0$，则 $\{X_n\}$ 服从大数定律。（$\rho(X_i, X_j)$ 为 X_i 与 X_j 的相关系数.）

5．设 $\{X_n\}$ 是随机变量序列。$\{X_n\}$ 服从大数定律的充要条件是:

$$\lim_{n\to\infty} E\left(\frac{\left[\sum_{k=1}^{n}(X_k-E(X_k))\right]^2}{n^2+\left[\sum_{k=1}^{n}(X_k-E(X_k))\right]^2}\right)=0.$$

6．设 $\{X_n\}$ 为相互独立相同分布的随机变量序列,而且有有限的数学期望与方差。令 $S_n=\sum\limits_{k=1}^{n}X_k$,则 $\{a_nS_n\}$ 服从大数定律(其中 a_n 是常数，$a_n\to 0$)。

7．设 $\{X_k\}$ 为随机变量序列。若 X_k 不与 X_{k-1} 和 X_{k+1} 相互独立，但与其它的 X_j 相互独立,且 X_k 具有有限方差 $(k=1, 2, \cdots)$，则 $\{X_k\}$ 服从大数定律。

8．试判断下列随机变量序列是否服从中心极限定理:

a　$P(X_n=-2^n)=P(X_n=2^n)=\frac{1}{2}\ (n=1, 2, \cdots)$;

b　$P(X_n=-2^n)=P(X_n=2^n)=2^{-(2n+1)}$,

　$P(X_n=0)=1-2^{-2n}\quad (n=1, 2, \cdots)$;

c　$P(X_n=n)=P(X_n=-n)=\frac{1}{2}n^{-\frac{1}{2}}$,

　$P(X_n=0)=1-n^{-\frac{1}{2}}\quad (n=1, 2, \cdots)$.

9．设 $\{X_n\}$ 为相互独立的随机变量序列，而且 $P(X_n=n^{\alpha})=P(X_n=-n^{\alpha})=\frac{1}{2}\ \left(\alpha>\frac{1}{2}\right)$，则 $\{X_n\}$ 服从中心极限定理。

10．求证:

$$\lim_{n\to\infty} e^{-n}\sum_{k=0}^{n}\frac{n^k}{k!}=\frac{1}{2}.$$

11．设 S_n 是 n 次独立试验中事件 A 出现的次数，p_k 是第 k 次试验中 A 出现的概率,试证

$$\lim_{n\to\infty} P\left(\frac{S_n-\sum_{k=1}^{n}p_k}{\sqrt{\sum_{k=1}^{n}p_k(1-p_k)}}<x\right)=\frac{1}{\sqrt{2\pi}}\int_{-\infty}^{x}e^{-\frac{t^2}{2}}dt$$

的充要条件是

$$\sum_{k=1}^{\infty}p_k(1-p_k)=\infty.$$

第四章　无穷可分分布律

§1　问题的提法

在第三章里，我们研究了大数定律与中心极限定理．当时我们研究的对象是一串相互独立具有某阶矩的随机变量 $\{X_n\}$，研究的问题是 $\{X_n\}$ 的部分和 $S_n = \sum_{i=1}^{n} X_i$ 在适当的正则化后

$$S_n^* = \frac{S_n - A_n}{B_n},$$

S_n^* 的极限分布为退化分布或正态分布的充要条件．我们得到的重要结果有：

(I) 设 $\{X_n\}$ 是相互独立相同分布的随机变量序列．

(i) 若 $E(X_n) = p$ 存在，则

$$\mathscr{L}\left(\frac{\sum_{k=1}^{n}(X_k - p)}{n}\right) \xrightarrow{c} \varepsilon_0(x),$$

(ii) 若 $\operatorname{var}(X_n) = \sigma^2 > 0$ 存在，则

$$\mathscr{L}\left(\frac{\sum_{k=1}^{n}(X_k - \boldsymbol{E}(X_k))}{\sqrt{n\sigma^2}}\right) \xrightarrow{c} N(0, 1),$$

其中 $\varepsilon_0(x)$ 与 $N(0, 1)$ 分别表零一律与标准正态分布函数．

(II) 设 $\{X_n\}$ 相互独立．

(i) 若 $\boldsymbol{E}(X_n) = p_n$ 存在 $(n \geqslant 1)$，且当 $n \to \infty$ 时

$$\sum_{k=1}^{n} \int_{|x-p_k| \geqslant n} dF_k(x) \to 0,$$

$$\frac{1}{n} \sum_{k=1}^{n} \int_{|x-p_k| < n} (x - p_k) dF_k(x) \to 0,$$

$$\frac{1}{n}\sum_{k=1}^{n}\int_{|x-p_k|<n}(x-p_k)^2 dF_k(x)\to 0,$$

则

$$\mathscr{L}\left(\frac{\sum_{k=1}^{n}(X_k-p_k)}{n}\right)\xrightarrow{c}\varepsilon_0(x).$$

(ii) 若 $\operatorname{var}(X_n)=\sigma_n^2>0$ 存在，$\boldsymbol{E}(X_n)=p_n$，则

$$\begin{cases}\mathscr{L}\left(\dfrac{\sum_{k=1}^{n}(X_k-p_k)}{\sqrt{\sum_{k=1}^{n}\sigma_k^2}}\right)\xrightarrow{c}N(0,1)\ (n\to\infty),\\ \max\limits_{1\leqslant k\leqslant n}\left(\dfrac{\sigma_k^2}{\sum_{k=1}^{n}\sigma_k^2}\right)\to 0\quad(n\to\infty)\end{cases}$$

的充要条件是：对于任意给定的 $\varepsilon>0$，都有

$$\lim_{n\to\infty}\frac{1}{\sum_{k=1}^{n}\sigma_k^2}\sum_{k=1}^{n}\int_{|x-p_k|\geqslant\varepsilon\sqrt{\sum_{k=1}^{n}\sigma_k^2}}(x-p_k)^2 dF_k(x)=0,$$

其中 $F_k(x)$ 是 X_k 的分布函数.

现在我们问：

(I) 设 $\{X_n\}$ 是一串相互独立相同分布的随机变量(但不假定它的任何阶矩存在)，令

$$\mathscr{F}_1=\left\{F(x)\ \middle|\ \begin{array}{l}F(x)\text{ 是 d.f.，且存在实数串 }\{a_n\}\text{ 及正数串}\\ \{b_n\}\text{ 和相互独立相同分布的 }\{X_n\}\text{，使}\\ \mathscr{L}\left(\dfrac{\sum_{k=1}^{n}X_k-a_n}{b_n}\right)\xrightarrow{c}F(x)\end{array}\right\},$$

那么

(A) $\mathscr{F}_1$ 是什么？

(B) 任取 $F(x)\in\mathscr{F}_1$，任取独立同分布的 $\{X_n\}$ 和实数串

$\{a_n\}$ 正数串 $\{b_n\}$,

$$\mathscr{L}\left(\frac{\sum_{k=1}^{n} X_k - a_n}{b_n}\right) \xrightarrow{c} F(x) \quad (n \to \infty)$$

的充要条件是什么?

(II) 令

$$\mathscr{F}_2 = \left\{ F(x) \left| \begin{array}{l} F(x) \text{ 是 d.f., 且存在实数串 } \{a_n\} \text{ 及正数} \\ \text{串 } \{b_n\} \text{ 和相互独立的 } \{X_n\}\text{, 使} \\ \mathscr{L}\left(\dfrac{\sum_{k=1}^{n} X_k - a_n}{b_n}\right) \xrightarrow{c} F(x) \end{array} \right. \right\},$$

同样地,也可以提出类似于 (I) (A) 和 (B) 的两个问题.

在 (I), (II) 中, 问题的提法比第三章普遍了, 但研究的对象仍是一串独立的随机变量 $\{X_n\}$, 在这一章中, 我们要把研究的对象扩大. 我们考虑下面的随机变量体系

$$\left\{ \begin{array}{l} X_{11}, \quad X_{12}, \quad \cdots, \quad X_{1k_1} \\ X_{21}, \quad X_{22}, \quad \cdots, \quad X_{2k_2} \\ \cdots\cdots\cdots\cdots\cdots\cdots \\ X_{n1}, \quad X_{n2}, \quad \cdots, \quad X_{nk_n} \\ \cdots\cdots\cdots\cdots\cdots\cdots \end{array} \right\}$$

其中每一行随机变量内部相互独立. 用 $\{X_{nk}\}$ 简记此体系.

类似于 (I) 和 (II), 我们也可以提出 (A), (B) 两个问题. 不过,若不对 $\{X_{nk}\}$ 加上任何限制,则问题提得过于广泛,问题 (A), (B) 就变得没有什么意义了. 事实上,

$$\left\{ F(x) \left| \begin{array}{l} F(x) \text{ 是 d.f., 且存在 } \{X_{nk}\} \text{ 使} \\ \mathscr{L}\left(\sum_{k=1}^{k_n} X_{nk}\right) \xrightarrow{c} F(x) \quad (n \to \infty) \end{array} \right. \right\}$$

是全部分布函数. 因为任取一个分布函数 $F(x)$, 可作随机变量 X_1, 使其分布函数为 $F(x)$, 再令 $k_n = 1$, $X_{nk} = X_1$, 则

$$\mathscr{L}\left(\sum_{k=1}^{k_n} X_{nk}\right) = \mathscr{L}(X_1) \xrightarrow{c} F(x) \quad (n \to \infty).$$

所以，下面把研究对象适当缩小．这就是下面将要引进的“一致渐近可忽略体系”，简记之为 u. a. n. 体系．

定义 1.1 称

$$\{X_{nk}\}=\begin{Bmatrix} X_{11}, & \cdots, & X_{1k_1} \\ X_{21}, & \cdots, & X_{2k_2} \\ \vdots, & \cdots, & \vdots \end{Bmatrix}$$

是一个 u. a. n. 体系，如果 $\{X_{n1}, X_{n2}, \cdots, X_{nk_n}\}$ 是相互独立的随机变量 $(n\geqslant 1)$，（即 $\{X_{nk}\}$ 各行内部独立，而行与行之间不必假定独立）$\lim\limits_{n\to\infty} k_n=\infty$，且

$$\lim_{n\to\infty} X_{nk}=0, \quad [\mathrm{P}]$$

对 k 一致成立，也就是对任何 $\varepsilon>0$ 有

$$\lim_{n\to\infty}\max_{1\leqslant k\leqslant k_n} P(|X_{nk}|\geqslant\varepsilon)=0.$$

(III) 设

$$\mathscr{F}_3=\left\{F(x)\left|\begin{array}{l} F(x)\text{ 是 d.f.，且存在 u.a.n.} \\ \text{体系 }\{X_{nk}\}\text{，使} \\ \mathscr{L}\left(\sum\limits_{k=1}^{n} X_{nk}\right)\xrightarrow{\mathrm{c}} F(x)\quad (n\to\infty). \end{array}\right.\right\},$$

问：

(A) $\mathscr{F}_3$ 是什么？

(B) 任取 $F(x)\in\mathscr{F}_3$，任取 u. a. n. 体系 $\{X_{nk}\}$，

$$\mathscr{L}\left(\sum_{k=1}^{k_n} X_{nk}\right)\xrightarrow{\mathrm{c}} F(x)\quad (n\to\infty)$$

的充要条件是什么？

这一章所要解决的问题，主要是(III)(A)和 (B)．而 (II) (A) 和 (B)，将要在第五章解决，(I) (A) 和 (B) 将在第六章解决．

由于分布函数与特征函数之间存在一个双方单值双方连续的对应，因此，问题 (A)，(B) 完全可以用特征函数的语言来描述．事实上，以后我们确实是用特征函数来描述的．例如，(III) (A) 和 (B) 可以改写如下，设

$$C_3=\left\{f(t)\left|\begin{array}{l}f(t)\text{ 是 c.f.，且存在 u.a.n. 体系 }\{X_{nk}\}\text{，使}\\ E\left(e^{it\sum\limits_{k=1}^{k_n}X_{nk}}\right)\to f(t)\quad(n\to\infty)\end{array}\right.\right\},$$

我们问

(A) C_3 是什么？

(B) 任取 $f(t)\in C_3$，任取 u.a.n. 体系 $\{X_{nk}\}$，

$$\lim_{n\to\infty}E\left(e^{it\sum\limits_{k=1}^{k_n}X_{nk}}\right)=f(t)$$

的充要条件是什么？

以后我们常常称某一族特征函数(或分布函数)$\{f_{nk}\}$ ($\{F_{nk}\}$)为 u.a.n. 体系，意即其对应的随机变量 $\{X_{nk}\}$ 是 u.a.n. 体系。我们称 C_3 为全部 u.a.n. 体系的极限特征函数族。

§2 二阶矩存在的情形，柯氏族

定义 2.1 称函数族

$$\mathscr{K}=\left\{e^{iat+\psi(t)}\left|\begin{array}{l}\psi(t)=\int_{R^1}(e^{itx}-1-itx)\frac{1}{x^2}dK(x),\\ K(x)=\sigma^2F(x),\ \sigma^2<\infty,\ F(x)\text{ 是分}\\ \text{布函数，}a\text{ 是实数}\end{array}\right.\right\}$$

为柯氏 (Колмогоров, А. Н.) 族. $\mathscr{K}$ 中的函数用 $\{a,\psi(t)\}$ 表之.

命题 2.1 $\mathscr{K}$ 是一族特征函数，且 $e^{iat+\psi(t)}$ 所对应的随机变量X的 $E(X)=a$，$\operatorname{var}(X)=\sigma^2=K(\infty)$.

证 因为 $(e^{itx}-1-itx)\dfrac{1}{x^2}$ 是连续函数(在 $x=0$ 处用极限值来定义)，$K(x)$ 是有界变差函数，所以，若令

$$\psi_m(t)=\int_{[-m,m)}(e^{itx}-1-itx)\frac{1}{x^2}dK(x),$$

则有

$$\psi_m(t)=\lim_{n\to\infty}\sum_{k=1}^{k_n}(e^{itx_{nk}}-1-itx_{nk})\frac{1}{x_{nk}^2}(K(x_{nk+1})-K(x_{nk})).$$

若令 $\beta_{nk}=K(x_{nk+1})-K(x_{nk})$，则

$$e^{\psi_m(t)}=\lim_{n\to\infty}\prod_{k=1}^{k_n}e^{it\left(-\frac{\beta_{nk}}{x_{nk}}\right)+\frac{\beta_{nk}}{x_{nk}^2}\left(e^{itx_{nk}}-1\right)},$$

而

$$e^{it\left(-\frac{\beta_{nk}}{x_{nk}}\right)+\frac{\beta_{nk}}{x_{nk}^2}\left(e^{itx_{nk}}-1\right)}$$

是泊松分布的特征函数与退化分布的特征函数之积，若再注意特征函数之积也为特征函数，特征函数之极限（如果在 0 点连续）也为特征函数，则可知 $e^{\psi_m(t)}$ 是特征函数，从而 $e^{iat+\psi(t)}$ 是特征函数.

又因为 $\psi(t)$ 有二阶导数，所以 $f(t)=e^{iat+\psi(t)}$ 所对应的随机变量 X 有:

$$\boldsymbol{E}(X)=\frac{1}{i}f'(0)=\frac{1}{i}(ia+\psi'(0))e^{\psi(0)}=a,$$

（因为 $\psi'(0)=\psi(0)=0$），

$$\begin{aligned}\boldsymbol{E}(X^2)&=-f''(0)=a^2-\psi''(0)\\&=a^2+\int_{R^1}dK(x)=a^2+\sigma^2,\end{aligned}$$

所以

$$\operatorname{var}(X)=\sigma^2.$$

命题 2.2 $\mathscr{K}$ 中的特征函数，其 $K(x)$ 与 $\psi(t)$ 相互唯一决定.

证 只需证 $\psi(t)$ 唯一决定 $K(x)$. 事实上，

$$-\psi''(t)=\int_{R^1}e^{itx}dK(x),$$

故 $\psi''(t)$ 唯一决定了 $K(x)$，从而 $\psi(t)$ 唯一决定了 $K(x)$.

由命题 2.2 知：$\mathscr{K}$ 中的特征函数，不仅可以用 $\{a,\psi(t)\}$ 表示，也可用 $[a,K(x)]$ 表示，而且今后多用 $[a,K(x)]$ 表示.

定义 2.2 称 u. a. n. 体系 $\{X_{nk}\}$ 满足条件 (C)，如果

$$\operatorname{var}(X_{nk})=\sigma_{nk}^2<\infty,$$

且

$$\text{(C)}:\ \lim_{n\to\infty}\max_{1\leqslant k\leqslant k_n}\sigma_{nk}^2=0,\quad \sum_{k=1}^{k_n}\sigma_{nk}^2\leqslant c<\infty\quad(n\geqslant 1).$$

再引进几个符号:

$$\mathscr{K}^* = \{f(t) \mid f(t) \in \mathscr{K},\ f(t) = [0, K(x)]\},$$

$$J = \left\{ f(t) \left| \begin{array}{l} f(t) \text{ 是 c.f. 且存在满足 (c) 的} \\ \text{u.a.n. 体系 } \{X_{nk}\} \text{ 使} \\ \lim\limits_{n\to\infty} \boldsymbol{E}\left(e^{it\sum\limits_{k=1}^{k_n} X_{nk}}\right) = f(t). \end{array} \right. \right\},$$

$$J^* = \{f(t) \mid f(t) \in J,\ f(t) \text{ 对应的 u.a.n. 体系 } \{X_{nk}\} \text{ 的 } \boldsymbol{E}(X_{nk}) \equiv 0\}.$$

定理 2.1 (1) $J^* = \mathscr{K}^*$;

(2) 任取满足 (c) 的 u.a.n. 体系 $\{X_{nk}\}$, $\boldsymbol{E}(X_{nk}) \equiv 0$, 令 $F_{nk}(x)$, $f_{nk}(t)$ 为 X_{nk} 的 d.f. 和 c.f., 则

$$\lim_{n\to\infty} \boldsymbol{E}\left(e^{it\sum_{k=1}^{k_n} X_{nk}}\right) = [0, K(x)] \in \mathscr{K}^*$$

的充要条件是 $K_n \xrightarrow{w} K$, 其中

$$K_n(x) = \sum_{k=1}^{k_n} \int_{(-\infty,x)} y^2 dF_{nk}(y).$$

证 (1) 任取 $[0, K(x)] \in \mathscr{K}^*$, 作随机变量 X_{nk} 使其特征函数为 $\left[0, \frac{K(x)}{n}\right]$ $(1 \leqslant k \leqslant k_n = n)$, 则由命题 2.1 得

$$\boldsymbol{E}(X_{nk}) = 0, \quad \sigma_{nk}^2 = \mathrm{var}(X_{nk}) = \frac{K(\infty)}{n} < \infty,$$

所以

$$\lim_{n\to\infty} \max_{1\leqslant k\leqslant n} \sigma_{nk}^2 = \lim_{n\to\infty} \frac{K(\infty)}{n} = 0,$$

$$\sum_{k=1}^{n} \sigma_{nk}^2 = K(\infty) \leqslant c < \infty \quad (n \geqslant 1),$$

此即 $\{X_{nk}\}$ 满足 (c), 从而 $\{X_{nk}\}$ 更是 u.a.n. 体系(因为由切贝谢夫不等式知条件 (c) 比 u.a.n. 条件强),而且

$$\prod_{k=1}^{n} f_{nk}(t) = [0, K(x)] \to [0, K(x)] \quad (n\to\infty),$$

这就证明了 $J^*\supset\mathscr{K}^*$.

在证明 $\mathscr{K}^*\supset J^*$ 之前,先证明

引理 2.1 设 $\{X_{nk}\}$ 是满足条件(c)的 u.a.n. 体系, $\boldsymbol{E}(X_{nk})\equiv 0$, $f_{nk}(t)$ 为 X_{nk} 的 c.f., 则 $\log f_{nk}(t)$ 存在且有穷(当 $n\geqslant n(t)$), 并对固定的 t, 有

$$\lim_{n\to\infty}\sum_{k=1}^{k_n}\{\log f_{nk}(t)-(f_{nk}(t)-1)\}=0.$$

证 由特征函数的泰勒展开知

$$f_{nk}(t)=f_{nk}(0)+f'_{nk}(0)t+\frac{f''_{nk}(0)}{2}\theta_{nk}t^2$$

$$=1-\frac{\sigma_{nk}^2}{2}\theta_{nk}t^2\quad(|\theta_{nk}|\leqslant 1),$$

所以

$$\overline{\lim_{n\to\infty}}\max_{1\leqslant k\leqslant k_n}|f_{nk}(t)-1|\leqslant\overline{\lim_{n\to\infty}}\max_{1\leqslant k\leqslant k_n}\sigma_{nk}^2\frac{t^2}{2}=0.$$

因此,当 $n\geqslant n(t)$ 时 $\log f_{nk}(t)$ 存在且有穷. 又因

$$\sum_{k=1}^{k_n}|f_{nk}(t)-1|^2\leqslant(\max_{1\leqslant k\leqslant k_n}|f_{nk}(t)-1|)\sum_{k=1}^{k_n}\sigma_{nk}^2\frac{t^2}{2}$$

$$\leqslant ct^2\max_{1\leqslant k\leqslant k_n}|f_{nk}(t)-1|\to 0\quad(n\to\infty),$$

所以

$$\lim_{n\to\infty}\sum_{k=1}^{k_n}\{\log f_{nk}(t)-(f_{nk}(t)-1)\}=0.$$

现在回过来证明 $J^*\subset\mathscr{K}^*$.

任取 $f(t)\in J^*$, 即是 $f(t)=\lim\limits_{n\to\infty}\prod\limits_{k=1}^{k_n}f_{nk}(t)$, 其中 $f_{nk}(t)$ 是 X_{nk} 的特征函数, $\{X_{nk}\}$ 是满足(c)的 u.a.n. 体系, $\boldsymbol{E}(X_{nk})\equiv 0$. 由引理 2.1 知: 当 $n\to\infty$ 时,

$$\prod_{k=1}^{k_n}f_{nk}(t)=e^{\sum_{k=1}^{k_n}\log f_{nk}(t)}=e^{\sum_{k=1}^{k_n}(f_{nk}(t)-1)+o(1)}.$$

若令 $F_{nk}(x)$ 为 $f_{nk}(t)$ 所对应的 d.f., 再令

$$K_n(x) = \sum_{k=1}^{k_n} \int_{(-\infty, x)} y^2 dF_{nk}(y),$$

则由 $\boldsymbol{E}(X_{nk}) = 0$ 得

$$\sum_{k=1}^{k_n} (f_{nk}(t) - 1) = \sum_{k=1}^{k_n} \int_{R^1} (e^{itx} - 1) dF_{nk}(x)$$

$$= \sum_{k=1}^{k_n} \int_{R^1} \frac{e^{itx} - 1 - itx}{x^2} x^2 dF_{nk}(x)$$

$$= \int_{R^1} \frac{e^{itx} - 1 - itx}{x^2} dK_n(x) \overset{\text{记作}}{=\!=} \psi_n(t).$$

所以

$$f(t) = \lim_{n \to \infty} e^{\psi_n(t)}. \tag{2.1}$$

但是

$$K_n(x) \leqslant \sum_{k=1}^{k_n} \int_{R^1} y^2 dF_{nk}(y)$$

$$= \sum_{k=1}^{k_n} \sigma_{nk}^2 \leqslant c < \infty \quad (n \geqslant 1,\ x \in R^1),$$

显然，$K_n(x)$ 还是 x 的单调非降左连续 $K_n(-\infty) = 0$ 的函数，$(n \geqslant 1)$，因此，由弱紧性知有子序列 $K_{n^*} \xrightarrow{w} K^*$，其中测度 K^* 满足 $K^*(R^1) \leqslant c$. 再用第一章定理 3.9.1 可得

$$\lim_{n^* \to \infty} \psi_{n^*}(t) = \int_{R^1} (e^{itx} - 1 - itx) \frac{1}{x^2} dK^*(x) \overset{\text{记作}}{=\!=} \psi(t), \tag{2.2}$$

比较 (2.1) 与 (2.2) 得

$$f(t) = e^{\psi(t)} \in \mathscr{K}^*. \quad (1) \text{ 证毕.}$$

(2) 由于上述证明，必有

$$\prod_{k=1}^{k_n} f_{nk}(t) = e^{\psi_n(t) + o(1)} \quad (n \to \infty), \tag{2.3}$$

其中 $\psi_n(t) = \int_{R^1} (e^{itx} - 1 - itx) \frac{1}{x^2} dK_n(x)$ 如前定义. 任取

$$e^{\psi(t)} = e^{\int_{R^1} (e^{itx} - 1 - itx) \frac{1}{x^2} dK(x)} = [0, K(x)] \in \mathscr{K}^*,$$

则

$$\lim_{n\to\infty}\prod_{k=1}^{k_n} f_{nk}(t) = \lim_{n\to\infty} e^{\psi_n(t)} = e^{\psi(t)}$$

的充要条件是

$$\lim_{n\to\infty} \psi_n(t) = \psi(t).$$

所以为证 (2)，只需证明

$$\lim_{n\to\infty} \psi_n(t) = \psi(t) \Longleftrightarrow K_n \xrightarrow{w} K.$$

而"⇐"显然成立。再证"⇒"。由弱紧性，$\{K_n\}$ 一定有弱收敛子序列 $\{K_{n'}\}$，令

$$K_{n'} \xrightarrow{w} \overline{K},$$

则

$$\lim_{n'\to\infty} \psi_{n'}(t) = \int_{R^1} (e^{itx} - 1 - itx)\frac{1}{x^2} d\overline{K}(x).$$

而

$$\lim_{n'\to\infty} \psi_{n'}(t) = \psi(t) = \int_{R^1} (e^{itx} - 1 - itx)\frac{1}{x^2} dK(x).$$

所以由命题 2.2 得 $K(x) = \overline{K}(x)$。故 $K_n \xrightarrow{w} K$。定理证毕。

定理 2.1′ (1) $J = \mathscr{K}$；

(2) 任取满足 (c) 的 u. a. n. 体系 $\{X_{nk}\}$，$f_{nk}(t)$，$F_{nk}(x)$ 分别为 X_{nk} 的 c. f. 与 d. f.，任取 $[a, K(x)] \in \mathscr{K}$，则

$$\lim_{n\to\infty} E\left(e^{it\sum_{k=1}^{k_n} X_{nk}}\right) = [a, K(x)] \in \mathscr{K}$$

的充要条件是：$\widetilde{K}_n \xrightarrow{w} K$，$\sum_{k=1}^{k_n} a_{nk} \to a$，其中

$$\widetilde{K}_n(x) = \sum_{k=1}^{k_n} \int_{(-\infty, x)} y^2 d\widetilde{F}_{nk}(y),$$

$a_{nk} = E(X_{nk})$，$\widetilde{F}_{nk}(y)$，$\widetilde{f}_{nk}(t)$ 分别为 $X_{nk} - a_{nk}$ 的 d. f. 和 c. f.。

证 (1)与(2)的充分性部分显然成立，只证(2)的必要性部分。

由(2.3)有

$$\prod_{k=1}^{k_n} f_{nk}(t) = e^{it\sum\limits_{k=1}^{k_n} a_{nk}} \prod_{k=1}^{k_n} \bar{f}_{nk}(t)$$

$$= e^{it\sum\limits_{k=1}^{k_n} a_{nk} + \int_{R^1} (e^{itx}-1-itx)\frac{1}{x^2}d\widetilde{K}_n(x) + o(1)} \qquad (n \to \infty).$$

令 $a_n = \sum\limits_{k=1}^{k_n} a_{nk}$,

$$\psi_n(t) = ia_n t + \int_{R^1} (e^{itx} - 1 - itx) \frac{1}{x^2} d\widetilde{K}_n(x),$$

$$\varphi_n(t) = \int_0^1 \frac{1}{2} [2\psi_n(t) - \psi_n(t+h) - \psi_n(t-h)] dh,$$

把 a_n, $\widetilde{K}_n(x)$ 分别代之以 a, $K(x)$, 则可类似定义 $\psi(t)$, $\varphi(t)$. 用傅比尼 (Fubini, G.) 定理交换积分次序可算出

$$\varphi_n(t) = \int_{R^1} e^{itx} \left(1 - \frac{\sin x}{x}\right) \frac{1}{x^2} d\widetilde{K}_n(x),$$

$$\varphi(t) = \int_{R^1} e^{itx} \left(1 - \frac{\sin x}{x}\right) \frac{1}{x^2} dK(x).$$

令

$$\Phi_n(x) = \int_{(-\infty, x)} \left(1 - \frac{\sin y}{y}\right) \frac{1}{y^2} d\widetilde{K}_n(y),$$

$$\Phi(x) = \int_{(-\infty, x)} \left(1 - \frac{\sin y}{y}\right) \frac{1}{y^2} dK(y),$$

则

$$\varphi_n(t) = \int_{R^1} e^{itx} d\Phi_n(x), \quad \varphi(t) = \int_{R^1} e^{itx} d\Phi(x).$$

若

$$\lim_{n\to\infty} \prod_{k=1}^{k_n} f_{nk}(t) = [a, K(x)],$$

则 $\psi_n(t) \to \psi(t)$. 而对任何 T, $\sup\limits_{n\geqslant 1} \sup\limits_{|t|\leqslant T} |\psi_n(t)| < M < \infty$, 所

以用控制收敛定理可得：$\varphi_n(t)\to\varphi(t)$，又因为 $\varphi(t)$ 在 $t=0$ 连续，所以由第二章定理 3.3 得：$\Phi_n(x)\xrightarrow{c}\Phi(x)$，从而 $\widetilde{K}_n\xrightarrow{W}K$，因此由第一章定理 3.9.1 有

$$\int_{R^1}(e^{itx}-1-itx)\frac{1}{x^2}\,d\widetilde{K}_n(x)$$
$$\to\int_{R^1}(e^{itx}-1-itx)\frac{1}{x^2}\,dK(x).$$

把上式与 $\psi_n(t)\to\psi(t)$ 相减即得 $a_n\to a$。至此，定理证毕。

显然，$\mathscr{K}$ 包含了零一律 $\varepsilon_0(x)$ 的特征函数 1；包含了标准正态分布的特征函数 $e^{-\frac{1}{2}t^2}$；包含了泊松分布的特征函数 $e^{\lambda(e^{it}-1)}$。

因为取 $a=0$，$K(x)=0$，则 $[a,K(x)]=1$；取 $a=0$，$K(x)=0$（当 $x\leqslant 0$ 时），$K(x)=1$（当 $x>0$ 时），则 $[a,K(x)]=e^{-\frac{1}{2}t^2}$；取 $a=\lambda$，$K(x)=0$（当 $x\leqslant 1$ 时），$K(x)=\lambda$（当 $x>1$ 时），则 $[a,K(x)]=e^{\lambda(e^{it}-1)}$。

系 1 若 u. a. n. 体系 $\{X_{nk}\}$ 满足

$$\lim_{n\to\infty}\max_{1\leqslant k\leqslant k_n}\sigma_{nk}^2=0,\quad \lim_{n\to\infty}\sum_{k=1}^{k_n}\sigma_{nk}^2=\lambda,$$

令 $F_{nk}(x)$，$f_{nk}(t)$，a_{nk}，σ_{nk}^2 分别为 X_{nk} 的分布函数，特征函数，数学期望与方差，则

$$\lim_{n\to\infty}\prod_{k=1}^{k_n}f_{nk}(t)=e^{\lambda(e^{it}-1)}$$

的充要条件是

$$\begin{cases}\lim\limits_{n\to\infty}\sum\limits_{k=1}^{k_n}a_{nk}=\lambda,\\ \lim\limits_{n\to\infty}\sum\limits_{k=1}^{k_n}\int_{|x-1|\geqslant\varepsilon}x^2dF_{nk}(x+a_{nk})=0\quad（对任何\ \varepsilon>0）.\end{cases}$$

证　用定理 2.1′．为证系 1，只需证明上述条件等价于

$$\begin{cases}\sum\limits_{k=1}^{k_n}a_{nk}\to\lambda; & n\to\infty,\\ K_n\xrightarrow{W}K,\end{cases}$$

其中

$$K_n(x)=\sum_{k=1}^{k_n}\int_{(-\infty,x)}y^2dF_{nk}(y+a_{nk}),\quad K(x)=\begin{cases}0, & x\leqslant 1;\\ \lambda, & x>1.\end{cases}$$

事实上，若 $K_n\xrightarrow{\mathrm{W}}K$，由 $\sum\limits_{k=1}^{k_n}\sigma_{nk}^2\to\lambda$ 知 $K_n\xrightarrow{\mathrm{c}}K$，故对任何 $\varepsilon>0$，有

$$\begin{aligned}&\sum_{k=1}^{k_n}\int_{|x-1|\geqslant\varepsilon}x^2dF_{nk}(x+a_{nk})\\ &=K_n((-\infty,1-\varepsilon]\cup[1+\varepsilon,\infty))\\ &\to K((-\infty,1-\varepsilon]\cup[1+\varepsilon,\infty))=0\quad(n\to\infty).\end{aligned}$$

反之，若

$$\sum_{k=1}^{k_n}\int_{|x-1|\geqslant\varepsilon}x^2dF_{nk}(x+a_{nk})\to 0\quad(\text{对任何 }\varepsilon>0),$$

则

$$\begin{aligned}K_n(x)&=\sum_{k=1}^{k_n}\int_{(-\infty,x)}y^2dF_{nk}(y+a_{nk})\\ &=\sum_{k=1}^{k_n}\sigma_{nk}^2-\sum_{k=1}^{k_n}\int_{[x,\infty)}y^2dF_{nk}(y+a_{nk})\\ &\xrightarrow{\mathrm{W}}K(x),\quad(n\to\infty).\end{aligned}$$

系 1 证毕.

系 2 若 u. a. n. 体系 $\{X_{nk}\}$ 满足 $\boldsymbol{E}(X_{nk})\equiv 0$,

$$\sum_{k=1}^{k_n}\sigma_{nk}^2\equiv 1,$$

则

$$\lim_{n\to\infty}\prod_{k=1}^{k_n}f_{nk}(t)=e^{-\frac{1}{2}t^2}\ \text{且}\ \lim_{n\to\infty}\max_{1\leqslant k\leqslant k_n}\sigma_{nk}^2=0$$

的充要条件是

$$\lim_{n\to\infty}\sum_{k=1}^{k_n}\int_{|x|\geqslant\varepsilon}x^2dF_{nk}(x)=0\quad(\text{对任何 }\varepsilon>0).$$

证 充分性. 令

$$g_n(\varepsilon)=\sum_{k=1}^{k_n}\int_{|x|\geqslant\varepsilon}x^2dF_{nk}(x),$$

则 $\max\limits_{1\leqslant k\leqslant k_n}\sigma_{nk}^2\leqslant\varepsilon^2+g_n(\varepsilon)$. 由 $g_n(\varepsilon)\to 0$（对任何 $\varepsilon>0$）得

$$\lim_{n\to\infty}\max_{1\leqslant k\leqslant k_n}\sigma_{nk}^2=0.$$

又若令

$$K(x)=\begin{cases}1, & x>0;\\ 0, & x\leqslant 0,\end{cases}$$

则由 $\sum\limits_{k=1}^{k_n}\sigma_{nk}^2=1$ 得

$$\sum_{k=1}^{k_n}\int_{(-\infty,x)}y^2dF_{nk}(y)\xrightarrow{\mathrm{W}}K(x)\quad(n\to\infty),$$

所以，由定理 2.1 知

$$\lim_{n\to\infty}\prod_{k=1}^{k_n}f_{nk}(t)=[0,K(x)]=e^{-\frac{1}{2}t^2}.$$

必要性，若

$$\lim_{n\to\infty}\prod_{k=1}^{k_n}f_{nk}(t)=e^{-\frac{1}{2}t^2}=[0,K(x)],$$

则由定理 2.1 及 $\sum\limits_{k=1}^{k_n}\sigma_{nk}^2=1$ 知 $K_n\xrightarrow{\mathrm{c}}K$，其中

$$K_n(x)=\sum_{k=1}^{k_n}\int_{(-\infty,x)}y^2dF_{nk}(y),$$

所以由第一章定理 3.7 有

$$\begin{aligned}g_n(\varepsilon)&=K_n((-\infty,-\varepsilon]\cup[\varepsilon,\infty))\\&\to K((-\infty,-\varepsilon]\cup[\varepsilon,\infty))=0\quad(n\to\infty).\end{aligned}$$

系 3 若 $\{X_n\}$ 是相互独立的随机变量序列，$\boldsymbol{E}(X_n)=0$，$\operatorname{var}(X_n)=\sigma_n^2$ 存在，$s_n^2=\sum\limits_{k=1}^{n}\sigma_k^2$，则

$$\begin{cases} \lim\limits_{n\to\infty} \boldsymbol{E}\left(e^{it\sum\limits_{k=1}^{n} X_k/s_n}\right) = e^{-\frac{1}{2}t^2}, \\ \lim\limits_{n\to\infty} \max\limits_{1\leqslant k\leqslant n} \dfrac{\sigma_k^2}{s_n^2} = 0 \end{cases}$$

的充要条件是

$$\frac{1}{s_n^2}\sum_{k=1}^{n}\int_{|x|\geqslant\varepsilon s_n} x^2 dF_k(x) \to 0 \quad (n\to\infty,\ \varepsilon>0).$$

这就是第三章定理 4.2 (林得伯格定理).

§3 无穷可分分布律

命题 3.1 下列六条件等价(即 u. a. n. 体系的定义有六种定义法):

(i) $\lim\limits_{n\to\infty} \max\limits_{1\leqslant k\leqslant k_n} P(|X_{nk}| \geqslant \varepsilon) = 0$ (一切 $\varepsilon > 0$);

(ii) $\lim\limits_{n\to\infty} \max\limits_{1\leqslant k\leqslant k_n} \mathscr{R}(1 - f_{nk}(t)) = 0$ (在 t 的任一有限区间上一致成立);

(iii) $\lim\limits_{n\to\infty} \max\limits_{1\leqslant k\leqslant k_n} |1 - f_{nk}(t)| = 0$ (在 t 的任一有限区间上一致成立);

(iv) $\lim\limits_{n\to\infty} \max\limits_{1\leqslant k\leqslant k_n} |1 - f_{nk}(t)| = 0$;

(v) $\lim\limits_{n\to\infty} \max\limits_{1\leqslant k\leqslant k_n} \mathscr{R}(1 - f_{nk}(t)) = 0$;

(vi) $\lim\limits_{n\to\infty} \max\limits_{1\leqslant k\leqslant k_n} \int_{R^1} \dfrac{x^2}{1+x^2} dF_{nk}(x) = 0$,

其中 $f_{nk}(t)$, $F_{nk}(x)$ 为 X_{nk} 的 c.f. 和 d. f., $\mathscr{R}(z)$ 表示 z 的实部.

证 (i)$\Longrightarrow$(ii). 考虑 $|t| \leqslant T$. 设 (i) 成立.

$$\begin{aligned} \mathscr{R}(1 - f_{nk}(t)) &= \int_{R^1} (1 - \cos xt) dF_{nk}(x) \\ &= \int_{|x|<\varepsilon} (1 - \cos xt) dF_{nk}(x) + \int_{|x|\geqslant\varepsilon} (1 - \cos xt) dF_{nk}(x) \\ &\leqslant \frac{\varepsilon^2 T^2}{2} + \int_{|x|\geqslant\varepsilon} 2 dF_{nk}(x) \quad (|t| \leqslant T), \end{aligned}$$

由 (i) 得

$$\overline{\lim_{n\to\infty}}\left(\max_{1\leqslant k\leqslant k_n}\mathscr{R}(1-f_{nk}(t))\right)\leqslant\frac{\varepsilon T^2}{2}\quad(|t|\leqslant T),$$

由 $\varepsilon>0$ 的任意性即得 (ii).

(ii)$\Longrightarrow$(iii). 设 (ii) 成立. 由于

$$1-f_{nk}(t)=\mathscr{R}(1-f_{nk}(t))+\int_{R^1}i\sin txdF_{nk}(x),$$

而

$$\begin{aligned}\left|\int_{R^1}i\sin txdF_{nk}(x)\right|^2&\leqslant\int_{R^1}\sin^2txdF_{nk}(x)\\&\leqslant\frac{1}{2}\int_{R^1}(1-\cos 2tx)dF_{nk}(x)\\&=\frac{1}{2}\mathscr{R}(1-f_{nk}(2t)),\end{aligned}$$

故由 (ii) 可得 (iii).

(iii)$\Longrightarrow$(iv)$\Longrightarrow$(v) 显然成立.

(v)$\Longrightarrow$(vi). 由第二章 (4.8) 积分不等式有

$$\begin{aligned}&\max_{1\leqslant k\leqslant k_n}\int_{R^1}\frac{x^2}{1+x^2}dF_{nk}(x)\\&\quad\leqslant\max_{1\leqslant k\leqslant k_n}M(b)\int_0^b\mathscr{R}(1-f_{nk}(t))dt,\end{aligned}$$

再用勒贝格控制收敛定理，由 (v) 可得 (vi).

(vi)$\Longrightarrow$(i). 因为

$$\max_{1\leqslant k\leqslant k_n}P(|X_{nk}|\geqslant\varepsilon)=\max_{1\leqslant k\leqslant k_n}\int_{|x|\geqslant\varepsilon}\frac{x^2}{1+x^2}\frac{1+x^2}{x^2}dF_{nk}(x)$$

$$\leqslant\frac{1+\varepsilon^2}{\varepsilon^2}\max_{1\leqslant k\leqslant k_n}\int_{R^1}\frac{x^2}{1+x^2}dF_{nk}(x),$$

所以 (vi)$\Longrightarrow$(i).

关于 u. a. n. 体系 $\{X_{nk}\}$，有下列性质:

(i) $\lim\limits_{n\to\infty}\max\limits_{1\leqslant k\leqslant k_n}\mu(X_{nk})=0$ （$\mu(X_{nk})$ 是 X_{nk} 的中位数）;

(ii) $\lim\limits_{n\to\infty}\max\limits_{1\leqslant k\leqslant k_n}\int_{|x|<\tau}|x|^r dF_{nk}(x)=0$ （$r>0$, $\tau>0$），

特别地,若令 $a_{nk}(\tau)=\int_{|x|<\tau} x dF_{nk}(x)$, $a_n(\tau)=\max\limits_{1\leqslant k\leqslant k_n}|a_{nk}(\tau)|$,则 $\lim\limits_{n\to\infty} a_n(\tau)=0$;

(iii) $\lim\limits_{n\to\infty}\max\limits_{1\leqslant k\leqslant k_n}|e^{-ia_{nk}(\tau)t}f_{nk}(t)-1|=0$;

(iv) 对于任意的 $b>0$, 存在 $N(b)>0$, 当 $|t|\leqslant b$, $n\geqslant N(b)$ 时, $\log f_{nk}(t)$ 存在且有限,还有

$$\log f_{nk}(t)=(f_{nk}(t)-1)+\theta_{nk}(f_{nk}(t)-1)^2,$$

$$\begin{aligned}&\log(e^{-ia_{nk}(\tau)t}f_{nk}(t)-1)\\&\quad=(e^{-ia_{nk}(\tau)t}f_{nk}(t)-1)+\theta'_{nk}(e^{-ia_{nk}(\tau)t}f_{nk}(t)-1)^2,\end{aligned}$$

其中 $|\theta_{nk}|\leqslant 1$, $|\theta'_{nk}|\leqslant 1$;

(v) 对于任意 $b>0$, $\tau>0$, 存在 $c_1(\tau,b)>0$, $c_2(\tau,b)>0$, 使

$$\begin{aligned}&c_1(\tau,b)\sup_{|t|\leqslant b}|e^{-ia_{nk}(\tau)t}f_{nk}(t)-1|\\&\leqslant\int_{R^1}\frac{x^2}{1+x^2}dF_{nk}(x+a_{nk}(\tau))\\&\leqslant c_2(\tau,b)\int_0^b(1-|f_{nk}(t)|^2)dt,\\&\leqslant -2c_2(\tau,b)\int_0^b\log|f_{nk}(t)|dt.\end{aligned}$$

此处 $F_{nk}(x)$ 和 $f_{nk}(t)$ 分别为 X_{nk} 的 d. f. 和 c. f..

证 (i) 因为 $\{X_{nk}\}$ 为 u. a. n. 体系,故对任何 $\varepsilon>0$, 存在正整数 $N(\varepsilon)$, 当 $n\geqslant N(\varepsilon)$ 时有

$$\max_{1\leqslant k\leqslant k_n}P(|X_{nk}|\geqslant\varepsilon)<\frac{1}{2},$$

从而

$$\max_{1\leqslant k\leqslant k_n}\mu(X_{nk})\in(-\varepsilon,\varepsilon),$$

由 ε 的任意性知 (i) 成立.

(ii) 任给 $r>0$, $\tau>0$, 有

$$\max_{1\leqslant k\leqslant k_n}\int_{|x|<\tau}|x|^r dF_{nk}(x)$$

$$\leqslant \max_{1\leqslant k\leqslant k_n}\int_{|x|<\varepsilon}|x|^r dF_{nk}(x)+\max_{1\leqslant k\leqslant k_n}\int_{\varepsilon\leqslant|x|<\tau}|x|^r dF_{nk}(x)$$

$$\leqslant \varepsilon^r+\tau^r\max_{1\leqslant k\leqslant k_n}\int_{|x|\geqslant\varepsilon}dF_{nk}(x)$$

对一切 $0<\varepsilon<\tau$ 成立,再用 $\varepsilon>0$ 可任意小及 $\{X_{nk}\}$ 为 u. a. n. 体系可得(ii)。

(iii) 因为 $\{X_{nk}\}$ 是 u. a. n. 体系，$a_n(\tau)\to 0$，所以 $\{X_{nk}-a_{nk}(\tau)\}$ 是 u. a. n. 体系，而 $X_{nk}-a_{nk}(\tau)$ 的特征函数为 $e^{-ia_{nk}(\tau)t}f_{nk}(t)$，故用 u. a. n. 体系的第(iv)个等价条件即得(iii)。

(iv) 由于 $\{X_{nk}\}$，$\{X_{nk}-a_{nk}(\tau)\}$ 都是 u. a. n. 体系,所以

$$\max_{1\leqslant k\leqslant k_n}|f_{nk}(t)-1|\to 0,\quad \max_{1\leqslant k\leqslant k_n}|e^{-ia_{nk}(\tau)t}f_{nk}(t)-1|\to 0,$$

故 (iv) 成立。

(v) 由于

$$|e^{-ia_{nk}(\tau)t}f_{nk}(t)-1|=\left|\int_{R^1}(e^{it(x-a_{nk}(\tau))}-1)dF_{nk}(x)\right|$$

$$\leqslant 2\int_{|x|\geqslant\tau}dF_{nk}(x)+\left|\int_{|x|<\tau}(e^{it(x-a_{nk}(\tau))}-1)dF_{nk}(x)\right|$$

$$\leqslant 2\int_{|x|\geqslant\tau}dF_{nk}(x)+\left|\int_{|x|<\tau}t(x-a_{nk}(\tau))dF_{nk}(x)\right|$$

$$+\left|\int_{|x|<\tau}\frac{t^2(x-a_{nk}(\tau))^2}{2}dF_{nk}(x)\right|$$

$$\leqslant 2\int_{|x|\geqslant\tau}dF_{nk}(x)+|t|\left|a_{nk}(\tau)-a_{nk}(\tau)\int_{|x|<\tau}dF_{nk}(x)\right|$$

$$+\frac{t^2}{2}\int_{|x|<\tau}[1+(x-a_{nk}(\tau))^2]\frac{(x-a_{nk}(\tau))^2}{1+(x-a_{nk}(\tau))^2}dF_{nk}(x)$$

$$\leqslant(2+|ta_{nk}(\tau)|)\int_{|x|\geqslant\tau}dF_{nk}(x)$$

$$+\frac{t^2}{2}[1+(\tau+|a_{nk}(\tau)|)^2]$$

$$\times\int_{|x|<\tau}\frac{(x-a_{nk}(\tau))^2}{1+(x-a_{nk}(\tau))^2}dF_{nk}(x).$$

但是,

$$\int_{|x|\geqslant\tau} dF_{nk}(x) \leqslant \int_{|x|\geqslant\tau} \frac{1+(\tau-|a_{nk}(\tau)|)^2}{(\tau-|a_{nk}(\tau)|)^2}$$
$$\times \frac{(x-a_{nk}(\tau))^2}{1+(x-a_{nk}(\tau))^2} dF_{nk}(x),$$

由上述二不等式并注意 $\lim\limits_{n\to\infty}\max\limits_{1\leqslant k\leqslant k_n}|a_{nk}(\tau)|=0$ 可知存在 $c(\tau, t)>0$，使

$$|e^{-ia_{nk}(\tau)t}f_{nk}(t)-1|$$
$$\leqslant c(\tau, t)\int_{R^1}\frac{(x-a_{nk}(\tau))^2}{1+(x-a_{nk}(\tau))^2}dF_{nk}(x)$$
$$= c(\tau, t)\int_{R^1}\frac{x^2}{1+x^2}dF_{nk}(x+a_{nk}(\tau)).$$

所以，有 $c_1(\tau, b)>0$，使

$$c_1(\tau, b)\sup_{|t|\leqslant|b|}|e^{-ia_{nk}(\tau)t}f_{nk}(t)-1|$$
$$\leqslant \int_{R^1}\frac{x^2}{1+x^2}dF_{nk}(x+a_{nk}(\tau)).$$

又因为

$$(x-\mu_{nk})^2 \geqslant (x-a_{nk}(\tau))^2+2(x-a_{nk}(\tau))(a_{nk}(\tau)-\mu_{nk}),$$

即

$$(x-a_{nk}(\tau))^2 \leqslant (x-\mu_{nk})^2+2(x-a_{nk}(\tau))(\mu_{nk}-a_{nk}(\tau)).$$

但是

$$\int_{R^1}\frac{(x-a_{nk}(\tau))^2}{1+(x-a_{nk}(\tau))^2}dF_{nk}(x)$$
$$\leqslant \int_{|x|<\tau}(x-a_{nk}(\tau))^2 dF_{nk}(x)+\int_{|x|\geqslant\tau}dF_{nk}(x),$$

而

$$\int_{|x|<\tau}(x-a_{nk}(\tau))^2 dF_{nk}(x)$$
$$\leqslant \int_{|x|<\tau}[(x-\mu_{nk})^2+2(x-a_{nk}(\tau))(\mu_{nk}$$
$$-a_{nk}(\tau))]dF_{nk}(x)$$
$$\leqslant \int_{|x|<\tau}(x-\mu_{nk})^2 dF_{nk}(x)$$

$$+ 2(|\mu_{nk}| + |a_{nk}(\tau)|)|a_{nk}(\tau)| \int_{|x|\geq\tau} dF_{nk}(x).$$

所以

$$\int_{R^1} \frac{(x - a_{nk}(\tau))^2}{1 + (x - a_{nk}(\tau))^2} dF_{nk}(x)$$

$$\leqslant \int_{|x|<\tau} (x - \mu_{nk})^2 dF_{nk}(x)$$

$$+ [2(|\mu_{nk}| + |a_{nk}(\tau)|)|a_{nk}(\tau)| + 1] \int_{|x|\geq\tau} dF_{nk}(x),$$

仿前，可证存在 $D(\tau) > 0$，使

$$\int_{R^1} \frac{(x - a_{nk}(\tau))^2}{1 + (x - a_{nk}(\tau))^2} dF_{nk}(x)$$

$$\leqslant D(\tau) \int_{R^1} \frac{(x - \mu_{nk})^2}{1 + (x - \mu_{nk})^2} dF_{nk}(x)$$

$$= D(\tau) \int_{R^1} \frac{x^2}{1 + x^2} dF_{nk}(x + \mu_{nk}).$$

而由第二章 (4.7) 积分不等式有

$$\int_{R^1} \frac{x^2}{1 + x^2} dF_{nk}(x + \mu_{nk}) \leqslant M(b) \int_0^b \{1 - |f_{nk}(t)|^2\} dt.$$

总之，存在 $c_2(\tau, b) > 0$，使

$$\int_{R^1} \frac{(x - a_{nk}(\tau))^2}{1 + (x - a_{nk}(\tau))^2} dF_{nk}(x)$$

$$\leqslant c_2(\tau, b) \int_0^b \{1 - |f_{nk}(t)|^2\} dt$$

$$\leqslant -2c_2(\tau, b) \int_0^b \log |f_{nk}(t)| dt.$$

定义 3.1 称 $\{X_{nk}\}$ 是 u. a. c. 体系，如果存在常数 C_{nk}，使 $\{X_{nk} - C_{nk}\}$ 是 u. a. n. 体系.

以后我们常称 u. a. n. (或 u. a. c.)体系 $\{X_{nk}\}$ 的对应的特征函数 $\{f_{nk}(t)\}$ 或分布函数 $\{F_{nk}(x)\}$ 为 u. a. n. 体系(或 u. a. c. 体系).

设 $f_{nk}(t)$ 和 μ_{nk} 分别为 X_{nk} 的特征函数及中位数，对于 u.

a. c. 体系，我们有下列等价性条件.

易证下列三条件等价:

（i） 存在常数 C_{nk}，使

$$\lim_{n\to\infty}\max_{1\leqslant k\leqslant k_n} P(|X_{nk}-C_{nk}|\geqslant\varepsilon)=0 \quad (\text{一切 }\varepsilon>0);$$

（ii） $\{|f_{nk}|^2\}$ 是 u. a. n. 体系;

（iii） $\{e^{-i\mu_{nk}t}f_{nk}(t)\}$ 是 u. a. n. 体系.

证 (i)$\Longrightarrow$(ii). 设 (i) 成立. 因为

$$\begin{aligned}1-|f_{nk}(t)|^2 &\leqslant 2(1-|f_{nk}(t)|)\\ &=2(1-|e^{-iC_{nk}t}f_{nk}(t)|)\\ &\leqslant 2|1-e^{-iC_{nk}t}f_{nk}(t)|,\end{aligned}$$

所以，若注意 $\{X_{nk}-C_{nk}\}$ 是 u. a. n. 体系，再注意 u. a. n. 体系的第 (iv) 个等价性条件，则可知 (i)$\Longrightarrow$(ii).

(ii)$\Longrightarrow$(iii). 只需注意下列二事实

(a) $|f_{nk}(t)|^2$ 所对应的随机变量是 X_{nk} 的对称化随机变量 X^s_{nk} (即 $X^s_{nk}=X_{nk}-X'_{nk}$，X_{nk} 与 X'_{nk} 相互独立且具有共同的分布函数).

(b) 对称化引理.

$$\max_{1\leqslant k\leqslant k_n} P(|X_{nk}-\mu_{nk}|\geqslant\varepsilon)\leqslant\max_{1\leqslant k\leqslant k_n} 2P(|X^s_{nk}|\geqslant\varepsilon).$$

(iii)$\Longrightarrow$(i). 显然.

定义 3.2 称 d. f. $F(x)$ 是无穷可分的(简记之为 i. d. d. f.)，如果对任何正整数 n，都存在 d. f. $F_n(x)$，使

$$F(x)=(\overbrace{F_n*F_n*\cdots*F_n}^{n\text{次}})(x),$$

此处 * 是卷积符号.

类似地，可对 c. f. 和 R. V. 来下无穷可分的定义.

称 c. f. $f(t)$ 是无穷可分的(简记之为 i. d. c. f.)，如果对任何正整数 n，都存在 c. f. $f_n(t)$，使 $f(t)=f_n(t)^n$.

称 R. V. X 是无穷可分的(简记之为 i. d. R. V.)，如果对任何正整数 n，都存在相互独立相同分布的随机变量 $X_1,\cdots,X_n$ 使

X与 $\sum_{k=1}^{n} X_k$ 的分布相同。

关于无穷可分性，有下列简单性质：

(i) 若 $f(t)$ 是 i. d. c. f.，则 $f(t)$ 无处为 0。

(ii) 若 $f(t)$ 是 i. d. c. f.，则对任何正整数 n，都存在 c. f. $f_n(t)$，$f_n(t) \to 1$，$f(t) = f_n(t)^n$。

证 (i) 由 $f(t)$ 的无穷可分性知：对任何正整数 n，存在 c. f. $f_n(t)$，使 $f(t) = f_n(t)^n$. 所以

$$|f(t)|^{\frac{2}{n}} = |f_n(t)|^2.$$

又 $|f(t)| \leqslant 1$，所以

$$\lim_{n\to\infty} |f_n(t)|^2 = \lim_{n\to\infty} |f(t)|^{\frac{2}{n}} = g(t) = \begin{cases} 1, & f(t) \neq 0; \\ 0, & f(t) = 0. \end{cases}$$

而 $f(t)$ 是连续函数，$f(0) = 1$，所以存在 $\delta > 0$，使 $|f(t)| > \frac{1}{2}$（当 $|t| \leqslant \delta$），所以当 $|t| \leqslant \delta$ 时，$g(t) = 1$，从而 $g(t)$ 在 $t = 0$ 连续. 所以 $g(t)$ 也是 c. f.，故 $g(t) \equiv 1$ $(t \in R^1)$. 此即 $f(t)$ 无处为 0.

(ii) 若 $f(t)$ 是 i. d. c. f.，由 (i) 知 $f(t)$ 无处为 0，所以 $\log f(t)$ 存在且有穷. 由 i. d. c. f. 的定义又知存在 c. f. $f_n(t)$，使 $f(t) = f_n(t)^n$，故 $f_n(t) = e^{\frac{1}{n}\log f(t)}$ 即为所求.

下面我们再引进一族特征函数，令

$$\mathscr{D} = \left\{ \begin{array}{l} \text{一切} \ \exp\left(i\alpha t + \int_{R^1} \left(e^{itx} - 1 - \dfrac{itx}{1+x^2}\right) \dfrac{1+x^2}{x^2} d\Psi(x)\right), \\ \text{其中} \ \Psi(x) = \sigma^2 F(x),\ \alpha \text{ 是实数},\ \sigma^2 \geqslant 0,\ F(x) \text{ 是 d. f.} \end{array} \right\},$$

由于 $\mathscr{D}$ 中的函数由 α 及 $\Psi(x)$ 唯一决定，所以我们用 $\{\alpha, \Psi(x)\}$ 表示 $\mathscr{D}$ 中的函数.

回忆一下，在 §2 中，曾引进过柯氏族 $\mathscr{K}$，其中的函数用 $[a, K(x)]$ 表示.

命题 3.2 $\{\alpha, \Psi(x)\}$ 确是 c. f.。

证 首先注意

$$\left(e^{itx}-1-\frac{itx}{1+x^2}\right)\frac{1+x^2}{x^2}$$

是 x 的有界连续函数$\left(\right.$在 $x=0$ 的函数值定义为 $\lim\limits_{x\to 0}\left(e^{itx}-1-\frac{itx}{1+x^2}\right)\frac{1+x^2}{x^2}=-\frac{1}{2}t^2\left.\right)$，而 Ψ 是一个有限的 L-S 测度，所以若令

$$I_m=\int_{[-A_m,A_m)}\left(e^{itx}-1-\frac{itx}{1+x^2}\right)\frac{1+x^2}{x^2}d\Psi(x),$$

则有

$$\{\alpha,\Psi(x)\}=\lim_{A_m\to\infty}e^{i\alpha t+I_m}.$$

又因为 $\{\alpha,\Psi(x)\}$ 在 $t=0$ 连续，所以为证 $\{\alpha,\Psi(x)\}$ 是 c. f.，只需证明 $f_m(t)=e^{I_m}$ 是 c. f.. 今分 $[-A_m,A_m)$ 为

$$-A_m=a_{m0}^{(n)}<a_{m1}^{(n)}<\cdots<a_{mn}^{(n)}=A_m,$$

$$a_{mj}^{(n)}\neq 0,\quad \lim_{n\to\infty}\max_{1\leqslant j\leqslant n}\left(a_{mj}^{(n)}-a_{mj-1}^{(n)}\right)=0,$$

则

$$I_m=\lim_{n\to\infty}\sum_{j=1}^{n}\left(e^{ita_{mj}^{(n)}}-1-\frac{ita_{mj}^{(n)}}{1+(a_{mj}^{(n)})^2}\right)\frac{1+(a_{mj}^{(n)})^2}{(a_{mj}^{(n)})^2}\cdot\left(\Psi(a_{mj}^{(n)})-\Psi(a_{mj-1}^{(n)})\right).$$

所以，存在常数 $C_{mj}^{(n)}$，$\lambda_{mj}^{(n)}\geqslant 0$ 使

$$f_m(t)=e^{I_m}=\lim_{n\to\infty}\prod_{j=1}^{n}e^{-itC_{mj}^{(n)}+\lambda_{mj}^{(n)}(e^{ita_{mj}^{(n)}}-1)},$$

这就说明 $f_m(t)$ 表成了 n 个 c. f. 的乘积的极限，又因为 $f_m(t)$ 在 $t=0$ 连续，所以 $f_m(t)$ 是 c. f..

命题 3.3 $\mathscr{K}\subset\mathscr{D}$.

证 任取 $f(t)\in\mathscr{K}$，必有

$$f(t)=e^{iat+\int_{R^1}(e^{itx}-1-itx)\frac{1}{x^2}dK(x)}$$

$$=e^{iat+\int_{R^1}\left(e^{itx}-1-\frac{itx}{1+x^2}\right)\frac{1}{x^2}dK(x)+\int_{R^1}\left(\frac{itx}{1+x^2}-itx\right)\frac{1}{x^2}dK(x)}.$$

令

$$\Psi(x)=\int_{(-\infty,x)}\frac{1}{1+y^2}dK(y),\quad \alpha=a-\int_{R^1}\frac{x}{1+x^2}dK(x),$$

则 $f(t)=\{\alpha,\Psi(x)\}\in\mathscr{D}$.

命题 3.4 $\mathscr{K}$ 与 $\mathscr{D}$ 中那些二阶矩存在的特征函数重合.(所谓特征函数的二阶矩存在,即它对应的随机变量的二阶矩存在.)

证 由于 $\mathscr{K}\subset\mathscr{D}$, 且 $\mathscr{K}$ 中每一 c.f. 的二阶矩存在, 所以为证命题 3.4, 只需证明 $\mathscr{D}$ 中任意一个二阶矩存在的 c.f. $f(t)=\{\alpha,\Psi(x)\}$ 均属于 $\mathscr{K}$ 即可. 为此,我们首先注意:

$f(t)=\{\alpha,\Psi(x)\}$ 的二阶矩存在 $\Longleftrightarrow$ $f''(0)$ 存在

$$\Longleftrightarrow\int_{R^1}x^2d\Psi(x)<\infty.$$

所以由 $f(t)=\{\alpha,\Psi(x)\}$ 的二阶矩存在得:

$$\{\alpha,\Psi(x)\}=e^{iat+\int_{R^1}(e^{itx}-1-itx)\frac{1}{x^2}dK(x)},$$

其中 $a=\alpha+\int_{R^1}xd\Psi(x)$, $K(x)=\int_{(-\infty,x)}(1+y^2)d\Psi(y)$. 故 $f(t)=\{\alpha,\Psi(x)\}\in\mathscr{K}$.

定理 3.1 (唯一性定理) $\{\alpha,\Psi(x)\}$ 唯一地决定了 α 及 $\Psi(x)$ (因此 $\mathscr{K}$ 中的 $[a,K(x)]$ 唯一地决定了 a 及 $K(x)$).

证 令 $\{\alpha,\Psi(x)\}=e^{\psi(t)}$, 作

$$\begin{aligned}\varphi(t)&=\psi(t)-\int_0^1\frac{\psi(t+h)+\psi(t-h)}{2}dh\\&=\int_0^1\left[\int_{R^1}(1-\cos hx)e^{itx}\frac{1+x^2}{x^2}d\Psi(x)\right]dh\\&=\int_{R^1}e^{itx}\left(1-\frac{\sin x}{x}\right)\frac{1+x^2}{x^2}d\Psi(x).\end{aligned}$$

若令

$$\Phi(x)=\int_{(-\infty,x)}\left(1-\frac{\sin y}{y}\right)\frac{1+y^2}{y^2}d\Psi(y),$$

则 $\Phi(x)$ 等于一个分布函数乘以非负常数 σ^2, 且

$$\varphi(t)=\int_{R^1} e^{itx}d\Phi(x).$$

由傅氏变换的反演公式知 $\varphi(t)$ 唯一决定了 $\Phi(x)$，所以 $e^{\phi(t)}$ 唯一决定了

$$\Psi(x)=\int_{(-\infty,x)}\frac{1}{\left(1-\frac{\sin y}{y}\right)\frac{1+y^2}{y^2}}d\Phi(y).$$

又因为 α 由 $\Psi(x)$ 及 $\{\alpha,\Psi(x)\}$ 所唯一决定，故 $\{\alpha,\Psi(x)\}$ 也唯一决定了 α. 定理证毕.

定理 3.2 (封闭性及连续性)

(i) $\alpha_n\to\alpha$, $\Psi_n(x)\xrightarrow{c}\Psi(x)\Longrightarrow\{\alpha_n,\Psi_n(x)\}\to\{\alpha,\Psi(x)\}$;

(ii) 若 $\{\alpha_n,\Psi_n(x)\}\to f$, f 是 c. f., 则 $\alpha_n\to\alpha$, $\Psi_n(x)\xrightarrow{c}\Psi(x)$, 且 $f=\{\alpha,\Psi(x)\}$.

证 (i) 是第一章定理 3.10.1 的直接推论.

(ii) 因为 $\{\alpha_n,\Psi_n(x)\}\to f$, f 是 c. f., 所以

$$\{\alpha_n,\Psi_n(x)\}\to f(t)\quad(\text{在 } |t|\leqslant T \text{ 上一致成立}),$$

因此

$$|\{\alpha_n,\Psi_n(x)\}|=\left|e^{\int_{R^1}\left(e^{itx}-1-\frac{itx}{1+x^2}\right)\frac{1+x^2}{x^2}d\Psi_n(x)}\right|$$

$$=\left|e^{\int_{R^1}(\cos tx-1)\frac{1+x^2}{x^2}d\Psi_n(x)}\right|\to|f(t)|$$

在 $|t|\leqslant T$ 上一致成立.

取 $\delta>0$, 使 $|f(t)|>\frac{1}{2}$ (当 $|t|\leqslant\delta$ 时),不妨令 $\delta<T$, 则

$$\lim_{n\to\infty}\int_{R^1}(1-\cos tx)\frac{1+x^2}{x^2}d\Psi_n(x)$$

$$=-\log|f(t)|\leqslant c_1$$

在 $|t|\leqslant\delta$ 上一致成立. 因此存在正数 c' 使

$$\frac{1}{\delta}\int_0^\delta\left[\int_{R^1}(1-\cos tx)\frac{1+x^2}{x^2}d\Psi_n(x)\right]dt\leqslant c'\quad(n\geqslant1),$$

此即

$$\int_{R^1}\left(1-\frac{\sin\delta x}{\delta x}\right)\frac{1+x^2}{x^2}\,d\Psi_n(x)\leqslant c' \quad (n\geqslant 1).$$

由于存在正数 A 和 B，使

$$0<A\leqslant\left(1-\frac{\sin\delta x}{\delta x}\right)\frac{1+x^2}{x^2}\leqslant B<\infty \quad (对一切\ x\in R^1),$$

所以 $\sup\limits_{x\in R^1}\sup\limits_{n\geqslant 1}\Psi_n(x)\leqslant c$. 但是

$$(1-\cos tx)\frac{1+x^2}{x^2}\leqslant\left|\frac{1-\cos tx}{x^2}\right| + |1-\cos tx|\leqslant\frac{t^2}{2}+2,$$

所以

$$\int_{R^1}(1-\cos tx)\frac{1+x^2}{x^2}\,d\Psi_n(x)\leqslant\left(2+\frac{t^2}{2}\right)c \quad (n\geqslant 1).$$

因此

$$|f(t)|\geqslant e^{-\left(2+\frac{t^2}{2}\right)c}>0 \quad (t\in R^1)$$

从而 $\log|f(t)|$ 存在且有穷 $(t\in R^1)$. 令

$$\phi_n(t)=i\alpha_n t+\int_{R^1}\left(e^{itx}-1-\frac{itx}{1+x^2}\right)\frac{1+x^2}{x^2}\,d\Psi_n(x),$$

则

$$\lim_{n\to\infty}\phi_n(t)=\log f(t) \quad 在\ |t|\leqslant T\ 上一致成立.$$

若令

$$\phi(t)=\log f(t),\ q(y)=\left(1-\frac{\sin y}{y}\right)\frac{1+y^2}{y^2},$$

$$\Phi_n(x)=\int_{(-\infty,x)}q(y)\,d\Psi_n(y),$$

则由 $\Psi_n(x)$ 的一致有界性知 $\phi_n(t)$ 在 $t\in[0,1]$ 上一致有界，故由控制收敛定理有

$$\lim_{n\to\infty}\int_{R^1}e^{itx}\,d\Phi_n(x)$$
$$=\lim_{n\to\infty}\left(\phi_n(t)-\int_0^1\frac{\phi_n(t+h)+\phi_n(t-h)}{2}\,dh\right)$$

$$= \psi(t) - \int_0^1 \frac{\psi(t+h)+\psi(t-h)}{2} dh.$$

上式右端在 $t=0$ 连续,又因为 $\Phi_n(x)$ 可表为一个分布函数乘以非负常数,且 $\sup\limits_{n\geqslant 1} \sup\limits_{x\in R^1} \Phi_n(x) \leqslant D < \infty$, 因此存在 $\Phi(x)$, 它等于一个分布函数乘以非负常数,并有

$$\Phi_n(x) \xrightarrow{c} \Phi(x) \quad (n\to\infty),$$

从而存在 $\Psi(x)$, 它亦为某一分布函数乘以非负常数,并有

$$\Psi_n(x) \xrightarrow{c} \Psi(x) \quad (n\to\infty).$$

所以

$$\lim_{n\to\infty} \int_{R^1} \left(e^{itx} - 1 - \frac{itx}{1+x^2}\right) \frac{1+x^2}{x^2} d\Psi_n(x)$$
$$= \int_{R^1} \left(e^{itx} - 1 - \frac{itx}{1+x^2}\right) \frac{1+x^2}{x^2} d\Psi(x).$$

又因为

$$\lim_{n\to\infty} \psi_n(t) = \psi(t),$$

把上述两式相减,即发现存在 α, 使

$$\lim_{n\to\infty} \alpha_n = \alpha.$$

再用本定理的(i)知

$$\lim_{n\to\infty} \{\alpha_n, \Psi_n(x)\} = \lim_{n\to\infty} e^{\psi_n(t)} = \{\alpha, \Psi(x)\}.$$

但前面已证

$$\lim_{n\to\infty} e^{\psi_n(t)} = f(t),$$

所以 $f(t) = \{\alpha, \Psi(x)\}$. 定理证毕.

定理 3.3 下面四族特征函数重合.

(1) $\mathscr{D}_1 = \mathscr{D}$; (2) $\mathscr{D}_2 = \{$一切 i. d. c. f. $f(t)\}$;

(3) $\mathscr{D}_3 = \{f(t) \mid f(t) = \prod\limits_{k=1}^{k_n} f_{nk}(t),\ \{f_{nk}\}$ 是 u. a. n. 体系$\}$;

(4) $\mathscr{D}_4 = \left\{ f(t) \middle| \begin{array}{l} f(t) = \lim\limits_{n\to\infty} e^{iA_n t} \prod\limits_{k=1}^{k_n} f_{nk}(t), \\ \{f_{nk}\} \text{ 是 u. a. n. 体系.} \end{array} \right\}.$

证　$\mathscr{D}_1\subset\mathscr{D}_2$. 这可由

$$\{\alpha, \Psi(x)\} = \left[\left\{\frac{\alpha}{n}, \frac{\Psi_n(x)}{n}\right\}\right]^n \quad (n \geqslant 1)$$

直接推出.

$\mathscr{D}_2\subset\mathscr{D}_3$. 任取 $f(t)\in\mathscr{D}_2$, 由 i.d.c.f. 的性质(ii)知: 存在 c.f. $f_n(t)\to 1$, 使 $f(t)=f_n(t)^n$ $(n\geqslant 1)$. 今取 $k_n=n$, $f_{nk}(t)=f_n(t)$ $(1\leqslant k\leqslant k_n=n)$, 则 $f(t)=\prod\limits_{k=1}^{k_n} f_{nk}(t)$. 又因为

$$\max_{1\leqslant k\leqslant k_n}|f_{nk}(t)-1|=|f_n(t)-1|\to 0 \quad (n\to\infty),$$

所以 $\{f_{nk}\}$ 是 u.a.n. 体系,从而 $f(t)\in\mathscr{D}_3$.

$\mathscr{D}_3\subset\mathscr{D}_4$ 显然成立.

$\mathscr{D}_4\subset\mathscr{D}_1$, 留待下一节证明.

命题 3.5　$\mathscr{D}$ 重合于: 有限个泊松型的特征函数 $f_k(t)=e^{i\alpha_k t+\lambda_k(e^{ia_k t}-1)}$ 之积的极限特征函数族.

证　在命题 3.2 中已证前者含于后者. 为证命题 3.5, 只证后者含于前者. 任取

$$f(t)=e^{i\alpha t+\lambda(e^{iat}-1)},$$

作 $\Psi(x)$ 如下: Ψ 的测度集中在 a 点, 且 $\Psi(\{a\})=\lambda a^2/(1+a^2)$, 则 $f(t)=\left\{\alpha+\dfrac{\lambda a^2}{1+a^2}, \Psi(x)\right\}\in\mathscr{D}$. 再注意 $\mathscr{D}$ 对函数的乘法运算和极限运算是封闭的,则命题得证.

命题 3.6　$f(t)\in\mathscr{D}\Longrightarrow e^{iat}f(bt)\in\mathscr{D}$.

证　显然.

例. 下列诸特征函数是无穷可分的.

(1)　退化分布的特征函数 e^{iat};

(2)　正态分布的特征函数 $e^{iat-\frac{1}{2}\sigma^2t^2}$;

(3)　泊松分布的特征函数 $e^{\lambda(e^{it}-1)}$;

(4)　有限个或可数个泊松型的特征函数之积

$$f(t)=e^{\sum\limits_j[i\alpha_j+\lambda_j(e^{ia_jt}-1)]}$$

$\left(\text{其中} \sum_j \alpha_j \text{ 收敛}, a_j \neq 0, \lambda_j > 0, \sum_j \lambda_j < \infty\right)$;

(5) 柯西分布 $F(x) = \frac{a}{\pi}\int_{-\infty}^{x} \frac{dy}{a^2 + (y-\alpha)^2}$ 的特征函数

$$f(t) = e^{i\alpha t - a|t|};$$

(6) 皮尔逊(Pearson, K.)第三型分布函数的特征函数

$$f(t) = (1 - it)^c \quad (c > 0).$$

注意：无处为 0 的特征函数不一定是无穷可分的．例如 R. V. X 定义如下：X 仅取 $-1, 0, 1$ 三个值，对应的概率为 $\frac{1}{8}, \frac{3}{4}, \frac{1}{8}$. 其特征函数为 $f(t) = \frac{1}{8}e^{-it} + \frac{3}{4} + \frac{1}{8}e^{it} = \frac{3 + \cos t}{4} > 0$，但 $f(t)$ 不是无穷可分的．事实上，若 X 与 $X_1 + X_2$ 的分布函数相同，X_1 与 X_2 独立同分布，则 X_1 最多只能在二个不同点上有正概率，不妨设 $a_1 < a_2$, $P(X_1 = a_1) = p$, $P(X_1 = a_2) = 1 - p$，于是 $P(X = 2a_1) = p^2$, $P(X = a_1 + a_2) = p(1-p)$, $P(X = 2a_2) = (1-p)^2$. 由 $a_1 < a_2$ 得 $2a_1 = -1$, $a_1 + a_2 = 0$, $2a_2 = 1$, $p^2 = \frac{1}{8}$, $p(1-p) = \frac{3}{4}$, $(1-p)^2 = \frac{1}{8}$，而此为不可能．

§4 普遍极限定理

在这一节里，我们将要回答 §1 中提出的两个问题 (I)(A) 和 (I)(B)．即若 $\{f_{nk}\}$ 是 u. a. n. 体系，

(A) $e^{-iA_n t}\prod_{k=1}^{k_n} f_{nk}(t)$ 的极限特征函数族——记之为 C_3 是什么？

(B) 任取 $f \in C_3$, $\lim_{n\to\infty} e^{-iA_n t}\prod_{k=1}^{k_n} f_{nk}(t) = f(t)$ 的充要条件是什么？

引理 4.1 设 $\{f_{nk}(t)\}$ 是 u. a. n. 体系，且

$$\sum_{k=1}^{k_n}\int_{R^1} \frac{x^2}{1+x^2}\, dF_{nk}(x + a_{nk}(\tau)) \leqslant c < \infty \quad (c \text{ 与 } n \text{ 无关}),$$

则

$$e^{-iA_nt}\prod_{k=1}^{k_n} f_{nk}(t) = \theta_n(t)\{\alpha_n, \Psi_n(x)\},$$

其中 $F_{nk}(x)$ 是 $f_{nk}(t)$ 之 d. f., $a_{nk}(\tau) = \int_{|x|<\tau} x dF_{nk}(x)$ 如 § 3 所定义，$\theta_n(t) \to 1$，A_n 是实数，

$$\alpha_n = -A_n + \sum_{k=1}^{k_n} a_{nk}(\tau) + \sum_{k=1}^{k_n}\int_{R^1}\frac{x^2}{1+x^2}dF_{nk}(x+a_{nk}(\tau)),$$

$$\Psi_n(x) = \sum_{k=1}^{k_n}\int_{(-\infty,x)}\frac{y^2}{1+y^2}dF_{nk}(y+a_{nk}(\tau)).$$

以后在不会混淆的情况下，简记 $a_{nk}(\tau)$ 为 a_{nk}，$\prod_{k=1}^{k_n}\left(\text{或}\sum_{k=1}^{k_n}\right)$ 为 $\prod_k\left(\text{或}\sum_k\right)$，$\max\limits_{1\leqslant k\leqslant k_n}$ 为 $\max\limits_k$.

证　令 $\tilde{f}_{nk}(t) = e^{-ita_{nk}}f_{nk}(t)$，任 $t_0 \in R^1$，再令 $z_{nk} = \tilde{f}_{nk}(t_0)$，$\tilde{A}_n = A_n - \sum_k a_{nk}$，$W_n = e^{-iA_nt_0}\prod_k f_{nk}(t_0)$，则

$$\begin{aligned} W_n &= e^{-i\tilde{A}_nt_0}\prod_k z_{nk} = e^{-i\tilde{A}_nt_0}\cdot e^{\sum_k \log z_{nk}} \\ &= e^{-i\tilde{A}_nt_0}e^{\sum_k\left((z_{nk}-1)-\frac{1}{2}(z_{nk}-1)^2+\cdots\right)}. \end{aligned}$$

而

$$\begin{aligned} |z_{nk}-1| &= |f_{nk}(t_0)(e^{-ia_{nk}t_0}-1)+(f_{nk}(t_0)-1)| \\ &\leqslant |e^{-ia_{nk}t_0}-1| + |f_{nk}(t_0)-1|, \end{aligned}$$

由 $\{f_{nk}\}$ 是 u. a. n. 体系知

$$\lim_{n\to\infty}\max_k|a_{nk}| = 0,\quad \lim_{n\to\infty}\max_k|f_{nk}(t)-1| = 0,$$

所以，若令 $\xi_n = \max\limits_k|z_{nk}-1|$，则有 $\xi_n = o(1)$ $(n\to\infty)$. 因此，由 u. a. n. 之性质 (v) 有

$$\sum_k|z_{nk}-1| \leqslant A(\tau)\sum_k\int_{R^1}\frac{x^2}{1+x^2}dF_{nk}(x+a_{nk})$$

$$\leqslant c < \infty \quad (n \geqslant 1).$$

$$\sum_k |z_{nk} - 1|^2 \leqslant \xi_n \sum_k |z_{nk} - 1| = o(1) \quad (n \to \infty).$$

因此，取

$$\theta_n(t_0) = e^{-\sum\limits_k [\frac{1}{2}(z_{nk}-1)^2 - \cdots]},$$

则有 $\lim\limits_{n \to \infty} \theta_n(t_0) = 1$，且

$$\begin{aligned} W_n &= \theta_n(t_0) e^{-i\lambda_n t_0} \cdot e^{\sum\limits_k (z_{nk}-1)} \\ &= \theta_n(t_0) e^{-i\lambda_n t_0} \cdot e^{\sum\limits_k \int_{R^1} (e^{it_0 x}-1) dF_{nk}(x+a_{nk})} \\ &= \theta_n(t_0) e^{i\alpha_n t_0 + \int_{R^1} \left(e^{it_0 x} - 1 - \frac{it_0 x}{1+x^2}\right) \frac{1+x^2}{x^2} d\Psi_n(x)}. \end{aligned}$$

定理 4.1（中心极限定理） 设 $\{f_{nk}\}$ 为 u. a. n. 体系，$\{A_n\}$ 为一串实数，若

$$\lim_{n \to \infty} e^{-iA_n t} \prod_k f_{nk}(t) = f(t),$$

$f(t)$ 是 c. f.，则 $f = \{\alpha, \Psi(x)\} \in \mathscr{D}$，$\mathscr{D}$ 是 § 3 中所定义的无穷可分特征函数族.

证 由 u. a. n. 体系性质 (v) 有

$$\begin{aligned} &\sum_k \int_{R^1} \frac{x^2}{1+x^2} dF_{nk}(x + a_{nk}) \\ &\qquad \leqslant -2c_2(\tau, \delta_0) \int_0^{\delta_0} \sum_k \log |f_{nk}(t)| dt. \end{aligned} \tag{4.1}$$

而

$$\lim_{n \to \infty} \prod_k |f_{nk}(t)|^2 = |f(t)|^2, \tag{4.2}$$

又因为特征函数序列收敛到特征函数在有限区间上总是一致的，且 $|f(t)|^2$ 连续，$f(0) = 1$，所以可以取适当小的 $\delta_0 > 0$，使

$$0 \leqslant -\log \prod_k |f_{nk}(t)|^2 \leqslant M \quad (\text{一切 } |t| \leqslant \delta_0,\ n \geqslant 1),$$

也就是

$$0 \leqslant -2\sum_k \log|f_{nk}(t)| \leqslant M \quad (一切\ |t| \leqslant \delta_0,\ n \geqslant 1), \tag{4.3}$$

由 (4.1) 和 (4.3) 得知引理 4.1 的条件成立，故由引理 4.1 得

$$e^{-iA_nt}\prod_k f_{nk}(t) = \theta_n(t)\{\alpha_n, \Psi_n(x)\}, \quad \theta_n(t) \to 1.$$

而 $\lim\limits_{n\to\infty} \theta_n(t)\{\alpha_n, \Psi_n(x)\} = f(t)$，所以

$$f(t) = \lim_{n\to\infty}\{\alpha_n, \Psi_n(x)\}.$$

而 $\{\alpha_n, \Psi_n(x)\} \in \mathscr{D}$，所以由 § 3 定理 3.2 $\mathscr{D}$ 的封闭性知 $f(t) \in \mathscr{D}$.

本定理完成了定理 3.3 中未证明的部分：$\mathscr{D}_4 \subset \mathscr{D}$.

下面我们研究 $e^{-iA_nt}\prod\limits_k f_{nk}(t) \to \{\alpha, \Psi(x)\}$ 的充要条件.

定理 4.2 若 $\{f_{nk}(t)\}$ 为 u. a. n. 体系，则

$$\lim_{n\to\infty} e^{-iA_nt}\prod_k f_{nk}(t) = \{\alpha, \Psi(x)\}$$

的充要条件是

$$\begin{cases} \Psi_n(x) \xrightarrow{c} \Psi(x), & (c_1) \\ \alpha_n \to \alpha \quad (对一个或一切\ \tau > 0), & (c_2) \end{cases}$$

其中

$$\Psi_n(x) = \sum_k \int_{(-\infty,x)} \frac{y^2}{1+y^2}\, dF_{nk}(y + a_{nk}),$$

$$\alpha_n = -A_n + \sum_k a_{nk} + \sum_k \int_{R^1} \frac{x^2}{1+x^2}\, dF_{nk}(x + a_{nk}).$$

注意：由于 $a_{nk} = a_{nk}(\tau)$，所以 $\Psi_n(x)$ 与 α_n 都和 τ 有关.

证 必要性. 仿定理 4.1，可证

$$\sum_k \int_{R^1} \frac{x^2}{1+x^2}\, dF_{nk}(x + a_{nk}) \leqslant c < \infty \quad (与\ n\ 无关).$$

故由引理 4.1 有

$$e^{-iA_nt}\prod_k f_{nk}(t) = \theta_n(t)\{\alpha_n, \Psi_n(x)\}, \quad \theta_n(t) \to 1.$$

而

$$\lim_{n\to\infty} e^{-iA_n t} \prod_k f_{nk}(t) = \{\alpha, \Psi(x)\},$$

所以 $\lim\limits_{n\to\infty} \{\alpha_n, \Psi_n(x)\} = \{\alpha, \Psi(x)\}$. 用定理 3.2 得: $\alpha_n \to \alpha$, $\Psi_n(x) \xrightarrow{c} \Psi(x)$.

充分性. 若 $\{f_{nk}(t)\}$ 是 u. a. n. 体系,且

$$\alpha_n \to \alpha, \quad \Psi_n(x) \xrightarrow{c} \Psi(x).$$

则由 $\lim\limits_{n\to\infty} \Psi_n(\infty) = \Psi(\infty) < \infty$ 有

$$\sum_k \int_{R^1} \frac{x^2}{1+x^2} dF_{nk}(x+a_{nk})$$
$$= \Psi_n(\infty) \leqslant c < \infty \quad (\text{与 } n \text{ 无关}),$$

此即引理 4.1 的条件全部满足,所以

$$e^{-iA_n t} \prod_k f_{nk}(t) = \theta_n(t)\{\alpha_n, \Psi_n(x)\}, \quad \theta_n(t) \to 1.$$

而由定理 3.2 有

$$\{\alpha_n, \Psi_n(x)\} \to \{\alpha, \Psi(x)\}.$$

所以

$$\lim_{n\to\infty} e^{-iA_n t} \prod_k f_{nk}(t) = \{\alpha, \Psi(x)\}.$$

此定理回答了问题 (I) (B). 但

$$\Psi_n(x) \xrightarrow{c} \Psi(x), \quad \alpha_n \to \alpha$$

的概率意义不太明确,下面我们再给出一个充分必要条件. 为此,需要作一些准备工作.

两个不等式 设 $\{F_{nk}(x)\}$ 为 u. a. n. 体系.

(i)
$$\sum_k \int_{|y|<x} y^2 dF_{nk}(y + a_{nk}(\tau))$$
$$= \sum_k \left\{ \int_{|y|<x} y^2 dF_{nk}(y) - \left(\int_{|y|<x} y dF_{nk}(y) \right)^2 \right\} + \Delta_n, \tag{4.4}$$

其中不妨令 $0 < x < \tau$, 且

$$|\Delta_n| \leqslant \varepsilon \sum_k \int_{|y|\geqslant x} dF_{nk}(y)$$

$$+ (x+2\varepsilon)^2 \sum_k \int_{x-\varepsilon\leqslant|y|<x+\varepsilon} dF_{nk}(y) \tag{4.5}$$

(只要 $n \geqslant N(\varepsilon, x, \tau)$)。

证

$$\sum_k \int_{|y|<x} y^2 dF_{nk}(y+a_{nk}(\tau))$$

$$= \sum_k \int_{|y-a_{nk}(\tau)|<x} (y-a_{nk}(\tau))^2 dF_{nk}(y)$$

$$\overset{\text{记作}}{=} \sum_k \int_{|y|<x} (y-a_{nk}(\tau))^2 dF_{nk}(y) + \Delta_n^{(1)}$$

$$\overset{\text{记作}}{=} \sum_k \int_{|y|<x} (y-a_{nk}(x))^2 dF_{nk}(y) + \Delta_n^{(2)} + \Delta_n^{(1)}$$

$$= \sum_k \Big[\int_{|y|<x} y^2 dF_{nk}(y) - 2a_{nk}(x)^2$$

$$+ \int_{|y|<x} a_{nk}(x)^2 dF_{nk}(y)\Big] + \Delta_n^{(2)} + \Delta_n^{(1)}$$

$$\overset{\text{记作}}{=} \sum_k \left[\int_{|y|<x} y^2 dF_{nk}(y) - \left(\int_{|y|<x} y dF_{nk}(y)\right)^2\right]$$

$$+ \Delta_n^{(3)} + \Delta_n^{(2)} + \Delta_n^{(1)}. \tag{4.6}$$

而

$$|\Delta_n^{(3)}| \leqslant \sum_k \left| a_{nk}(x)^2 - a_{nk}(x)^2 \int_{|y|<x} dF_{nk}(y) \right|$$

$$= \sum_k a_{nk}(x)^2 \int_{|y|\geqslant x} dF_{nk}(y)$$

$$\leqslant a_n(x)^2 \sum_k \int_{|y|\geqslant x} dF_{nk}(y) \qquad (a_n = \max_k |a_{nk}|),$$

$$\Delta_n^{(2)} = \sum_k \int_{|y|<x} (a_{nk}(x) - a_{nk}(\tau))(2y - a_{nk}(x)$$

$$- a_{nk}(\tau)) dF_{nk}(y)$$

$$= \sum_k (a_{nk}(x) - a_{nk}(\tau)) \int_{|y|<x} [2(y - a_{nk}(x))$$

$$+ (a_{nk}(x) - a_{nk}(\tau))] dF_{nk}(y)$$

$$- \sum_k \left[2(a_{nk}(x) - a_{nk}(\tau)) a_{nk}(x) \int_{|y| \geq x} dF_{nk}(y) \right.$$

$$\left. + (a_{nk}(x) - a_{nk}(\tau))^2 \int_{|y| < x} dF_{nk}(y) \right],$$

所以若注意 $a_n = \max_k |a_{nk}|$ 则得

$$|\Delta_n^{(2)}| \leq 2(a_n(x) + a_n(\tau)) a_n(x) \sum_k \int_{|y| \geq x} dF_{nk}(y)$$

$$+ \sum_k \left(\int_{x \leq |y| < \tau} y dF_{nk}(y) \right)^2$$

$$\leq 2(a_n(x) + a_n(\tau)) a_n(x) \sum_k \int_{|y| \geq x} dF_{nk}(y)$$

$$+ \sum_k \tau^2 \left(\int_{|y| \geq x} dF_{nk}(y) \right)^2$$

$$\leq 2(a_n(x) + a_n(\tau)) a_n(x) \sum_k \int_{|y| \geq x} dF_{nk}(y)$$

$$+ \tau^2 \left(\max_k \int_{|y| \geq x} dF_{nk}(y) \right) \sum_k \int_{|y| \geq x} dF_{nk}(y)$$

$$\leq \left[2(a_n(x) + a_n(\tau)) a_n(x) + \tau^2 \max_k \int_{|y| \geq x} dF_{nk}(y) \right]$$

$$\cdot \left[\sum_k \int_{|y| \geq x} dF_{nk}(y) \right].$$

因为在 u. a. n. 条件下有

$$\lim_{n \to \infty} a_n(x) = 0, \quad \lim_{n \to \infty} \max_k \int_{|y| \geq x} dF_{nk}(y) = 0,$$

所以，对任何 $\varepsilon > 0$，都存在 $N(\varepsilon, x, \tau)$，使 $n \geq N(\varepsilon, x, \tau)$ 时有

$$|\Delta_n^{(3)}| + |\Delta_n^{(2)}| \leq \varepsilon \sum_k \int_{|y| \geq x} dF_{nk}(y). \tag{4.7}$$

又

$$\Delta_n^{(1)} = \sum_k \left[\int_{|y - a_{nk}(\tau)| < x} (y - a_{nk}(\tau))^2 dF_{nk}(y) \right.$$

$$\left. - \int_{|y| < x} (y - a_{nk}(\tau))^2 dF_{nk}(y) \right],$$

所以

$$|\Delta_n^{(1)}| \leqslant \sum_k \int_V (y - a_{nk}(\tau))^2 dF_{nk}(y),$$

其中 $V = \{y \mid x - |a_{nk}(\tau)| \leqslant |y| \leqslant x + |a_{nk}(\tau)|\}$. 因此，当 n 充分大后有

$$\begin{aligned}|\Delta_n^{(1)}| &\leqslant \sum_k \int_{x-\varepsilon\leqslant|y|\leqslant x+\varepsilon} \{|y| + \varepsilon\}^2 dF_{nk}(y)\\ &\leqslant (x + 2\varepsilon)^2 \sum_k \int_{x-\varepsilon\leqslant|y|\leqslant x+\varepsilon} dF_{nk}(y). \qquad (4.8)\end{aligned}$$

由 (4.6), (4.7), (4.8) 即得证本不等式.

(ii)
$$\begin{aligned}&\left|\sum_k \int_{|y|<\tau} y dF_{nk}(y + a_{nk}(\tau))\right|\\ &\leqslant (\tau + 2\varepsilon) \sum_k \int_{\tau-\varepsilon\leqslant|y|\leqslant\tau+\varepsilon} dF_{nk}(y)\\ &+ \varepsilon \sum_k \int_{|y|\geqslant\tau} dF_{nk}(y) \qquad (4.9)\end{aligned}$$

(只要 $n \geqslant N(\varepsilon, \tau)$).

证
$$\begin{aligned}&\left|\sum_k \int_{|y|<\tau} y dF_{nk}(y + a_{nk}(\tau))\right|\\ &= \left|\sum_k \int_{|y-a_{nk}(\tau)|<\tau} (y - a_{nk}(\tau)) dF_{nk}(y)\right|\\ &\leqslant \left|\sum_k \left(\int_{|y-a_{nk}(\tau)|<\tau} (y - a_{nk}(\tau)) dF_{nk}(y)\right.\right.\\ &\left.\left. - \int_{|y|<\tau} (y - a_{nk}(\tau)) dF_{nk}(y)\right)\right|\\ &+ \left|\sum_k \int_{|y|<\tau} (y - a_{nk}(\tau)) dF_{nk}(y)\right|\\ &\leqslant \sum_k \int_U (|y| + |a_{nk}(\tau)|) dF_{nk}(y)\\ &+ \left|\sum_k a_{nk}(\tau) \int_{|y|\geqslant\tau} dF_{nk}(y)\right|, \qquad (4.10)\end{aligned}$$

其中 $U = \{y \mid \tau - |a_{nk}(\tau)| \leqslant |y| \leqslant \tau + |a_{nk}(\tau)|\}$. 由于 $\{F_{nk}(x)\}$ 是 u. a. n. 体系，所以

$$\lim_{n\to\infty}\max_k |a_{nk}(\tau)| = 0,$$

因此,当 $n \geqslant N(\varepsilon, \tau)$ 时有

$$\max_k |a_{nk}(\tau)| \leqslant \varepsilon. \tag{4.11}$$

以 (4.11) 代入 (4.10) 得

$$\begin{aligned}
&\left|\sum_k \int_{|y-a_{nk}(\tau)|<\tau} (y - a_{nk}(\tau))dF_{nk}(y)\right| \\
&\leqslant \sum_k \int_{\tau-\varepsilon\leqslant|y|<\tau+\varepsilon} (|y| + \varepsilon)dF_{nk}(y) \\
&\quad + \varepsilon \sum_k \int_{|y|\geqslant\tau} dF_{nk}(y) \\
&\leqslant (\tau + 2\varepsilon) \sum_k \int_{\tau-\varepsilon\leqslant|y|<\tau+\varepsilon} dF_{nk}(y) \\
&\quad + \varepsilon \sum_k \int_{|y|\geqslant\tau} dF_{nk}(y).
\end{aligned} \tag{4.12}$$

引理 4.2 令 Ψ_1, Ψ_2 为 $\mathscr{B}^1$ 上的两个有限测度,若

(i) $\displaystyle\int_{(-\infty,x)} \frac{1+y^2}{y^2} d\Psi_1(y) = \int_{(-\infty,x)} \frac{1+y^2}{y^2} d\Psi_2(y),$

$$(x < 0,\ x \in c(\Psi_1) \cap c(\Psi_2));$$

(ii) $\displaystyle\int_{[x,\infty)} \frac{1+y^2}{y^2} d\Psi_1(y) = \int_{[x,\infty)} \frac{1+y^2}{y^2} d\Psi_2(y),$

$$(x > 0,\ x \in c(\Psi_1) \cap c(\Psi_2));$$

(iii) $\Psi_1(\{0\}) = \Psi_2(\{0\}),$

则 $\Psi_1 \equiv \Psi_2$.

证(1) 先考虑负半轴. 令

$$\Phi_i(x) = \int_{(-\infty,x)} \frac{1+y^2}{y^2} d\Psi_i(y) \quad (x < 0),\ i = 1, 2,$$

则由 (i) 知 $\Phi_1(x) = \Phi_2(x)$, $x < 0$, $x \in c(\Psi_1) \cap c(\Psi_2)$. 而 $c(\Psi_1) \cap c(\Psi_2)$ 在 R^1 中处处稠密,且 $\Phi_i(x)$ 是 x 的单调非降左连续的函数,所以

$$\Phi_1(x) \equiv \Phi_2(x), \quad x < 0.$$

因此任取 $a < b < 0$, 有

$$\Psi_1([a,b)) = \int_{[a,b)} \frac{x^2}{1+x^2} d\Phi_1(x)$$

$$= \int_{[a,b)} \frac{x^2}{1+x^2} d\Phi_2(x) = \Psi_2([a,b)).$$

而一切区间(包括空集)成半环,故由测度扩张的唯一性定理得

$$\Psi_1(A) = \Psi_2(A), \quad A \in \mathscr{B}^1(-\infty, 0),$$

$\mathscr{B}^1(-\infty, 0)$ 表示负半轴上的全体波勒尔集合.

(2) 仿 (1) 可证: $\Psi_1(A) = \Psi_2(A)$, $A \in \mathscr{B}^1(0, \infty)$.

最后,由 (iii) 有 $\Psi_1(\{0\}) = \Psi_2(\{0\})$, 所以 $\Psi_1 = \Psi_2$.

引理 4.3 在引理 4.2 中,把 (iii) 改成

(iii)′ 存在 $x_0 > 0$, $\pm x_0 \in c(\Psi_1) \cap c(\Psi_2)$ 使

$$\int_{[-x_0, x_0)} (1+y^2) d\Psi_1(y) = \int_{[-x_0, x_0)} (1+y^2) d\Psi_2(y),$$

也有同样的结论: $\Psi_1 = \Psi_2$.

证 为证引理 4.3, 只需证明: (i), (ii), (iii)′ ⇒ (iii). 事实上,由 (i) 与 (ii) 可推出 $\Psi_1(A) = \Psi_2(A)$(当 $0 \bar{\in} A$, $A \in \mathscr{B}^1$). 再用 (iii)′ 知: 对任何 $x > 0$, 都有

$$\int_{[-x, x)} (1+y^2) d\Psi_1(y) = \int_{[-x, x)} (1+y^2) d\Psi_2(y),$$

令 $x \downarrow 0$ 即得 $\Psi_1(\{0\}) = \Psi_2(\{0\})$.

引理 4.4 设 Ψ_n, Ψ 皆为 $\mathscr{B}^1$ 上的有限测度 ($n \geq 1$), 则 $\Psi_n \xrightarrow{c} \Psi$ 的充要条件是

(i) $$\lim_{n\to\infty} \int_{(-\infty, x)} \frac{1+y^2}{y^2} d\Psi_n(y) = \int_{(-\infty, x)} \frac{1+y^2}{y^2} d\Psi(y)$$

$$(x < 0, \ x \in c(\Psi));$$

(ii) $$\lim_{n\to\infty} \int_{[x, \infty)} \frac{1+y^2}{y^2} d\Psi_n(y) = \int_{[x, \infty)} \frac{1+y^2}{y^2} d\Psi(y)$$

$$(x > 0, \ x \in c(\Psi));$$

(iii) $$\lim_{n\to\infty} \int_{[-x, x)} (1+y^2) d\Psi_n(y) = \int_{[-x, x)} (1+y^2) d\Psi(y)$$

(对一切 $x > 0$, $x \in c(\Psi)$ 或一个这样的 x).

证　必要性由第一章定理 3.10.1 可得.

充分性. 因为

$$\begin{aligned}
&\lim_{\substack{A\to\infty\\ \pm A\in c(\Psi)}}\left(\sup_{n\geq 1}\int_{|x|>A} d\Psi_n(x)\right)\\
&\leqslant \lim_{\substack{A\to\infty\\ \pm A\in c(\Psi)}}\left(\sup_{n\geq 1}\int_{|x|>A}\frac{1+x^2}{x^2}\,d\Psi_n(x)\right)\\
&\leqslant \lim_{\substack{A\to\infty\\ \pm A\in c(\Psi)}}\left(\sup_{1\leqslant n\leqslant N}\int_{|x|>A}\frac{1+x^2}{x^2}\,d\Psi_n(x)\right.\\
&\left.+\sup_{n>N}\int_{|x|>A}\frac{1+x^2}{x^2}\,d\Psi_n(x)\right),
\end{aligned}$$

但是,由 (i) 和 (ii) 知: 对任何 $\varepsilon>0$, 可选充分大的 N 和 A_0, 使

$$\sup_{n>N}\int_{|x|>A_0}\frac{1+x^2}{x^2}\,d\Psi_n(x)<\varepsilon,$$

因此

$$\begin{aligned}
&\lim_{\substack{A\to\infty\\ \pm A\in c(\Psi)}}\left(\sup_{n\geq 1}\int_{|x|>A} d\Psi_n(x)\right)\\
&\leqslant \lim_{\substack{A\to\infty\\ \pm A\in c(\Psi)}}\left(\sup_{1\leqslant n\leqslant N}\int_{|x|>A}\frac{1+x^2}{x^2}\,d\Psi_n(x)+\varepsilon\right)=\varepsilon.
\end{aligned}$$

由 $\varepsilon>0$ 可任意小, 得

$$\lim_{\substack{A\to\infty\\ \pm A\in c(\Psi)}}\left(\sup_{n\geq 1}\int_{|x|>A} d\Psi_n(x)\right)=0. \tag{4.13}$$

因此,为证 $\Psi_n\xrightarrow{c}\Psi$, 只需证明 $\Psi_n\xrightarrow{W}\Psi$. 又因为

$$\begin{aligned}
\Psi_n(\infty)&=\int_{(-\infty,\infty)} d\Psi_n(y)\\
&\leqslant\int_{(-\infty,-x)}\frac{1+y^2}{y^2}\,d\Psi_n(y)+\int_{[x,\infty)}\frac{1+y^2}{y^2}\,d\Psi_n(y)\\
&+\int_{[-x,x)}(1+y^2)d\Psi_n(y)\\
&\to\left[\int_{(-\infty,-x)}\frac{1+y^2}{y^2}\,d\Psi(y)+\int_{[x,\infty)}\frac{1+y^2}{y^2}\,d\Psi(y)\right.\\
&\left.+\int_{[-x,x)}(1+y^2)d\Psi(y)\right],
\end{aligned}$$

其中 $x>0$, $\pm x\in c(\Psi)$, 且使(i)(ii)(iii)成立. 所以, $\{\Psi_n(x)\}$ 是一致有界函数列,从而 $\{\Psi_n\}$ 一定有弱收敛子序列. 因此,为证 $\{\Psi_n\}$ 弱收敛,只需证明其任一弱收敛子序列的极限都是 Ψ. 令

$$\Psi_{n_k}\xrightarrow{\mathrm{W}}\Phi\quad(k\to\infty),$$

则由 (4.13) 得

$$\Psi_{n_k}\xrightarrow{\mathrm{c}}\Phi\quad(k\to\infty).$$

所以,由第一章定理 3.10.1 得

$$\lim_{k\to\infty}\int_{(-\infty,x)}\frac{1+y^2}{y^2}d\Psi_{n_k}(y)$$
$$=\int_{(-\infty,x)}\frac{1+y^2}{y^2}d\Phi(y)\quad(x<0,\ x\in c(\Phi));$$

$$\lim_{k\to\infty}\int_{[x,\infty)}\frac{1+y^2}{y^2}d\Psi_{n_k}(y)$$
$$=\int_{[x,\infty)}\frac{1+y^2}{y^2}d\Phi(y)\quad(x>0,\ x\in c(\Phi));$$

$$\lim_{k\to\infty}\int_{[-x,x)}(1+y^2)d\Psi_{n_k}(y)$$
$$=\int_{[-x,x)}(1+y^2)d\Phi(y)\quad(x>0,\ \pm x\in c(\Phi)).$$

把此三式与此引理中三条件 (i) (ii) (iii) 比较,即可发现 Φ 与 Ψ 满足引理 4.3 中条件,故 $\Psi=\Phi$.

引理 4.5 把引理 4.4 中的 (iii) 换成

(iii)* $$\lim_{x\to0+}\overline{\lim_{n\to\infty}}\int_{[-x,x)}(1+y^2)d\Psi_n(y)$$
$$=\lim_{x\to0+}\underline{\lim_{n\to\infty}}\int_{[-x,x)}(1+y^2)d\Psi_n(y)=\Psi(\{0\}),$$

引理 4.4 的结论仍然成立.

证 必要性. 若 $\Psi_n\xrightarrow{\mathrm{c}}\Psi$, 取 $x_m\in c(\Psi)$, $x_m\downarrow0$, 则

$$\lim_{x_m\downarrow0}\overline{\lim_{n\to\infty}}\int_{[-x_m,x_m)}(1+y^2)d\Psi_n(y)$$
$$=\lim_{x_m\downarrow0}\int_{[-x_m,x_m)}(1+y^2)d\Psi(y)=\Psi(\{0\}).$$

而 $\overline{\lim_{n\to\infty}}\int_{[-x,x)}(1+y^2)d\Psi_n(y)$ 是 x 的单调函数，故

$$\lim_{x\to 0+}\overline{\lim_{n\to\infty}}\int_{[-x,x)}(1+y^2)d\Psi_n(y)=\Psi(\{0\}).$$

仿之可证

$$\lim_{x\to 0+}\lim_{n\to\infty}\int_{[-x,x)}(1+y^2)d\Psi_n(y)=\Psi(\{0\}).$$

充分性. 仿引理 4.4，为证 $\Psi_n\xrightarrow{c}\Psi$，只需证明 $\{\Psi_n\}$ 的任何一个弱收敛子列的极限都是 Ψ. 令 $\{\Psi_{n_k}\}$ 是 $\{\Psi_n\}$ 的一个弱收敛子列，其极限为 Φ，则必有

$$\Psi_{n_k}\xrightarrow{c}\Phi\quad(k\to\infty).$$

因此

$$\lim_{k\to\infty}\int_{(-\infty,x)}\frac{1+y^2}{y^2}d\Psi_{n_k}(y)=\int_{(-\infty,x)}\frac{1+y^2}{y^2}d\Phi(y)\quad(x<0,\ x\in c(\Phi));$$

$$\lim_{k\to\infty}\int_{[x,\infty)}\frac{1+y^2}{y^2}d\Psi_{n_k}(y)=\int_{[x,\infty)}\frac{1+y^2}{y^2}d\Phi(y)\quad(x>0,\ x\in c(\Phi));$$

$$\lim_{k\to\infty}\int_{[-x,x)}(1+y^2)d\Psi_{n_k}(y)=\int_{[-x,x)}(1+y^2)d\Phi(y)\quad(x>0,\ \pm x\in c(\Phi)).$$

把最后一式令 $x\downarrow 0$ 得

$$\lim_{x\downarrow 0}\lim_{k\to\infty}\int_{[-x,x)}(1+y^2)d\Psi_{n_k}(y)=\Phi(\{0\}).$$

把此式与(iii)* 比较，得 $\Phi(\{0\})=\Psi(\{0\})$. 总之，我们证明了对 Ψ 与 Φ 而言，满足引理 4.2 中的三个条件，所以 $\Phi=\Psi$. 引理证毕.

定理 4.3 设 $\{f_{nk}(t)\}$ 为 u.a.n. 体系，则

$$\lim_{n\to\infty}e^{-iA_nt}\prod_k f_{nk}(t)=\{\alpha,\Psi(x)\}\tag{4.14}$$

的充要条件是:

(I) (a) $\lim\limits_{n\to\infty}\sum\limits_k F_{nk}(x)$

$$=\int_{(-\infty,x)}\frac{1+y^2}{y^2}d\Psi(x)\quad(x<0,\ x\in c(\Psi)),$$

(b) $\lim\limits_{n\to\infty}\sum\limits_k(1-F_{nk}(x))$

$$=\int_{[x,\infty)}\frac{1+y^2}{y^2}d\Psi(x)\quad(x>0,\ x\in c(\Psi));$$

(II) $\lim\limits_{n\to\infty}\sum\limits_k\left\{\int_{|y|<x}y^2dF_{nk}(y)-\left(\int_{|y|<x}ydF_{nk}(y)\right)^2\right\}$

$$=\int_{|y|<x}(1+y^2)d\Psi(y)\ \left(\begin{array}{l}\text{对一切 } x>0,\ \pm x\in\\ c(\Psi)\text{ 或一个这样的 } x\end{array}\right);$$

(III) $\lim\limits_{n\to\infty}\left[-A_n+\sum\limits_k a_{nk}(\tau)-\int_{|y|<\tau}yd\Psi(y)\right.$

$$\left.+\int_{|y|\geq\tau}\frac{1}{y}d\Psi(y)\right]$$

$$=\alpha\quad\left(\begin{array}{l}\text{对一切 }\tau>0,\ \pm\tau\in c(\Psi),\\ \text{或一个这样的 }\tau\end{array}\right),$$

其中 $F_{nk}(x)$ 是 c. f. $f_{nk}(t)$ 的 d. f., $a_{nk}(\tau)$ 如 § 3 定义.

证　令

$$\Psi_n(x)=\sum_k\int_{(-\infty,x)}\frac{y^2}{1+y^2}dF_{nk}(y+a_{nk}(\tau)),$$

$$\alpha_n=-A_n+\sum_k a_{nk}(\tau)+\sum_k\int_{R^1}\frac{x}{1+x^2}dF_{nk}(x+a_{nk}(\tau)),$$

则由定理 4.2 得知 (4.14) 与

$$\begin{cases}\Psi_n(x)\xrightarrow{c}\Psi(x), & (c_1)\\ \alpha_n\to\alpha, & (c_2)\end{cases}$$

等价. 因此, 为证定理 4.3, 只需证明 (c_1) 及 (c_2) 与 (I), (II), (III) 等价. 但是,由引理 4.4 得知 (c_1) 与下列三个条件等价:

$$\sum_k F_{nk}(x+a_{nk}(\tau))=\int_{(-\infty,x)}\frac{1+y^2}{y^2}d\Psi_n(y)$$

$$\to \int_{(-\infty,x)} \frac{1+y^2}{y^2} d\Psi(y) \quad (x<0, x\in c(\Psi)), \qquad (1°)$$

$$\sum_k (1-F_{nk}(x+a_{nk}(\tau))) = \int_{[x,\infty)} \frac{1+y^2}{y^2} d\Psi_n(y)$$

$$\to \int_{[x,\infty)} \frac{1+y^2}{y^2} d\Psi(y) \quad (x>0,\ x\in c(\Psi)), \qquad (2°)$$

$$\sum_k \int_{|y|<x} y^2 dF_{nk}(y+a_{nk}(\tau)) = \int_{|y|<x} (1+y^2) d\Psi_n(y)$$

$$\to \int_{|y|<x} (1+y^2) d\Psi(y),\quad \text{对一切 } x>0,\ \pm x\in c(\Psi),$$

$$\text{或一个这样的 } x. \qquad (3°)$$

简记 $a_{nk}(\tau)$ 为 a_{nk}。由于 $\max_k |a_{nk}| \to 0$，所以对任何正整数 m，都存在 $b_m \in \left(0, \frac{1}{m}\right)$，$b_m \downarrow 0$，$(x\pm b_m)\in c(\Psi)$，而且存在正整数 $N(m)$，当 $n \geqslant N(m)$ 时有 $\max_k |a_{nk}| < b_m$。所以

$$\varlimsup_{n\to\infty} \sum_k F_{nk}(x) \leqslant \varlimsup_{n\to\infty} \sum_k F_{nk}(x+a_{nk}+b_m) \quad (m\geqslant 1),$$

$$\varliminf_{n\to\infty} \sum_k F_{nk}(x) \geqslant \varliminf_{n\to\infty} \sum_k F_{nk}(x+a_{nk}-b_m) \quad (m\geqslant 1).$$

因此，若(1°)成立，则得

$$\varlimsup_{n\to\infty} \sum_k F_{nk}(x) \leqslant \lim_{b_m \downarrow 0} \int_{(-\infty,x+b_m)} \frac{1+y^2}{y^2} d\Psi(y)$$

$$= \int_{(-\infty,x)} \frac{1+y^2}{y^2} d\Psi(y) \quad (x<0,\ x\in c(\Psi)),$$

$$\varliminf_{n\to\infty} \sum_k F_{nk}(x) \geqslant \lim_{b_m \downarrow 0} \int_{(-\infty,x-b_m)} \frac{1+y^2}{y^2} d\Psi(y)$$

$$= \int_{(-\infty,x)} \frac{1+y^2}{y^2} d\Psi(y) \quad (x<0,\ x\in c(\Psi)).$$

所以

$$\lim_{n\to\infty} \sum_k F_{nk}(x) = \int_{(-\infty,x)} \frac{1+y^2}{y^2} d\Psi(y)$$

$$(x<0,\ x\in c(\Psi)).$$

此即(I)(a)成立。仿之可证(2°)⇒(I)(b). 类似地,可证(I)(a)及(b)⇒(1°)及(2°). 总之我们证明了:(I)⟺(1°)及(2°),从而我们证明了

$$(c_1) \Longleftrightarrow (\mathrm{I}),\ (3°).$$

所以为证定理,又只需证

$$(\mathrm{I}),\ (3°),\ (c_2) \Longleftrightarrow (\mathrm{I}),\ (\mathrm{II}),\ (\mathrm{III}).$$

为此,我们分几步.

1. $(\mathrm{I}) \Rightarrow$ "$(3°) \Longleftrightarrow (\mathrm{II})$".

设(I)成立. 由不等式(4.4)得

$$\sum_k \int_{|y|<x} y^2 dF_{nk}(y + a_{nk}) = \sum_k \left\{\int_{|y|<x} y^2 dF_{nk}(y) - \left(\int_{|y|<x} y dF_{nk}(y)\right)^2\right\} + \Delta_n, \quad (4.4)$$

$$|\Delta_n| \leqslant \varepsilon \sum_k \int_{|y|<x} dF_{nk}(y) + (x + 2\varepsilon)^2 \sum_k \int_{x-\varepsilon\leqslant|y|<x+\varepsilon} dF_{nk}(y).$$

而当(I)成立时

$$\lim_{n\to\infty}\left[\varepsilon \sum_k \int_{|y|<x} dF_{nk}(y) + (x + 2\varepsilon)^2 \sum_k \int_{x-\varepsilon\leqslant|y|<x+\varepsilon} dF_{nk}(y)\right] = \varepsilon \int_{|y|<x} \frac{1+y^2}{y^2} d\Psi(y) + (x+2\varepsilon)^2 \int_{x-\varepsilon\leqslant|y|<x+\varepsilon} \frac{1+y^2}{y^2} d\Psi(y)$$

($x > 0$, x, $x \pm \varepsilon \in c(\Psi)$). 所以,由 $\varepsilon > 0$ 可以任意小知,当(I)成立时

$$\lim_{n\to\infty} \Delta_n = 0.$$

因此,当(I)成立时有

$$(\mathrm{II}) \Longleftrightarrow (3°).$$

2. (c_1)(等价地(I)及(II))⇒"$(c_2) \Longleftrightarrow (\mathrm{III})$". 即在条件$(c_1)$(或(I)和(II),或(I)和(3°))下,有

$$\sum_k \int_{R^1} \frac{y}{1+y^2} dF_{nk}(y + a_{nk})$$

$$= \int_{|y|\geqslant\tau} \frac{1}{y} d\Psi(y) - \int_{|y|<\tau} y d\Psi(y) + o(1) \ (n\to\infty). \tag{4.15}$$

事实上，

$$\begin{aligned}
&\sum_k \int_{R^1} \frac{y}{1+y^2} dF_{nk}(y+a_{nk}) \\
&\quad = \sum_k \int_{|y|<\tau} y dF_{nk}(y+a_{nk}) \\
&\qquad - \sum_k \int_{|y|<\tau} \frac{y^3}{1+y^2} dF_{nk}(y+a_{nk}) \\
&\qquad + \sum_k \int_{|y|\geqslant\tau} \frac{y}{1+y^2} dF_{nk}(y+a_{nk}) \\
&\quad = \sum_k \int_{|y|<\tau} y dF_{nk}(y+a_{nk}) - \int_{|y|<\tau} y d\Psi_n(y) \\
&\qquad + \int_{|y|\geqslant\tau} \frac{1}{y} d\Psi_n(y),
\end{aligned} \tag{4.16}$$

利用不等式 (4.9) 及 (c_1) 可得

$$\begin{aligned}
&\left|\sum_k \int_{|y|<\tau} y dF_{nk}(y+a_{nk})\right| \\
&\quad \leqslant (\tau+2\varepsilon)\sum_k \int_{\tau-\varepsilon\leqslant|y|<\tau+\varepsilon} dF_{nk}(y) \\
&\qquad + \varepsilon \sum_k \int_{|y|\geqslant\tau} dF_{nk}(y).
\end{aligned}$$

再用 (c_1) 得

$$\begin{aligned}
&\lim_{n\to\infty}\left[(\tau+2\varepsilon)\sum_k \int_{\tau-\varepsilon\leqslant|y|<\tau+\varepsilon} dF_{nk}(y) + \varepsilon\sum_k \int_{|y|\geqslant\tau} dF_{nk}(y)\right] \\
&\quad = \lim_{n\to\infty}\left[(\tau+2\varepsilon)\int_{\tau-\varepsilon\leqslant|y|<\tau+\varepsilon} \frac{1+y^2}{y^2} d\Psi_n(y)\right. \\
&\qquad \left. + \varepsilon \int_{|y|\geqslant\tau} \frac{1+y^2}{y^2} d\Psi_n(y)\right] \\
&\quad = (\tau+2\varepsilon)\int_{\tau-\varepsilon\leqslant|y|<\tau+\varepsilon} \frac{1+y^2}{y^2} d\Psi(y) \\
&\qquad + \varepsilon \int_{|y|\geqslant\tau} \frac{1+y^2}{y^2} d\Psi(y).
\end{aligned} \tag{4.17}$$

由 (4.17) 及 $\varepsilon>0$ 可任意小得知

$$\sum_k \int_{|y|<\tau} y dF_{nk}(y+a_{nk}) = o(1) \quad (n\to\infty). \tag{4.18}$$

显然，由 (c_1) 可知，当 $n\to\infty$ 时有

$$\int_{|y|\geqslant\tau} \frac{1}{y}\, d\Psi_n(y) = \int_{|y|\geqslant\tau} \frac{1}{y}\, d\Psi(y) + o(1)$$

$$(\tau>0,\ \pm\tau\in c(\Psi)), \tag{4.19}$$

$$\int_{|y|<\tau} y d\Psi_n(y) = \int_{|y|<\tau} y d\Psi(y) + o(1)$$

$$(\tau>0,\ \pm\tau\in c(\Psi)). \tag{4.20}$$

由 (4.18), (4.19), (4.20), (4.16) 得知 (4.15) 成立. 定理证毕.

定理 4.4 若 $\{f_{nk}(t)\}$ 是 u.a.n. 体系，则

$$\lim_{n\to\infty} e^{-iA_nt}\prod_k f_{nk}(t) = \{\alpha,\ \Psi(x)\}$$

的充要条件是定理 4.3 中的 (I), (III) 及

$$(\mathrm{II}_0)\quad \lim_{x\to 0+}\overline{\lim_{n\to\infty}}\sum_k\left\{\int_{|y|<x} y^2 dF_{nk}(y) - \left(\int_{|y|<x} y dF_{nk}(y)\right)^2\right\}$$

$$= \lim_{x\to 0+}\underline{\lim_{n\to\infty}}\sum_k\left\{\int_{|y|<x} y^2 dF_{nk}(y) - \left(\int_{|y|<x} y dF_{nk}(y)\right)^2\right\}$$

$$= \Psi(\{0\}).$$

证　为证定理 4.4，只需把定理 4.3 的证明中最初应用引理 4.4 的地方改为应用引理 4.5 即可.

上述两个定理中，$\{A_n\}$ 都是事先给定的实数列，所以 $\{A_n\}$ 在充要条件中出现.

定理 4.5 若 $\{f_{nk}(t)\}$ 为 u.a.n. 体系，欲有实数列 $\{A_n\}$ 使

$$\lim_{n\to\infty} e^{-iA_nt}\prod_k f_{nk}(t) = \{\alpha,\ \Psi(x)\}$$

的充要条件是 (I), (II) (或者 (I), (II_0)). 这时只需取

$$A_n = \sum_k a_{nk}(\tau) - \alpha - \int_{|y|<\tau} y d\Psi(y)$$

$$+ \int_{|y|\geqslant\tau}\frac{1}{y}\, d\Psi(y) + o(1) \quad (n\to\infty),$$

$(\tau > 0,\ \pm\tau \in c(\Psi))$.

定理 4.6 若 $\{f_{nk}(t)\}$ 是 u. a n. 体系，$f_{nk}(t)$ 是 X_{nk} 的 c. f.，欲有实数列 $\{A_n\}$ 使

$$\lim_{n\to\infty} e^{-iA_nt}\prod_k f_{nk}(t) = \{\alpha, \Psi(x)\}$$

的充要条件是定理 4.4 中的 (II) 和

(I₀) (a) $\lim\limits_{n\to\infty} P(\min\limits_k X_{nk} < x)$

$$=\begin{cases}1-\exp\left(-\int_{(-\infty,x)}\dfrac{1+y^2}{y^2}d\Psi(y)\right), & x<0,\ x\in c(\Psi);\\ 1, & x>0,\end{cases}$$

(b) $\lim\limits_{n\to\infty} P(\max\limits_k X_{nk} < x)$

$$=\begin{cases}0, & x<0;\\ \exp\left(-\int_{[x,\infty)}\dfrac{1+y^2}{y^2}d\Psi(y)\right), & x>0,\ x\in c(\Psi).\end{cases}$$

证 由定理 4.5，为证定理 4.6，只需证明

$$(\mathrm{II}) \Longrightarrow \text{“}(\mathrm{I}) \Longleftrightarrow (\mathrm{I}_0)\text{”}.$$

只证：(II) $\Longrightarrow$ “(I)(a) $\Longleftrightarrow$ (I₀)(a)”。余者类似。

又因为 $x>0$ 时，由 u. a. n. 条件总有

$$0 \leqslant 1 - P(\min_k X_{nk} < x) = P(X_{nk} \geqslant x,\ k=1,2,\cdots,k_n)$$

$$=\prod_k P(X_{nk}\geqslant x) \leqslant \max_k P(|X_{nk}|\geqslant x) \to 0\quad (n\to\infty),$$

所以

$$\lim_{n\to\infty} P(\min_k X_{nk} < x) = 1\quad (x>0).$$

因此，欲证在 (II) 成立下有 “(I)(a) $\Longleftrightarrow$ (I₀)(a)”，又只需证在条件 (II) 下有

$$\text{“}\lim_{n\to\infty} P(\min_k X_{nk} < x) = 1 - \exp\left(-\int_{(-\infty,x)}\frac{1+y^2}{y^2}d\Psi(y)\right)$$

$$(x<0,\ x\in c(\Psi))$$

$$\Longleftrightarrow \lim_{n\to\infty}\sum_k F_{nk}(x) = \int_{(-\infty,x)} \frac{1+y^2}{y^2}\,d\Psi(y)$$

$$(x<0, x\in c(\Psi))". \tag{4.21}$$

事实上，由 u. a. n. 条件有 $\lim\limits_{n\to\infty}\max\limits_k F_{nk}(x)=0$（当 $x<0$），故

$$P(\min_k X_{nk}<x) = 1-\prod_k (1-F_{nk}(x))$$

$$= 1-\exp\Big(\sum_k \log(1-F_{nk}(x))\Big), \tag{4.22}$$

$$\sum_k F_{nk}(x) \leqslant -\sum_k \log(1-F_{nk}(x))$$

$$\leqslant \sum_k F_{nk}(x) + \sum_k F_{nk}(x)^2$$

$$\leqslant \sum_k F_{nk}(x)(1+o(1)) \quad (n\to\infty).$$

因此，当 $n\to\infty$ 时，$\sum\limits_k F_{nk}(x)$ 与 $-\sum\limits_k \log(1-F_{nk}(x))$ 有相同的极限(只要其中有一个极限存在)，因此，由(4.22)得(4.21)。定理证毕.

上面我们讨论了 u. a. n. 体系的极限定理，下面我们类似地给出 u. a. c. 体系的极限定理.

由于 $\{f_{nk}(t)\}$ 是 u. a. c. 体系的充要条件是 $\{e^{-i\mu_{nk}t}f_{nk}(t)\}$ 是 u. a. n. 体系(其中 μ_{nk} 是 X_{nk} 的中位数)，所以，在 u. a. c. 条件下的极限定理本质上不会有新内容. 如果进行下述变换：

$F_{nk}(x)$ 换为 $F^{\mu}_{nk}(x) = F_{nk}(x+\mu_{nk})$;

$a_{nk}(\tau)$ 换为 $\int_{|x|<\tau} x\,dF^{\mu}_{nk}(x) = b_{nk}(\tau)-\mu_{nk}$;

$F_{nk}(x+a_{nk}(\tau))$ 换为 $F^{\mu}_{nk}(x+b_{nk}(\tau)-\mu_{nk}) = F_{nk}(x+b_{nk}(\tau))$;

$-A_n$ 换为 $-A_n+\sum\limits_k \mu_{nk}$，

则定理 4.1—定理 4.5 完全可以平行地搬过来.

定理 4.1′ 若 $\{f_{nk}(t)\}$ 是 u. a. c. 体系，且

$$\lim_{n\to\infty} e^{-iA_nt}\prod_k f_{nk}(t)=f(t) \text{ 是 c.f.,}$$

则 $f(t)$ 是 i. d. c. f.。

定理 4.2′ 若 $\{f_{nk}(t)\}$ 是 u. a. c. 体系，则

$$\lim_{n\to\infty} e^{-iA_nt}\prod_k f_{nk}(t)=\{\alpha,\ \Psi(x)\}$$

的充要条件是

$$\begin{cases}\Psi_n(x)=\sum_k\int_{(-\infty,x)}\frac{y^2}{1+y^2}dF_{nk}(y+b_{nk}(\tau))\\ \qquad\xrightarrow{c}\Psi(x), & (c_1)'\\ \alpha_n=-A_n+\sum_k b_{nk}(\tau)+\sum_k\int_{R^1}\frac{y}{1+y^2}dF_{nk}(y\\ \qquad+b_{nk}(\tau))\to\alpha, & (c_2)'\end{cases}$$

定理 4.3′ 若 $\{f_{nk}(t)\}$ 是 u. a. c. 体系，则

$$\lim_{n\to\infty} e^{-iA_nt}\prod_k f_{nk}(t)=\{\alpha,\ \Psi(x)\}$$

的充要条件是:

(I)′ (a) $$\lim_{n\to\infty}\sum_k F^{\mu}_{nk}(x)=\int_{(-\infty,x)}\frac{1+y^2}{y^2}d\Psi(y)\quad(x<0,\ x\in c(\Psi)),$$

(b) $$\lim_{n\to\infty}\sum_k(1-F^{\mu}_{nk}(x))=\int_{[x,\infty)}\frac{1+y^2}{y^2}d\Psi(y)\quad(x>0,\ x\in c(\Psi));$$

(II)′ $$\lim_{n\to\infty}\sum_k\left\{\int_{|y|<x}y^2dF^{\mu}_{nk}(y)-\left(\int_{|y|<x}ydF^{\mu}_{nk}(y)\right)^2\right\}$$

$$=\int_{|y|<x}(1+y^2)\,d\Psi(y)\quad\left(\begin{array}{l}x>0,\ \pm x\in c(\Psi),\text{ 或}\\ \text{对一个这样的 } x\end{array}\right);$$

(III)′ $$\lim_{n\to\infty}\left(-A_n+\sum_k b_{nk}(\tau)\right)$$

$$=\alpha+\int_{|y|<\tau}yd\Psi(y)-\int_{|y|\geq\tau}\frac{1}{y}d\Psi(y)$$

($\tau > 0$, $\pm\tau \in c(\Psi)$, 或对一个这样的 τ).

定理 4.4′ 若 $\{f_{nk}(t)\}$ 是 u. a. c. 体系,则

$$\lim_{n\to\infty} e^{-iA_n t} \prod_k f_{nk}(t) = \{\alpha, \Psi(x)\}$$

的充要条件是: (I)′, (III)′ 和

$$(\mathrm{II}_0)' \quad \lim_{x\to 0+} \overline{\lim_{n\to\infty}} \sum_k \left\{ \int_{|y|<x} y^2 dF_{nk}^{\mu}(y) - \left(\int_{|y|<x} y dF_{nk}^{\mu}(y) \right)^2 \right\}$$

$$= \lim_{x\to 0+} \underline{\lim_{n\to\infty}} \sum_k \left\{ \int_{|y|<x} y^2 dF_{nk}^{\mu}(y) - \left(\int_{|y|<x} y dF_{nk}^{\mu}(y) \right)^2 \right\} = \Psi(\{0\}).$$

定理 4.5′ 若 $\{f_{nk}(t)\}$ 为 u. a. c. 体系, 则欲存在实数列 $\{A_n\}$ 使

$$\lim_{n\to\infty} e^{-iA_n t} \prod_k f_{nk}(t) = \{\alpha, \Psi(x)\}$$

的充要条件是: (I)′ 和 (II)′ (或 (I)′ 和 $(\mathrm{II}_0)'$). 而且这时只需取

$$A_n = \sum_k b_{nk}(\tau) - \alpha - \int_{|y|<\tau} y d\Psi(y) + \int_{|y|\geq\tau} \frac{1}{y} d\Psi(y) + o(1) \quad (n\to\infty),$$

($\tau > 0$, $\pm\tau \in c(\Psi)$, 或对一个这样的 τ).

§5. 应　　用

在前两节里, 我们研究了 u. a. n. 体系 $\{X_{nk}\}$ (或 $\{f_{nk}\}$, $\{F_{nk}\}$), 解决了两个问题

(1) 证明了一切 u. a. n. 体系 $\{f_{nk}\}$ 的极限特征函数族与无穷可分特征函数族 $\mathscr{D}$ 重合, 其范式为

$$\{\alpha, \Psi(x)\} = \exp\left(i\alpha t + \int_{R^1} \left(e^{itx} - 1 - \frac{itx}{1+x^2} \right) \frac{1+x^2}{x^2} d\Psi(x) \right)$$

(定理 4.1).

(2) 找出了某一个 u. a. n. 体系 $\{f_{nk}\}$ 的极限特征函数为

$\{\alpha, \Psi(x)\}$ 的充要条件(定理 4.2—4.5)。

我们知道，零一律，泊松分布、正态分布都是无穷可分的，因而，自然地，我们要利用定理 4.2—4.5 的普遍结论，导出某一个 u. a. n. 体系 $\{f_{nk}\}$ 以零一律、正态分布、泊松分布的特征函数为极限的充要条件。

1. 向泊松分布收敛

定理 5.1 若$\{f_{nk}(t)\}$是 u. a. n. 体系，$\{\alpha, \Psi(x)\} = e^{\lambda(e^{it}-1)}$，则

$$\lim_{n\to\infty} \prod_k f_{nk}(t) = \{\alpha, \Psi(x)\}$$

的充要条件是:

(I) (a) $\lim\limits_{n\to\infty} \sum\limits_k F_{nk}(x) = 0 \quad (x < 0)$,

(b) $\lim\limits_{n\to\infty} \sum\limits_k (1 - F_{nk}(x)) = \begin{cases}\lambda, & 0 < x < 1; \\ 0, & 1 < x < \infty;\end{cases}$

(II) $$\lim_{n\to\infty} \sum_k \left\{\int_{|y|<x} y^2 dF_{nk}(y) - \left(\int_{|y|<x} y dF_{nk}(y)\right)^2\right\} = 0 \quad (0 < x < 1);$$

(III) $\lim\limits_{n\to\infty} \sum\limits_k \int_{|y|<\tau} y dF_{nk}(y) = 0 \quad (0 < x < 1)$.

证　因为 $\{\alpha, \Psi(x)\} = e^{\lambda(e^{it}-1)}$，所以 $\alpha = \frac{\lambda}{2}$，$\Psi(\{1\}) = \frac{\lambda}{2}$，$\Psi(R^1\backslash\{1\}) = 0$. 再利用定理 4.3 得定理 5.1.

2. 向正态分布收敛

定理 5.2 $\{f_{nk}(t)\}$ 是 u. a. n. 体系且

$$\lim_{n\to\infty} e^{-iA_n t} \prod_k f_{nk}(t) = e^{-\frac{1}{2}t^2}$$

的充要条件是

(I) $\lim\limits_{n\to\infty} \sum\limits_k \int_{|y|\geqslant x} dF_{nk}(y) = 0 \quad (x > 0)$;

(II) $$\lim_{n\to\infty} \sum_k \left\{\int_{|y|<x} y^2 dF_{nk}(y) - \left(\int_{|y|<x} y dF_{nk}(y)\right)^2\right\} = 1 \quad (x > 0);$$

(III) $\lim\limits_{n\to\infty}\left(-A_n+\sum\limits_k\int_{|y|<x}dF_{nk}(y)\right)=0\quad(x>0)$.

证 记 $e^{-\frac{1}{2}t^2}=\{\alpha,\Psi(x)\}$，则 $\alpha=0$，$\Psi(\{0\})=1$，$\Psi(R^1\backslash\{0\})=0$. 若再注意 (I) 蕴含了 $\{f_{nk}(t)\}$ 是 u. a. n. 体系，则由定理 4.3 即得定理 5.2。

定理 5.3 $\{f_{nk}(t)\}$ 是 u. a. c. 体系且

$$\lim_{n\to\infty}e^{-iA_nt}\prod_k f_{nk}(t)=e^{-\frac{1}{2}t^2}$$

的充要条件是:

(I) $\lim\limits_{n\to\infty}\sum\limits_k\int_{|y|\geqslant x}dF^{\mu}_{nk}(y)=0\quad(x>0)$;

(II) $\lim\limits_{n\to\infty}\sum\limits_k\left\{\int_{|y|<x}y^2dF^{\mu}_{nk}(y)-\left(\int_{|y|<x}ydF^{\mu}_{nk}(y)\right)^2\right\}=1$

$$(x>0);$$

(III) $\lim\limits_{n\to\infty}\left(-A_n+\sum\limits_k\int_{|y|<\tau}dF^{\mu}_{nk}(y)\right)=0\quad(x>0)$.

证 只需注意(I)蕴含了 $\{f_{nk}(t)\}$ 是 u. a. c. 体系,再用定理 4.3′ 即得定理 5.3。

定理 5.4 设 $\{X_{nk}\}$ 仅满足: 每一行 $X_{n1},\cdots,X_{nk_n}$ 内部是相互独立的随机变量,且

$$\mathscr{L}\left(\sum_k X_{nk}\right)\xrightarrow{c}F(x),$$

$F(x)$ 是 d. f.，则 $\{X_{nk}\}$ 是 u. a. n. 体系且 $F(x)$ 是正态分布的充要条件是

(I)* $\qquad\lim\limits_{n\to\infty}\max\limits_k|X_{nk}|=0.\quad[P]$

证 因为

$$P(\max_k|X_{nk}|\geqslant\varepsilon)=1-\prod_k P(|X_{nk}|<\varepsilon)$$

$$=1-\prod_k\left(1-\int_{|y|\geqslant\varepsilon}dF_{nk}(y)\right),$$

所以

$$1 - e^{-\sum_k \int_{|y|\geqslant\varepsilon} dF_{nk}(y)} \leqslant P(\max_k |X_{nk}| \geqslant \varepsilon)$$

$$\leqslant \sum_k \int_{|y|\geqslant\varepsilon} dF_{nk}(y). \tag{5.1}$$

上述不等式说明 (I)* 与定理 5.2 中的 (I) 等价．故定理的必要性部分得证．

再证充分性．设 (I)* 成立．则由 (5.1) 得知

$$\lim_{n\to\infty} \sum_k \int_{|y|\geqslant\varepsilon} dF_{nk}(y) = 0 \quad (\varepsilon > 0),$$

所以 $\{f_{nk}(t)\}$ 为 u. a. n. 体系．而

$$\lim_{n\to\infty} \prod_k f_{nk}(t) = f(t)$$

是特征函数，所以由定理 4.1 得 $f(t) = \{\alpha, \Psi(x)\} \in \mathscr{D}$．因此，由定理 4.3 (II) 知：当 $x > 0$，$x \in c(\Psi)$ 时有

$$H_n(x) = \sum_k \left\{ \int_{|y|<x} y^2 dF_{nk}(y) - \left(\int_{|y|<x} y dF_{nk}(y) \right)^2 \right\}$$

$$\to \int_{|y|<x} (1+y^2) d\Psi(y) \quad (n\to\infty).$$

若能证 $\int_{|y|<x} (1+y^2) d\Psi(y)$ 在 $x > 0$，$x \in c(\Psi)$ 时为常数，则 Ψ 只有在 $\{0\}$ 上有正测度，故 $\{\alpha, \Psi(x)\}$ 是正态特征函数，即充分性得证．

事实上，任取 $x_1 > x_2 > 0$，$x_1, x_2 \in c(\Psi)$，则

$$\left| \int_{|y|<x_1} (1+y^2) d\Psi(y) - \int_{|y|<x_2} (1+y^2) d\Psi(y) \right|$$

$$= \lim_{n\to\infty} |H_n(x_1) - H_n(x_2)|$$

$$= \lim_{n\to\infty} \left| \sum_k \int_{x_2\leqslant|y|<x_1} y^2 dF_{nk}(y) - 2\sum_k \int_{x_2\leqslant|y|<x_1} y dF_{nk}(y) \right.$$

$$\left. \cdot \int_{|y|<x_2} y dF_{nk}(y) - \sum_k \left(\int_{x_2\leqslant|y|<x_1} y dF_{nk}(y) \right)^2 \right|$$

$$\leqslant x_1^2 \lim_{n\to\infty}\left[4\sum_k \int_{x_2 \leqslant |y| < x_1} dF_{nk}(y)\right] = 0.$$

3. 向零一律收敛

定理 5.5 $\{f_{nk}(t)\}$ 是 u.a.n. 体系且

$$\lim_{n\to\infty} e^{-iA_n t} \prod_k f_{nk}(t) = 1$$

的充要条件是：

(Ⅰ) $\lim\limits_{n\to\infty} \sum\limits_k \int_{|y|\geqslant x} dF_{nk}(y) = 0$ (一切或一个 $x > 0$)；

(Ⅱ) $\lim\limits_{n\to\infty} \sum\limits_k \left\{\int_{|y|<x} y^2 dF_{nk}(y) - \left(\int_{|y|<x} y dF_{nk}(y)\right)^2\right\} = 0$

(一切 $x > 0$)；

(Ⅲ) $\lim\limits_{n\to\infty}\left(-A_n + \sum\limits_k \int_{|y|<\tau} y dF_{nk}(y)\right) = 0$,

(一切或一个 $\tau > 0$)。

证 为证定理 5.5，只需注意：零一律的特征函数 $1 = \{\alpha, \Psi(x)\}$, $\alpha = 0$, $\Psi(x) = 0$，且(Ⅰ)蕴含了 $\{f_{nk}(t)\}$ 是 u.a.n. 体系，则由定理 4.3 即得定理 5.5。

定理 5.6 $\lim\limits_{n\to\infty} e^{-iA_n t} \prod\limits_k f_{nk}(t) = 1$ 的充要条件是

$$\left\{\begin{aligned} &\lim_{n\to\infty} \sum_k \boldsymbol{E}\left(\frac{(X_{nk} - \mu_{nk})^2}{1 + (X_{nk} - \mu_{nk})^2}\right) = 0, &(5.2)\\ &\lim_{n\to\infty} (-A_n + b_{nk}(\tau)) = 0. &(5.3)\end{aligned}\right.$$

其中 μ_{nk}, $b_{nk}(\tau)$ 的意义如定理 4.1′。

先证

引理 5.1 若 d.f. $F(x)$ 的中位数为 0，则

$$\left(\int_{|y|<x} y dF(y)\right)^2 \leqslant \frac{1}{2}\int_{|y|<x} y^2 dF(y) \quad (x > 0).$$

证 $\left(\int_{|y|<x} y dF(y)\right)^2$

$$\leqslant \max\left\{\left(\int_{0<y<x} y dF(y)\right)^2, \left(\int_{-x<y<0} y dF(y)\right)^2\right\}$$

$$\leqslant \max\left\{\int_{0<y<x} y^2 dF(y)\cdot\int_{0<y<x} dF(y),\right.$$

$$\left.\int_{-x<y<0} y^2 dF(y)\cdot\int_{-x<y<0} dF(y)\right\}$$

$$\leqslant \max\left\{\frac{1}{2}\int_{0<y<x} y^2 dF(y),\ \frac{1}{2}\int_{-x<y<0} y^2 dF(y)\right\}$$

$$\leqslant \frac{1}{2}\int_{|y|<x} y^2 dF(y).$$

现在用引理 5.1 来证明定理 5.6.

必要性．若 $\lim\limits_{n\to\infty} e^{-iA_n t}\prod\limits_k f_{nk}(t)=1$，则由

$$\max_k (1-|f_{nk}(t)|^2)\leqslant \sum_k (1-|f_{nk}(t)|^2)$$

$$\leqslant -\log\prod_k |f_{nk}(t)|^2\to 0$$

知 $\{f_{nk}(t)\}$ 是 u. a. c. 体系．故从定理 4.3′ 得:

(I)′ (a) $\lim\limits_{n\to\infty}\sum\limits_k F_{nk}(x+\mu_{nk})=0\quad(x<0)$,

(b) $\lim\limits_{n\to\infty}\sum\limits_k (1-F_{nk}(x+\mu_{nk}))=0\quad(x>0)$;

(II)′ $$\lim_{n\to\infty}\sum_k\left\{\int_{|y|<x} y^2 dF_{nk}(y+\mu_{nk})\right.$$

$$\left.-\left(\int_{|y|<x} y\,dF_{nk}(y+\mu_{nk})\right)^2\right\}=0\quad(x>0);$$

(III)′ $\lim\limits_{n\to\infty}\left(-A_n+\sum\limits_k b_{nk}(\tau)\right)=0\quad(\tau>0)$.

由引理 5.1 得 (II)′ 等价于

$$\lim_{n\to\infty}\sum_k\int_{|y|<x} y^2 dF_{nk}(y+\mu_{nk})=0\quad(x>0).\tag{5.4}$$

(I)′ 等价于

$$\lim_{n\to\infty}\sum_k\int_{|y|\geqslant x} dF(y+\mu_{nk})=0\quad(x>0).\tag{5.5}$$

而(5.2)等价于(5.4)和(5.5)。必要性得证。

充分性．设(5.2)和(5.3)成立．用引理5.1可推得(I)′，(II)′，(III)′成立且 $\{f_{nk}(t)\}$ 是 u. a. c. 体系，故

$$\lim_{n\to\infty} e^{-iA_nt}\prod_k f_{nk}(t)=1.$$

定理 5.7 $\lim\limits_{n\to\infty} e^{-iA_nt}\prod\limits_{k=1}^{n} f_k\left(\dfrac{t}{B_n}\right)=1\quad(B_n>0)$ 的充要条件是

$$\lim_{n\to\infty}\sum_{k=1}^{n}\boldsymbol{E}\left(\frac{(X_k-\mu_k)^2}{B_n^2+(X_k-\mu_k)^2}\right)=0, \tag{5.6}$$

$$\lim_{n\to\infty}\left[-A_n+\frac{1}{B_n}\sum_{k=1}^{n}\left(\mu_k+\int_{|y|<B_n\tau} y\,dF_k(y+\mu_k)\right)\right]=0 \quad (\tau>0), \tag{5.7}$$

其中 $f_k(t)$，$F_k(x)$、μ_k 分别为 R. V. X_k 的 c. f. 和 d. f. 和中位数．

证　取 $k_n=n$，$f_{nk}(t)=f_k\left(\dfrac{t}{B_n}\right)$，由定理5.6立即得定理5.7．

定理 5.8 $\lim\limits_{n\to\infty} e^{-iA_nt}\left(f\left(\dfrac{t}{B_n}\right)\right)^n=1\ (B_n>0)$ 的充要条件是

$$\lim_{n\to\infty} n\,\boldsymbol{E}\left(\frac{(X-\mu)^2}{B_n^2+(X-\mu)^2}\right)=0, \tag{5.8}$$

$$\lim_{n\to\infty}\left[-A_n+\frac{n}{B_n}\left(\mu+\int_{|y|<B_n\tau} y\,dF(y+\mu)\right)\right]=0 \quad (\tau>0), \tag{5.9}$$

其中 $f(t)$，$F(x)$，μ 分别为 R. V. X 的c. f. 和 d. f. 和中位数。

证　定理5.8是定理5.7的特款．

定理 5.9 设 $f(t)$ 是非退化的特征函数，$B_n>0$ 且

$$\lim_{n\to\infty} e^{-iA_nt}\left(f\left(\frac{t}{B_n}\right)\right)^n=1,$$

则 $\lim\limits_{n\to\infty}(n/B_n^2)=0$。

证 (i) 先证 $\lim\limits_{n\to\infty} B_n=\infty$。如果不然，则有 $B_{n_k}\leqslant B$ $(k=1,2,\cdots)$，B 是有限数。而由定理 5.8 有

$$\lim_{k\to\infty} n_k\int_{R^1}\frac{(x-\mu)^2}{B_{n_k}^2+(x-\mu)^2}dF(x)=0.$$

由 $B_{n_k}\leqslant B$，更有

$$\lim_{k\to\infty} n_k\int_{R^1}\frac{(x-\mu)^2}{B^2+(x-\mu)^2}dF(x)=0. \tag{5.10}$$

因为对任何正数 A 有

$$0\leqslant\int_{|x-\mu|<A}(x-\mu)^2dF(x)$$
$$\leqslant\frac{B^2+A^2}{n_k}\left(n_k\int_{|x-\mu|<A}\frac{(x-\mu)^2}{B^2+(x-\mu)^2}dF(x)\right),$$

所以，在上式中令 $k\to\infty$，由 (5.10) 得

$$\int_{|x-\mu|<A}(x-\mu)^2dF(x)=0 \quad (\text{对任何 } A>0),$$

此即 $P(X=\mu)=1$，也即 $f(t)$ 是退化的，与定理假设矛盾。

(ii) 再证 $\lim\limits_{n\to\infty}(n/B_n^2)=0$。如果不然，则

$$\overline{\lim_{n\to\infty}}\frac{n}{B_n^2}=a>0 \quad (a\text{ 为有限数或无穷大}).$$

但是，由定理 5.8 知

$$\lim_{n\to\infty} n\int_{R^1}\frac{(x-\mu)^2}{B_n^2+(x-\mu)^2}dF(x)=0,$$

所以，任给 $\varepsilon>0$，存在 $N(\varepsilon)$，为 $n\geqslant N(\varepsilon)$ 时，对任何正数 A，有

$$n\int_{|x-\mu|<A}\frac{(x-\mu)^2}{B_n^2+(x-\mu)^2}dF(x)<\varepsilon,$$

更有

$$\frac{n}{B_n^2+A^2}\int_{|x-\mu|<A}(x-\mu)^2dF(x)<\varepsilon.$$

由 $B_n\to\infty$ 可取 $M(A)$，当 $n\geqslant M(A)$ 时有 $B_n>A$。所以 $n\geqslant\max\{N(\varepsilon),M(A)\}$ 时有

$$\frac{n}{B_n^2+B_n^2}\int_{|x-\mu|<A}(x-\mu)^2dF(x)<\varepsilon.$$

把上式对 $n\to\infty$ 取上极限并注意 $a>0$ 且 $\varepsilon>0$ 可任意小得

$$\int_{|x-\mu|<A}(x-\mu)^2dF(x)=0\quad(\text{对任何正数} A).$$

所以 $P(X=\mu)=1$ 与X的非退化性矛盾．定理证毕．

定理 5.10 若 $\lim\limits_{n\to\infty}\frac{n}{B_n^2}=0\ (B_n>0)$，$f(t)$ 是 c. f.，则

$$\lim_{n\to\infty}e^{-iA_nt}\left(f\left(\frac{t}{B_n}\right)\right)^n=1$$

的充要条件是

$$\begin{cases}\lim\limits_{n\to\infty}n\int_{R^1}\frac{x^2}{B_n^2+x^2}dF(x)=0, & (5.11)\\ \lim\limits_{n\to\infty}\left(-A_n+\frac{n}{B_n}\int_{|x|<B_n\tau}xdF(x)\right)=0. & (5.12)\end{cases}$$

证　为证定理 5.10，用定理 5.8，只需证明在条件

$$\lim_{n\to\infty}\frac{n}{B_n^2}=0$$

下，(5.8)，(5.9) 与 (5.11)，(5.12) 等价．先证

$$\lim_{n\to\infty}\frac{n}{B_n^2}=0\Longrightarrow\text{“}(5.8)\Longleftrightarrow(5.11)\text{”}.$$

事实上，由于

$$\begin{aligned}n\int_{R^1}\frac{x^2}{B_n^2+x^2}dF(x)&\leqslant n\int_{R^1}\frac{x^2+(x-2\mu)^2}{B_n^2+x^2+(x-2\mu)^2}dF(x)\\&=n\int_{R^1}\frac{2(x-\mu)^2+2\mu^2}{B_n^2+2(x-\mu)^2+2\mu^2}dF(x)\\&\leqslant 2n\int_{R^1}\frac{(x-\mu)^2}{B_n^2+(x-\mu)^2}dF(x)+\frac{2n\mu^2}{B_n^2}\int_{R^1}dF(x),\end{aligned}\quad(5.13)$$

所以，在条件 $\lim\limits_{n\to\infty}\frac{n}{B_n^2}=0$ 下，(5.8)⇒(5.11)．

又因为

$$n\int_{R^1}\frac{(x-\mu)^2}{B_n^2+(x-\mu)^2}dF(x)\leqslant n\int_{R^1}\frac{2x^2+2\mu^2}{B_n^2+2x^2+2\mu^2}dF(x)$$

$$\leqslant 2n\int_{R^1}\frac{x^2}{B_n^2+x^2}dF(x)+\frac{2n\mu^2}{B_n^2}\int_{R^1}dF(x),$$

所以，由 $\lim\limits_{n\to\infty}\frac{n}{B_n^2}=0$ 及(5.11)可推得(5.8)。

下面证明(5.9)$\Longleftrightarrow$(5.12)。这时可用(5.8)和(5.11)及

$$\lim_{n\to\infty}\frac{n}{B_n^2}=0.$$

令

$$\begin{aligned}J^{(n)}&=\frac{n}{B_n}\left\{\mu+\int_{|x-\mu|<B_n\tau}(x-\mu)dF(x)-\int_{|x|<B_n\tau}xdF(x)\right\}\\&=\frac{n}{B_n}\left\{\int_{|x-\mu|<B_n\tau}(x-\mu)dF(x)-\int_{|x|<B_n\tau}(x-\mu)dF(x)\right.\\&\quad\left.+\int_{|x|\geqslant B_n\tau}\mu dF(x)\right\}\\&=\frac{n}{B_n}\left\{\int_{\substack{|x-\mu|<B_n\tau\\|x|\geqslant B_n\tau}}(x-\mu)dF(x)-\int_{\substack{|x|<B_n\tau\\|x-\mu|\geqslant B_n\tau}}(x-\mu)dF(x)\right.\\&\quad\left.+\mu\int_{|x|\geqslant B_n\tau}dF(x)\right\},\end{aligned}$$

则

$$\begin{aligned}|J^{(n)}|&\leqslant n\tau\int_{|x|\geqslant B_n\tau}dF(x)+\frac{n}{B_n}(B_n\tau+|\mu|)\int_{|x-\mu|\geqslant B_n\tau}dF(x)\\&\quad+\frac{n|\mu|}{B_n}\int_{|x|\geqslant B_n\tau}dF(x)\\&\overset{\text{记作}}{=\!=}I_1^{(n)}+I_2^{(n)}+I_3^{(n)}.\end{aligned}$$

而

$$\begin{aligned}|I_1^{(n)}|&\leqslant n\tau\int_{|x|\geqslant B_n\tau}\frac{1+\tau^2}{\tau^2}\frac{x^2}{B_n^2+x^2}dF(x)\\&\leqslant n\tau\int_{R^1}\frac{1+\tau^2}{\tau^2}\cdot\frac{x^2}{B_n^2+x^2}dF(x),\end{aligned}$$

由(5.11)得 $\lim\limits_{n\to\infty}I_1^{(n)}=0$。

$$|I_2^{(n)}|\leqslant\frac{n}{B_n}(B_n\tau+|\mu|)\int_{|x-\mu|\geqslant B_n\tau}\frac{(x-\mu)^2}{B_n^2+(x-\mu)^2}\frac{1+\tau^2}{\tau^2}dF(x)$$

$$\leqslant \frac{1+\tau^2}{\tau^2}\,\frac{B_n\tau+|\mu|}{B_n}\,n\int_{|x-\mu|\geqslant B_n\tau}\frac{(x-\mu)^2}{B_n^2+(x-\mu)^2}dF(x),$$

由 (5.8) 得

$$\lim_{n\to\infty} I_2^{(n)}=0.$$

因为 $n/B_n^2\to 0$，所以由 $\lim\limits_{n\to\infty} I_1^{(n)}=0$ 推得

$$\lim_{n\to\infty} I_3^{(n)}=0.$$

总之，有

$$\lim_{n\to\infty} J^{(n)}=0.$$

此即 (5.9) 与 (5.12) 等价．定理证毕．

定理 5.11 $\lim\limits_{n\to\infty} e^{-iA_nt}\left(f\left(\frac{t}{n^\alpha}\right)\right)^n=1\ \left(\alpha>\frac{1}{2}\right)$的充要条件是

$$\begin{cases}\lim\limits_{z\to\infty} z^{\frac{1}{\alpha}}\int_{|x|\geqslant z}dF(x)=0, & (5.14)\\ \lim\limits_{n\to\infty}\left[-A_n+n^{1-\alpha}\int_{|x|<n^\alpha}xdF(x)\right]=0. & (5.15)\end{cases}$$

证　由定理 5.10 知

$$\lim_{n\to\infty} e^{-iA_nt}\left(f\left(\frac{t}{n^\alpha}\right)\right)^n=1$$

的充要条件是

$$\begin{cases}\lim\limits_{n\to\infty} n\int_{R^1}\frac{x^2}{n^{2\alpha}+x^2}dF(x)=0, & (5.16)\\ \lim\limits_{n\to\infty}\left(-A_n+n^{1-\alpha}\int_{|x|<n^\alpha}xdF(x)\right)=0. & (5.17)\end{cases}$$

所以为证定理，只需证明 (5.16) ⇔ (5.14)．又因为 (5.16) 等价于

$$\begin{cases}\lim\limits_{n\to\infty} n\int_{|x|\geqslant n^\alpha}dF(x)=0, & (5.18)\\ \lim\limits_{n\to\infty}\frac{1}{n^{2\alpha-1}}\int_{|x|<n^\alpha}x^2dF(x)=0, & (5.19)\end{cases}$$

所以下面只证 (5.14) ⇔ (5.18) 及 (5.19)．

设 (5.14) 成立，令

$$G(z)=\int_{|x|\geqslant z}dF(x)=1-F(z)+F(-z+0),$$

则

$$\frac{1}{n^{2\alpha-1}}\int_{|x|<n^\alpha}x^2dF(x)=\frac{1}{n^{2\alpha-1}}\int_{[0,n^\alpha)}x^2d(-G(x))$$

$$=-\frac{1}{n^{2\alpha-1}}G(n^\alpha)+\frac{2}{n^{2\alpha-1}}\int_{[0,n^\alpha)}xG(x)dx.$$

而

$$\lim_{z\to\infty}z^{\frac{1}{\alpha}}G(z)=0,$$

所以，任给 $\varepsilon>0$，存在 $A>0$，使 $z\geqslant A$ 时有 $z^{\frac{1}{\alpha}}G(z)<\varepsilon$，故

$$\frac{1}{n^{2\alpha-1}}\int_{|x|<n^\alpha}x^2dF(x)\leqslant\frac{2}{n^{2\alpha-1}}\int_{[0,n^\alpha)}xG(x)dx$$

$$\leqslant\frac{2}{n^{2\alpha-1}}\left[\int_{[0,A)}xG(x)dx+\int_{[A,n^\alpha)}\varepsilon x^{1-\frac{1}{\alpha}}dx\right]$$

$$\leqslant\frac{2}{n^{2\alpha-1}}\int_{[0,A)}xG(x)dx+\frac{2\varepsilon}{2-\frac{1}{\alpha}}\left(1-\frac{A^{2-\frac{1}{\alpha}}}{n^{2\alpha-1}}\right),$$

因此，由 $\alpha>\frac{1}{2}$ 得

$$\lim_{n\to\infty}\frac{1}{n^{2\alpha-1}}\int_{|x|<n^\alpha}x^2dF(x)=0.$$

而在 (5.14) 中取 $z=n^\alpha$，(5.14) 即变为 (5.18)。

再设 (5.18)，(5.19) 成立，往证 (5.14) 成立. 事实上，

$$z^{\frac{1}{\alpha}}\int_{|x|\geqslant z}dF(x)\leqslant([z^{\frac{1}{\alpha}}]+1)\int_{|x|\geqslant([z^{\frac{1}{\alpha}}])^\alpha}dF(x),$$

其中 $[z^{\frac{1}{\alpha}}]$ 表示不大于 $z^{\frac{1}{\alpha}}$ 的最大整数. 所以，由 (5.18) 立即得 (5.14). 定理证毕。

第五章 L 族

§1 预备知识

在第四章中，我们讨论了一般的 u. a. n. 体系，得出了两个主要的结论．其中之一是第四章定理 3.3 所给出的，它说明全部 u. a. n. 体系的极限特征函数族就是无穷可分特征函数族，其范式为

$$\{\alpha, \Psi(x)\} = e^{i\alpha t + \int_{R^1}\left(e^{itx} - 1 - \frac{itx}{1+x^2}\right)\frac{1+x^2}{x^2}d\Psi(x)},$$

其中 α 为实常数，$\Psi(x) = \sigma^2 F(x)$，$\infty > \sigma^2 \geqslant 0$，$F(x)$ 是分布函数．其中之二是第四章定理 4.3，它给出了一个特定的 u. a. n. 体系 $\{f_{nk}\}$ 以某一个特定的 $\{\alpha, \Psi(x)\}$ 为极限特征函数的充要条件．

在这一章里，我们要考虑一类特殊的 u. a. n. 体系，它是由一个随机变量序列派生的，即考虑下述一类特殊的 u. a. n. 体系

设 $X_1, X_2, \cdots$ 是一串相互独立的随机变量，作

$$X_{nk} = X_k / B_n, \quad 1 \leqslant k \leqslant n,$$

适当取 B_n，使 $\{X_{nk}\}$ 成一个 u. a. n. 体系．如果用特征函数的语言来说，就是考虑一串特征函数 $f_1(t), f_2(t), \cdots$，作

$$f_{nk}(t) = f_k\left(\frac{t}{B_n}\right), \quad 1 \leqslant k \leqslant n,$$

适当取 B_n，使 $\{f_{nk}\}$ 成一个 u. a. n. 体系．如果令

$$C_2 = \left\{ f(t) \middle| \begin{array}{l} f(t) \text{ 是 c. f.，且存在一个 u. a. n. 体系} \\ \left\{f_{nk}(t) = f_k\left(\frac{t}{B_n}\right)\right\}, \text{ 使 } f(t) = \lim\limits_{n\to\infty} \prod\limits_{k=1}^{n} f_k\left(\frac{t}{B_n}\right). \end{array} \right\},$$

和第四章一样，我们提出类似的两个问题

(A) C_2 是什么?

(B) 设 $\left\{f_k\left(\frac{t}{B_n}\right)\right\}$ 是 u. a. n. 体系，$f(t) \in C_2$，问

$$\lim_{n\to\infty}\prod_{k=1}^{n} f_k\left(\frac{t}{B_n}\right)=f(t)$$

的充要条件是什么？

显然，C_2 是无穷可分特征函数族 $\mathscr{D}$ 的一个子族，而无穷可分特征函数族的范式为 $\{\alpha, \Psi(x)\}$，α 为实数，$\Psi(x)=\sigma^2 F(x)$，$\infty>\sigma^2\geqslant 0$，$F(x)$ 是 d.f.. 问题 (A) 实际上就是问：作为 $\mathscr{D}$ 的子族 C_2 的范式 $\{\alpha, \Psi(x)\}$ 有何特征？也就是 $F(x)$ 有何特征？这是本章所要解决的中心问题之一．而问题 (B) 则是第四章对应的问题 (B) 的特殊化．不过在这一章中还有第四章所不能产生的问题，那就是：现在是从一串特征函数出发．因此，对任意一串正实数 $\{B_n\}$ 来说，我们还要问 $\left\{f_k\left(\frac{t}{B_n}\right)\right\}$ 是否为一个 u.a.n. 体系．所以我们把问题 (B) 改为

(B)* $\lim_{n\to\infty}\prod_{k=1}^{n} f_k\left(\frac{t}{B_n}\right)=f(t)$，$\left\{f_k\left(\frac{t}{B_n}\right)\right\}$ 为 u.a.n. 体系

的充要条件是什么？

为了今后的需要，我们先证明几个引理．

引理 1.1 设 $\{B_n\}$ 为正实数序列，则下列陈述等价：

(1°) (a) $B_n\to B$，$0<B<\infty$，或者

(b) 存在 B'_n，使 $B'_n\uparrow\infty$，$B'_n/B_n\to 1$．

(2°) 对任何两个自然数的子列 $\{m_k\}$ 和 $\{n_k\}$，只要 $m_k\leqslant n_k$ $(k=1,2,\cdots)$，则

$$\varlimsup_{k\to\infty}\frac{B_{m_k}}{B_{n_k}}\leqslant 1.$$

证 (1°)⇒(2°).

若 (a) 成立，则 (2°) 显然也成立．若 (b) 成立，则

$$\frac{B_{m_k}}{B_{n_k}}=\frac{B_{m_k}/B'_{m_k}}{B_{n_k}/B'_{n_k}}\cdot\frac{B'_{m_k}}{B'_{n_k}}\leqslant\frac{B_{m_k}/B'_{m_k}}{B_{n_k}/B'_{n_k}},$$

故

$$\overline{\lim_{k\to\infty}}\frac{B_{m_k}}{B_{n_k}}\leqslant\lim_{k\to\infty}\frac{B_{m_k}/B'_{m_k}}{B_{n_k}/B'_{n_k}}=1.$$

(2°)⟹(1°). 设 (2°) 成立. 则 $\lim\limits_{n\to\infty}B_n=B$, $0\leqslant B\leqslant\infty$, (反之, 定有 $B_{l_k}\to l$, $B_{s_k}\to s$, $s\neq l$, 则 (2°) 不可能成立.) 而 B 不可能为 0 (反之,定有 B_{l_k}, 使 $\lim\limits_{k\to\infty}B_{l_k}/B_{l_{k+1}}=\infty$).

若 $0<B<\infty$, 则 (1°)(a) 成立.

若 $B=\infty$, 则取 $\{m_k\}$ 如下:

$m_1=1$, $m_k=\inf\{l\,|\,B_l>B_{m_{k-1}}\}$, $k\geqslant 2$.

再定义 $B'_n=B_{m_k}$ (当 $m_k\leqslant n<m_{k+1}$ 时), $k=1,2,\cdots$, 则 $B'_n\uparrow\infty$, 而且当 $m_k\leqslant n<m_{k+1}$ 时有

$$1\leqslant\frac{B'_n}{B_n}=\frac{B_{m_k}}{B_n}\leqslant\frac{B_{m_k}}{B_{n_k}}\quad(\text{其中 } B_{n_k}=\min_{m_k\leqslant j<m_{k+1}}B_j),$$

所以

$$1\leqslant\underline{\lim_{n\to\infty}}\frac{B'_n}{B_n}\leqslant\overline{\lim_{n\to\infty}}\frac{B'_n}{B_n}\leqslant\overline{\lim_{k\to\infty}}\frac{B_{m_k}}{B_{n_k}}\leqslant 1,$$

此即 $B'_n/B_n\to 1$. 故 (1°) (b) 成立. 引理证毕.

引理 1.2 设 $f_1(t)$, $f_2(t)$, $\cdots$ 为一串特征函数, $\{A_n\}$ 为实数列, $\{B_n\}$ 为正数列. 若

$$\lim_{n\to\infty}e^{-iA_nt}\prod_{k=1}^{n}f_k\left(\frac{t}{B_n}\right)=f(t),$$

其中 $f(t)$ 为非退化特征函数, 则

$$\lim_{n\to\infty}B_n=B$$

存在, 而且 $0<B\leqslant\infty$. 如果 $B=\infty$, 则存在 $B'_n\uparrow\infty$, 使 $B'_n/B_n\to 1$.

证 如果不然, 则由引理 1.1 可知: 存在自然数的两个子序列 $\{p_k\}$ 及 $\{q_k\}$, 使 $p_k<q_k$ $(k=1,2,\cdots)$, $\overline{\lim\limits_{k\to\infty}}B_{p_k}/B_{q_k}>1$. 因此, $\{B_{p_k}/B_{q_k}\}$ 有一子序列, 其极限大于 1. 为书写简便计,不妨令

$$\lim_{k\to\infty}(B_{p_k}/B_{q_k}) > 1.$$

令

$$\varphi_k(t) = \prod_{j=1}^{p_k} f_j\left(\frac{t}{B_{p_k}}\right), \quad \psi_k(t) = \prod_{j=p_k+1}^{q_k} f_j\left(\frac{t}{B_{q_k}}\right),$$

则

$$\lim_{k\to\infty}|\varphi_k(t)|^2 = |f(t)|^2, \tag{1.1}$$

$$\lim_{k\to\infty}|\varphi_k(c_k t)|^2|\psi_k(t)|^2 = \lim_{k\to\infty}\left|\prod_{j=1}^{q_k} f_j\left(\frac{t}{B_{q_k}}\right)\right|^2 = |f(t)|^2, \tag{1.2}$$

其中 $c_k = B_{p_k}/B_{q_k}$.

(A) 若 $c_k \to c$, $1 < c < \infty$,

则由 (1.1) 得

$$\lim_{k\to\infty}|\varphi_k(c_k t)|^2 = |f(ct)|^2, \tag{1.3}$$

由 (1.2) 及 (1.3) 得

$$|f(ct)| \geqslant |f(t)|.$$

仿此,继续作下去得

$$|f(t)| \geqslant \left|f\left(\frac{t}{c^n}\right)\right| \quad (n \geqslant 1).$$

令 $n \to \infty$, 若注意 $c > 1$ 则得

$$|f(t)| \geqslant |f(0)| = 1.$$

此即 $f(t)$ 是退化特征函数,与假设矛盾.

(B) 若 $c_k \to \infty$, 作随机变量 Z, X_k, Y_k, 其特征函数分别为 $|f(t)|^2$, $|\varphi_k(t)|^2$, $|\psi_k(t)|^2$, 且 X_k 与 Y_k 相互独立, 则由 (1.1) 及 (1.2) 得

$$\lim_{k\to\infty}P(|X_k| > x) = P(|Z| > x), \tag{1.4}$$

$$\lim_{k\to\infty}P(|Y_k + c_k X_k| > x) = P(|Z| > x), \tag{1.5}$$

其中 $x > 0$, $\pm x \in c(\mathscr{L}(Z))$. 但是

$$P(Y_k + c_k X_k > x) \geqslant P(c_k X_k > x, Y_k \geqslant 0) = P(c_k X_k > x)P(Y_k \geqslant 0),$$

又因为 Y_k 的 c.f. $|\phi_k(t)|^2$ 是实值的，所以 Y_k 服从对称分布，因此 $P(Y_k \geqslant 0) \geqslant \frac{1}{2}$，从而

$$P(Y_k + c_k X_k > x) \geqslant \frac{1}{2} P(c_k X_k > x).$$

仿之可证

$$P(Y_k + c_k X_k < -x) \geqslant \frac{1}{2} P(c_k X_k < -x).$$

综合上二式得

$$P(|Y_k + c_k X_k| > x) \geqslant \frac{1}{2} P\left(|X_k| > \frac{x}{c_k}\right). \tag{1.6}$$

但是 $c_k \to \infty$，所以对任何 $x > 0$，$y > 0$，当 k 充分大后总有

$$P(|Y_k + c_k X_k| > x) \geqslant \frac{1}{2} P(|X_k| > y). \tag{1.7}$$

由 (1.4), (1.5), (1.7) 得

$$P(|Z| > x) \geqslant \frac{1}{2} P(|Z| > y)$$

$$(x, y > 0,\ \pm x,\ \pm y \in c(\mathscr{L}(X))). \tag{1.8}$$

在 (1.8) 中令 $x \to \infty$，$y \to 0$，$\pm x$，$\pm y \in c(\mathscr{L}(Z))$，得

$$0 \geqslant \frac{1}{2} P(|Z| > 0).$$

此即 $P(Z = 0) = 1$，故 Z 的 c.f. $|f(t)|^2 = 1$，这与 $f(t)$ 的非退化性假设矛盾．引理证毕．

引理 1.3 设 $\lambda_{nk} \geqslant 0$ $(k = 1, \cdots, n,\ n = 1, 2, \cdots)$，而且对每一个固定的 k，$n \uparrow \infty$ 时 $\lambda_{nk} \downarrow 0$，又 $\lim\limits_{n\to\infty} \lambda_{nn} = 0$，则

$$\lim_{n\to\infty} \max_{1\leqslant k\leqslant n} \lambda_{nk} = 0.$$

证　任给 $\varepsilon > 0$，由于 $\lim\limits_{n\to\infty} \lambda_{nn} = 0$，故存在 $N(\varepsilon)$，使 $n \geqslant N(\varepsilon)$ 时 $0 \leqslant \lambda_{nn} \leqslant \varepsilon$．又因为对每个固定的 k，λ_{nk} 对 n 来说单调下降，所以

$$0 \leqslant \lambda_{nk} \leqslant \lambda_{kk} \leqslant \varepsilon \quad (n \geqslant k \geqslant N(\varepsilon)). \tag{1.9}$$

取定 $N(\varepsilon)$，由于对每个 k 来说，总有 $\lim\limits_{n\to\infty} \lambda_{nk} = 0$，所以存在一个 $N_1(\varepsilon)$，使

$$0 \leqslant \lambda_{nk} \leqslant \varepsilon, \quad n \geqslant N_1(\varepsilon), \ k = 1, 2, \cdots, N(\varepsilon), \tag{1.10}$$

由(1.9)，(1.10)得

$$0 \leqslant \max_{1 \leqslant k \leqslant n} \lambda_{nk} \leqslant \varepsilon, \text{ 当 } n \geqslant \max(N_1(\varepsilon), N(\varepsilon)) \text{时}.$$

此即

$$\lim_{n\to\infty} \max_{1 \leqslant k \leqslant n} \lambda_{nk} = 0.$$

引理 1.4 假设

(1) $B_n > 0$, $\lim\limits_{n\to\infty} B_n = \infty$;

(2) $\{F_n\}$ 是 $\mathscr{B}^1$ 上一串有限测度，且 $F_n \leqslant F_{n+1}$;

(3) $G(x)$ 是定义在 $(0, \infty)$ 上的单调下降的实值函数，且 $G(\infty) = 0$，$G(x)$ 不恒为 0，

$$\lim_{n\to\infty} \int_{|y| \geqslant B_n x} dF_n(x) = G(x), \quad x \in c(G),$$

则存在单调上升实数列 $\{B'_n\}$，使

$$\lim_{n\to\infty} \frac{B'_n}{B_n} = 1.$$

证 为证引理 1.4，只需证明 $\{B_n\}$ 满足引理 1.1 中的条件(2°)。事实上，若(2°)不成立，则存在自然数的二个子序列 $\{m_k\}$，$\{n_k\}$，使 $m_k < n_k$ $(k = 1, 2, \cdots)$，且

$$\lim_{k\to\infty} \frac{B_{m_k}}{B_{n_k}} = c_1 > 1 \quad \left(\text{故有 } K, \text{使 } \frac{B_{m_k}}{B_{n_k}} \geqslant c > 1 \quad (k \geqslant K)\right),$$

因此，由本引理的条件(2)得

$$\int_{|y| \geqslant B_{m_k} x} dF_{m_k} \leqslant \int_{|y| \geqslant B_{m_k} x} dF_{n_k} \leqslant \int_{|y| \geqslant cxB_{n_k}} dF_{n_k} \ (k \geqslant K).$$

取 x, $cx \in c(G)$, $x > 0$，在上式中令 $k \to \infty$，并用(3)可得

$$G(x) \leqslant G(cx) \quad (x, cx \in c(G), x > 0),$$

令

$$D = R^1 - c(G),$$

$$D_1 = \{y \mid \text{存在非负整数 } n, \text{使 } c^n y \in D\},$$

则 $D \subset D_1$，D 与 D_1 都是可数集．所以对 $x \bar{\in} D_1$，$x > 0$ 有

$$G(x) \leqslant G(cx) \leqslant \cdots \leqslant G(c^n x) \leqslant \cdots,$$

而

$$\lim_{n \to \infty} G(c^n x) = G(\infty) = 0 \quad (x > 0, \ x \bar{\in} D_1),$$

所以 $G(x) = 0$ $(x > 0, \ x \bar{\in} D_1)$． 由 D_1 的可数性及 $G(x)$ 的单调下降性得 $G(x) \equiv 0$．这与(3)矛盾．引理得证．

引理 1.5 设 $\{A_n\}$ 为实数列，且

$$\lim_{n \to \infty} e^{iA_n t} = g(t) \quad (0 < t < \delta)$$

存在，则

$$\lim_{n \to \infty} A_n = A, \quad -\infty < A < \infty.$$

证 (i) $\{A_n\}$ 必为有界序列． 如果不然，则存在子序列 $\{A_{n_k}\}$，使 $A_{n_k} \neq 0$，且

$$\lim_{k \to \infty} A_{n_k} = \infty \quad (\text{或 } -\infty).$$

而由引理假设及控制收敛定理可得：

$$\int_0^t g(u)du = \lim_{k \to \infty} \int_0^t e^{iA_{n_k} u} du$$

$$= \lim_{n \to \infty} \frac{e^{iA_{n_k} t} - 1}{iA_{n_k}} = 0 \quad (0 < t < \delta),$$

所以

$$g(t) = 0, \quad [\text{a. e.}] \ (\text{在 } (0, \delta) \text{ 内}).$$

这与 $|g(t)| \equiv 1$ $(0 < t < \delta)$ 矛盾．

(ii) $\{A_n\}$ 不含具有相异极限的二收敛子列，如果不然，则有

$$\lim_{k \to \infty} A_{n_k} = A, \quad \lim_{k \to \infty} A_{m_k} = B, \quad A \neq B,$$

则当 $t \in (0, \delta)$ 时有

$$e^{iAt} = \lim_{k \to \infty} e^{iA_{n_k} t} = g(t) = \lim_{k \to \infty} e^{iA_{m_k} t} = e^{iBt},$$

此为不可能．

注 引理 1.5 的条件可减弱为

$$\lim_{n \to \infty} e^{iA_n t} = g(t) \quad (t \in E),$$

E 为直线上的勒贝格正测集。

事实上，令

$$D(E)=\{x|x=x_1-x_2,\ x_1,\ x_2\in E\},$$

由于 $L(E)>0$（$L(E)$ 表示 E 的勒贝格测度），故存在开区间 $(-\delta,\ \delta)\subset D(E)$（参看 [1] p.68 定理 B）. 若

$$\lim_{n\to\infty} e^{iA_nt_1},\quad \lim_{n\to\infty} e^{iA_nt_2}$$

皆存在（极限不可能为 0），则

$$\lim_{n\to\infty} e^{iA_n(t_1-t_2)}=\lim_{n\to\infty}\frac{e^{iA_nt_1}}{e^{iA_nt_2}}$$

也存在. 这就说明

$$\lim_{n\to\infty} e^{iA_nt} \text{ 存在 } (t\in E)\Rightarrow \lim_{n\to\infty} e^{iA_nt} \text{ 存在 } (t\in D(E)).$$

引理 1.6 设 $\{f_k(t)\}$ 为一串特征函数，$f(t)$，$g(t)$ 是非退化的特征函数，$\{A_n\}$ 是实数列，$\{B_n\}$ 是正数列，若

$$\lim_{n\to\infty} e^{-iA_nt}f_n\left(\frac{t}{B_n}\right)=g(t),$$

$$\lim_{n\to\infty} f_n(t)=f(t),$$

则 $\lim\limits_{n\to\infty} A_n=A$，$\lim\limits_{n\to\infty} B_n=B$ $(0<B<\infty,\ -\infty<A<\infty)$

证 (1) $\{B_n\}$ 中不含以 0 为极限的子列. 谬设有

$$\lim_{k\to\infty} B_{n_k}=0,$$

则由假设得

$$\lim_{k\to\infty}|f_{n_k}(t)|^2=\lim_{k\to\infty}\left|f_{n_k}\left(B_{n_k}\frac{t}{B_{n_k}}\right)\right|^2=|g(0)|^2=1,$$

$$\lim_{k\to\infty}|f_{n_k}(t)|^2=|f(t)|^2,$$

所以 $|f(t)|^2=1$，这与 $f(t)$ 的非退化性矛盾.

(2) $\{B_n\}$ 中不含以∞为极限的子列. 谬设有

$$\lim_{k\to\infty} B_{n_k}=\infty,$$

则

$$\lim_{k\to\infty}\left|f_{n_k}\left(\frac{t}{B_{n_k}}\right)\right|^2=|g(t)|^2,$$

$$\lim_{k\to\infty}\left|f_{n_k}\left(\frac{t}{B_{n_k}}\right)\right|^2=|f(0)|^2=1,$$

所以，$|g(t)|^2=1$，这与 $g(t)$ 的非退化性矛盾.

(3) $\{B_n\}$ 中不含有相异极限的二子列. 谬设有

$$\lim_{k\to\infty}B_{n_k}=B>0,\quad \lim_{k\to\infty}B_{m_k}=B'>B,$$

则

$$\lim_{k\to\infty}\left|f_{m_k}\left(\frac{t}{B_{m_k}}\right)\right|^2=\left|f\left(\frac{t}{B'}\right)\right|^2,$$

$$\lim_{k\to\infty}\left|f_{m_k}\left(\frac{t}{B_{m_k}}\right)\right|^2=|g(t)|^2,$$

故 $|g(t)|^2=\left|f\left(\frac{t}{B'}\right)\right|^2$. 仿之可证 $|g(t)|^2=\left|f\left(\frac{t}{B}\right)\right|^2$. 所以，

$$|f(t)|^2=\left|f\left(\frac{B}{B'}t\right)\right|^2=\cdots=\left|f\left(\left(\frac{B}{B'}\right)^n t\right)\right|^2,$$

而 $0<\frac{B}{B'}<1$，所以

$$|f(t)|^2=\lim_{n\to\infty}\left|f\left(\left(\frac{B}{B'}\right)^n t\right)\right|^2=|f(0)|^2=1,$$

这与 $f(t)$ 的非退化性矛盾.

综合上三步得 $\lim\limits_{n\to\infty}B_n=B\ (0<B<\infty)$.

(4) $\lim\limits_{n\to\infty}A_n=A$.

由于 $\lim\limits_{n\to\infty}B_n=B$，$0<B<\infty$，所以 $\lim\limits_{n\to\infty}f_n\left(\frac{t}{B_n}\right)=f\left(\frac{t}{B}\right)$.

取正数 δ，使 $|t|<\delta$ 时有 $\left|f\left(\frac{t}{B}\right)\right|>0$，由

$$\lim_{n\to\infty}e^{-iA_nt}f_n\left(\frac{t}{B_n}\right)=g(t)$$

得

$$\lim_{n\to\infty}e^{-iA_nt}=h(t)\quad(|t|<\delta).$$

所以由引理 1.5 得知

$$\lim_{n\to\infty} A_n = A \quad (-\infty < A < \infty).$$

系 1 设 $\{f_n(t)\}$ 为特征函数列，$f(t)$ 为非退化特征函数，$\{A_n\}$ 为实数列，$\{B_n\}$ 为正数列，若

$$\lim_{n\to\infty} f_n(t) = \lim_{n\to\infty} e^{-iA_nt} f_n\left(\frac{t}{B_n}\right) = f(t),$$

则 $\lim\limits_{n\to\infty} A_n = 0$，$\lim\limits_{n\to\infty} B_n = 1$.

系 2 设 $\{f_n(t)\}$ 为特征函数列，$f(t)$ 及 $g(t)$ 为非退化特征函数，$\{A_n\}$，$\{\alpha_n\}$ 为实数列，$\{B_n\}$，$\{\beta_n\}$ 为正数列，若

$$\lim_{n\to\infty} e^{-iA_nt} f_n\left(\frac{t}{B_n}\right) = f(t), \quad \lim_{n\to\infty} e^{-i\alpha_nt} f_n\left(\frac{t}{\beta_n}\right) = g(t),$$

则有实数 A 及正数 B 使

$$\lim_{n\to\infty} \frac{B_n}{\beta_n} = B > 0, \quad \lim_{n\to\infty} \left(A_n - \frac{\beta_n\alpha_n}{B_n}\right) = A.$$

特别地，当 $f(t) \equiv g(t)$ 时，有

$$\lim_{n\to\infty} \frac{B_n}{\beta_n} = 1, \quad \lim_{n\to\infty} \left(A_n - \frac{\beta_n\alpha_n}{B_n}\right) = 0.$$

引理 1.7 设 $\{f_n(t)\}$ 为特征函数列，$\{A_n\}$ 为实数列，$\{B_n\}$ 为正数列. 如果

$$\lim_{n\to\infty} e^{-iA_nt} \prod_{k=1}^{n} f_k\left(\frac{t}{B_n}\right) = f(t),$$

$f(t)$ 是非退化特征函数，则

(i) $\lim\limits_{n\to\infty} \dfrac{B_{n+1}}{B_n} = 1 \Longleftrightarrow \lim\limits_{n\to\infty} \left|f_n\left(\dfrac{t}{B_n}\right)\right|^2 = 1$;

(ii) $\left\{f_k\left(\dfrac{t}{B_n}\right),\ k = 1, \cdots, n\right\}$ 为 u. a. n. 体系

$$\Longleftrightarrow \lim_{n\to\infty} B_n = \infty, \quad \lim_{n\to\infty} f_n\left(\frac{t}{B_n}\right) = 1;$$

(iii) $\left\{f_k\left(\dfrac{t}{B_n}\right),\ k = 1, \cdots, n\right\}$ 为 u. a. c. 体系

$$\Longleftrightarrow \lim_{n\to\infty} B_n = \infty, \quad \lim_{n\to\infty} \left| f_n\left(\frac{t}{B_n}\right)\right|^2 = 1 \quad \left(\frac{B_{n+1}}{B_n} \to 1\right).$$

特别地，若 $A_n = 0$，则

$$\lim_{n\to\infty} f_n\left(\frac{t}{B_n}\right) = 1 \Longleftrightarrow \lim_{n\to\infty} \frac{B_{n+1}}{B_n} = 1 \Longleftrightarrow \lim_{n\to\infty} \left| f_n\left(\frac{t}{B_n}\right)\right|^2 = 1.$$

证 (i) 令

$$g_n(t) = \prod_{k=1}^{n} \left| f_k\left(\frac{t}{B_n}\right)\right|^2,$$

则由引理假设知

$$\lim_{n\to\infty} g_n(t) = |f(t)|^2.$$

而

$$g_{n+1}(t) = g_n\left(\frac{B_n}{B_{n+1}} t\right)\left| f_{n+1}\left(\frac{t}{B_{n+1}}\right)\right|^2 \to |f(t)|^2, \tag{1.11}$$

若

$$\lim_{n\to\infty} \left| f_n\left(\frac{t}{B_n}\right)\right|^2 = 1,$$

则由 (1.11) 有

$$\lim_{n\to\infty} g_n\left(\frac{B_n}{B_{n+1}} t\right) = |f(t)|^2.$$

因此由系 2 得 $B_n/B_{n+1} \to 1$。

设 $B_n/B_{n+1} \to 1$. 则

$$g_n\left(\frac{B_n}{B_{n+1}} t\right) \to |f(t)|^2, \tag{1.12}$$

由 (1.11), (1.12) 得

$$\left| f_{n+1}\left(\frac{t}{B_{n+1}}\right)\right|^2 \to 1.$$

(ii) 设 $\left\{f_k\left(\frac{t}{B_n}\right),\ k = 1, \cdots, n\right\}$ 是 u. a. n. 体系，则

$$\lim_{n\to\infty} \max_{1\leqslant k\leqslant n} \left| f_k\left(\frac{t}{B_n}\right) - 1\right| = 0,$$

更有

$$\lim_{n\to\infty} f_k\left(\frac{t}{B_n}\right)=1 \quad (k=1,2,\cdots n), \quad \lim_{n\to\infty} f_n\left(\frac{t}{B_n}\right)=1.$$

再证 $B_n\to\infty$. 如果不然,由引理 1.2 得知:

$$\lim_{n\to\infty} B_n = B, \quad 0 < B < \infty.$$

所以

$$f_k\left(\frac{t}{B}\right)=\lim_{n\to\infty} f_k\left(\frac{t}{B_n}\right)=1.$$

因此由引理假设有

$$|f(t)|^2=\lim_{n\to\infty}\left|\prod_{k=1}^{n} f_k\left(\frac{t}{B_n}\right)\right|^2=\lim_{n\to\infty}\left|\prod_{k=1}^{n} f_k\left(\frac{t}{B}\right)\right|^2=1.$$

这与 $f(t)$ 的非退化性矛盾,所以 $B_n\to\infty$.

设 $B_n\to\infty$, $f_n\left(\frac{t}{B_n}\right)\to 1$. 则由引理 1.2 得知存在 $\{B'_n\}$, $B'_n\uparrow\infty$, $B'_n/B_n\to 1$. 所以

$$\lim_{n\to\infty} f_n\left(\frac{t}{B'_n}\right)=1.$$

因此,若令 $F_n(x)$ 为 $f_n(t)$ 的 d. f., 则对任何 $\varepsilon>0$, 由第二章定理 3.3 有

$$\lim_{n\to\infty}\int_{|x|\geq B'_n\varepsilon} dF_n(x)=0.$$

令

$$\lambda_{nk}=\int_{|x|\geq B'_n\varepsilon} dF_k(x),$$

则 $\{\lambda_{nk}\}$ 满足引理 1.3 的条件,所以

$$\lim_{n\to\infty}\max_{1\leqslant k\leqslant n}\int_{|x|\geq B'_n\varepsilon} dF_k(x)=\lim_{n\to\infty}\max_{1\leqslant k\leqslant n}\lambda_{nk}=0.$$

因此,

$$\lim_{n\to\infty}\max_{1\leqslant k\leqslant n}\int_{|x|\geq B_n\varepsilon} dF_k(x)=0,$$

此即 $\left\{f_k\left(\frac{t}{B_n}\right), k=1,\cdots,n\right\}$ 是 u. a. n. 体系.

(iii) 因为 $\left\{f_k\left(\frac{t}{B_n}\right),\ k=1,\cdots,n\right\}$ 为 u.a.c. 体系的充要条件是 $\left\{\left|f_k\left(\frac{t}{B_n}\right)\right|^2,\ k=1,\cdots,n\right\}$ 为 u.a.n. 体系，故由(ii)得 (iii)。

§2 L 族

定理 2.1 设 $\{f_k(t)\}$ 是一串特征函数，$f(t)$ 是非退化特征函数，$\{B_n\}$ 是正数列，若

$$\lim_{n\to\infty}\prod_{k=1}^{n} f_k\left(\frac{t}{B_n}\right)=f(t),$$

则下列三命题等价:

(i) $\left\{f_k\left(\frac{t}{B_n}\right),\ k=1,2,\cdots,n\right\}$ 是 u.a.n. 体系;

(ii) $\lim\limits_{n\to\infty} B_n=\infty$, $\lim\limits_{n\to\infty} f_n\left(\frac{t}{B_n}\right)=1$;

(iii) $\lim\limits_{n\to\infty} B_n=\infty$, $\lim\limits_{n\to\infty} B_{n+1}/B_n=1$。

证 由引理 1.7 即得.

问题甲 (i)(或者 (ii)，或者 (iii)) 及 $\prod\limits_{k=1}^{n} f_k\left(\frac{t}{B_n}\right)$ 趋于非退化特征函数 $f(t)$ 的充要条件是什么?

定理 2.2 设 $\{f_k(t)\}$ 是一串特征函数，$f(t)$ 是非退化特征函数，$\{A_n\}$ 是实数列，$\{B_n\}$ 是正数列，若

$$\lim_{n\to\infty} e^{-iA_nt}\prod_{k=1}^{n} f_k\left(\frac{t}{B_n}\right)=f(t),$$

则下列陈述等价

(i) $\left\{f_k\left(\frac{t}{B_n}\right),\ k=1,2,\cdots,n\right\}$ 是 u.a.n. 体系;

(ii) $\lim\limits_{n\to\infty} B_n=\infty$, $\lim\limits_{n\to\infty} f_n\left(\frac{t}{B_n}\right)=1$。

而且在 (i) (或者 (ii)) 条件下，$\lim\limits_{n\to\infty}\frac{B_{n+1}}{B_n}=1$。

证　此定理仍是引理 1.7 的推论.

问题乙　(i) (或者 (ii)) 及 $e^{-iA_nt}\prod\limits_{k=1}^{n}f_k\left(\frac{t}{B_n}\right)$ 趋于非退化特征函数 $f(t)$ 的充要条件是什么?

定理 2.3　在定理 2.2 的条件下,下述陈述等价:

(i)　$\left\{f_k\left(\frac{t}{B_n}\right),\ k=1,\cdots,n\right\}$ 是 u. a. c. 体系;

(ii)　$\lim\limits_{n\to\infty}B_n=\infty$，$\lim\limits_{n\to\infty}e^{-i\mu_nt/B_n}f_n\left(\frac{t}{B_n}\right)=1$;

(iii)　$\lim\limits_{n\to\infty}B_n=\infty$，$\lim\limits_{n\to\infty}B_{n+1}/B_n=1$.

其中 μ_n 为对应于 c. f. $f_n(t)$ 的 R. V. X_n 的中位数。

证　(i) ⇒ (ii). 设 (i) 成立,则由 u. a. c. 的第三个等价性说法知

$$\left\{f_k\left(\frac{t}{B_n}\right)e^{-i\mu_kt/B_n},\quad k=1,2,\cdots,n\right\}$$

是 u. a. n. 体系,所以,由引理 1.7 (ii) 得 $\lim\limits_{n\to\infty}B_n=\infty$，而且

$$\lim_{n\to\infty}e^{-i\mu_nt/B_n}f_n\left(\frac{t}{B_n}\right)=1.$$

(ii) ⇒ (iii). 设 (ii) 成立. 由引理 1.7 (i) 立得 $\lim\limits_{n\to\infty}B_{n+1}/B_n=1$。

(iii) ⇒ (i). 由引理 1.7 (iii) 即得.

问题丙　(i) (或者 (ii)，或者 (iii)) 及 $e^{-iA_nt}\prod\limits_{k=1}^{n}f_k\left(\frac{t}{B_n}\right)$ 趋于非退化特征函数的充要条件是什么?

定义 2.1　所谓 L 族就是下面的特征函数族:

$$L=\left\{f(t)\left|\begin{array}{l}f(t)=\lim\limits_{n\to\infty}e^{-iA_nt}\prod\limits_{k=1}^{n}f_k\left(\dfrac{t}{B_n}\right),\ f(t)\text{ 是非退化}\\ \text{c. f.},\ \{A_n\}\text{ 是实数列},\ \{B_n\}\text{ 是正数列},\\ \left\{f_k\left(\dfrac{t}{B_n}\right),\ k=1,2,\cdots,n\right\}\text{ 是 u. a. c. 体系.}\end{array}\right.\right\}.$$

定理 2.4 下列五族特征函数重合：

(1) $L_1 = \left\{ f(t) \middle| \begin{array}{l} f(t) = \lim\limits_{n\to\infty} \prod\limits_{k=1}^{n} f_k\left(\dfrac{t}{B_n}\right), f(t) \text{ 是 c. f.}, \{B_n\} \\ \text{是正数列}, \left\{f_k\left(\dfrac{t}{B_n}\right), k = 1, 2, \cdots, n\right\} \text{ 是} \\ \text{u. a. n. 体系.} \end{array} \right\}$;

(2) $L_2 = \left\{ f(t) \middle| \begin{array}{l} f(t) = \lim\limits_{n\to\infty} e^{-iA_n t} \prod\limits_{k=1}^{n} f_k\left(\dfrac{t}{B_n}\right), f(t) \text{ 是 c.} \\ \text{f.}, \{B_n\} \text{ 是正数列}, \{A_n\} \text{ 是实数列}, \\ \left\{f_k\left(\dfrac{t}{B_n}\right), k = 1, 2, \cdots, n\right\} \text{是 u.a.n. 体系.} \end{array} \right\}$;

(3) $L_3 = \left\{ f(t) \middle| \begin{array}{l} f(t) = \lim\limits_{n\to\infty} e^{-iA_n t} \prod\limits_{k=1}^{n} f_k\left(\dfrac{t}{B_n}\right), f(t) \text{ 是 c. f.}, \\ \{B_n\} \text{ 是正数列}, \{A_n\} \text{ 是实数列}, \\ \left\{f_k\left(\dfrac{t}{B_n}\right), k = 1, 2, \cdots, n\right\} \text{是 u. a. c. 体系.} \end{array} \right\}$;

(4) $L_4 = \left\{ f(t) \middle| \begin{array}{l} f(t) = \exp\Big(i\alpha t - \dfrac{1}{2}\sigma^2 t^2 + \displaystyle\int_{R^1} \Big(e^{itx} - 1 \\ - \dfrac{itx}{1 + x^2}\Big) \dfrac{q(x)}{|x|} dx\Big), \text{ 其中 } q(-\infty) = \\ q(\infty) = 0, \ q(x) \text{ 在} (-\infty, 0) \text{内单调上升}, \\ \text{在} (0, \infty) \text{ 内单调下降, 且 } \displaystyle\int_{R^1} \dfrac{|x|}{1 + x^2} \\ \times q(x) dx < \infty, \ \alpha, \sigma \text{ 是实数.} \end{array} \right\}$;

(5) $L_5 = \left\{ f(t) \middle| \begin{array}{l} f(t) \text{ 是 c. f.}, \text{ 且对一切 } \lambda > 1, \\ f(\lambda t)/f(t) \text{ 都是 c. f..} \end{array} \right\}$.

注 (i) 显然一切退化特征函数 e^{iat} 都属于上述五族特征函数,所以只对非退化特征函数来证明本定理即可.

(ii) L_4 是无穷可分特征函数族 $\mathscr{D}$ 的子族. 事实上，若取测度 Ψ 为

$$\Psi(A)=\sigma^2\chi_A(0)+\int_A\frac{q(x)|x|}{1+x^2}dx,\ A\in\mathscr{B}^1,$$

则

$$\exp\left(i\alpha t-\frac{1}{2}\sigma^2t^2+\int_{R^1}\left(e^{itx}-1-\frac{itx}{1+x^2}\right)\frac{q(x)}{|x|}dx\right)$$
$$=\{\alpha,\Psi(x)\}.$$

所以，定理 2.4 一方面说明 L 族是无穷可分族 $\mathscr{D}$ 的子族，另一方面也给出了 L 族的范式.

证 显然，$L_1\subset L_2=L_3$，所以，欲证定理 2.4，只须证明 $L_2\subset L_4\subset L_5\subset L_1$.

1. $L_2\subset L_4$.

任取 $f\in L_2$，由第四章定理 3.3 知 $f(t)=\{\alpha,\Psi(x)\}$. 欲证 $f\in L_4$，只须证

$$\Psi(A)=\Psi(\{0\})\chi_A(0)+\int_A\frac{q(x)|x|}{1+x^2}dx\quad(A\in\mathscr{B}^1),$$

$q(x)$ 满足 L_4 中的条件.

令 $F_n(x)$ 是 $f_n(t)$ 的 d. f..

(a) 考虑 $x<0$. 由 $f\in L_2$ 及第四章定理 4.3 知

$$\lim_{n\to\infty}\sum_{k=1}^n\int_{y<xB_n}dF_k(y)=\int_{(-\infty,x)}\frac{1+y^2}{y^2}d\Psi(y),\quad \begin{matrix}x<0,\\ x\in c(\Psi),\end{matrix}\tag{2.1}$$

$$\lim_{n\to\infty}\sum_{k=1}^n\int_{y\geqslant xB_n}dF_k(y)=\int_{[x,\infty)}\frac{1+y^2}{y^2}d\Psi(y),\quad \begin{matrix}x>0,\\ x\in c(\Psi).\end{matrix}\tag{2.2}$$

在 $\mathscr{B}^1(-\infty,0)$（负半轴上一切波莱尔集）上定义测度:

$$p(A)=\int_A\frac{1+y^2}{y^2}d\Psi(y),\quad A\in\mathscr{B}^1(-\infty,0),$$

则

$$\Psi(A)=\int_A\frac{y^2}{1+y^2}dp(y),\quad A\in\mathscr{B}^1(-\infty,0).$$

按通常习惯，记 $\Psi(x)=\Psi((-\infty,x))$，$p(x)=p((-\infty,x))$.
由于 $\left\{f_k\left(\frac{t}{B_n}\right),\ k=1,2,\cdots,n\right\}$ 是 u. a. n. 体系，所以由定理

2.1 知

$$\lim_{n\to\infty} B_n = \infty,\quad \lim_{n\to\infty}\frac{B_{n+1}}{B_n} = 1.$$

由引理 1.2 可以假设 $B_n \uparrow \infty$. 所以任给 $\lambda > 1$, 对每一个 k, 都存在 n_k, 使 $n_k > k$, 且

$$B_{n_{k-1}} \leqslant \lambda B_k < B_{n_k}.$$

所以

$$\lambda < \frac{B_{n_k}}{B_k} = \frac{B_{n_{k-1}}}{B_k} \quad \frac{B_{n_k}}{B_{n_{k-1}}} \leqslant \lambda \frac{B_{n_k}}{B_{n_{k-1}}},$$

令 $k\to\infty$ 即得

$$\lim_{k\to\infty}\frac{B_{n_k}}{B_k} = \lambda.$$

而由 (2.1) 得

$$\lim_{k\to\infty}\sum_{\nu=1}^{n_k}\int_{y<xB_{n_k}} dF_\nu(y) = p(x),\quad x<0, x\in c(\Psi); \tag{2.3}$$

$$\begin{aligned}\lim_{k\to\infty}\sum_{\nu=1}^{k}\int_{y<xB_{n_k}} dF_\nu(y) &= \lim_{k\to\infty}\sum_{\nu=1}^{k}\int_{y<(xB_k\cdot B_{n_k}/B_k)} dF_\nu(y)\\ &= p(\lambda x),\quad \lambda x>0,\ \lambda x\in c(\Psi).\end{aligned} \tag{2.4}$$

(2.3) 减 (2.4) 得

$$\lim_{k\to\infty}\sum_{\nu=k+1}^{n_k}\int_{y<xB_{n_k}} dF_\nu(y) = p(x) - p(\lambda x)\quad \begin{pmatrix}\lambda x,\ x\in c(\Psi),\\ x<0.\end{pmatrix} \tag{2.5}$$

所以当 $x<0$, $x, \lambda x\in c(\Psi)$ (即 $x, \lambda x\in c(p)$) 时, $p(x) - p(\lambda x)$ 是 x 的单调上升函数. 而 $p(x)$ 又是左连续函数, 所以 $p(x) - p(\lambda x)$ 在 $(-\infty, 0)$ 内单调上升. 令

$$S(x) = p(-e^x)\quad (-\infty < x < \infty), \tag{2.6}$$

则对任何固定的常数 $a>0$, $S(x) - S(x+a) = p(-e^x) - p(-e^a e^x)$ 在 $(-\infty, \infty)$ 内单调下降. 所以 $S(x)$ 是凸函数(即对任何 x_1, x_2, 有 $S\left(\frac{x_1+x_2}{2}\right) \leqslant \frac{1}{2}(S(x_1)+S(x_2))$), 从而 $S(x)$

是绝对连续函数，其导函数 $S'(x)$ 几乎处处存在且单调上升。显然

$$\lim_{x\to\infty} S(x) = \lim_{x\to-\infty} p(x) = 0,$$

所以，存在 $\bar{p}(x)$，使

$$S(x) = \int_{[x,\infty)} \bar{p}(y)dy, \tag{2.7}$$

$\bar{p}(y)$ 在 $(-\infty, \infty)$ 内单调下降，且 $\lim_{x\to\infty} \bar{p}(x) = 0$。故当 $x < 0$ 时，由 (2.6)，(2.7) 有

$$p(x) = S(\log|x|) = \int_{[\log|x|,\infty)} \bar{p}(y)dy$$

$$= \int_{(-\infty,x)} \frac{\bar{p}(\log(-t))}{-t} dt.$$

令 $q(x) = \bar{p}(\log(-x))$，$(x < 0)$，则

$$q(-\infty) = \bar{p}(\infty) = 0, \quad q(x) \text{ 在 } (-\infty, 0) \text{ 内单调上升},$$

$$p(A) = \int_A \frac{q(y)}{|y|} dy, \quad A \in \mathscr{B}^1(-\infty, 0),$$

$$\int_{(-\infty,0)} \frac{|x|}{1+x^2} q(x)dx = \int_{(-\infty,0)} \frac{x^2}{1+x^2} dp(x)$$

$$= \Psi((-\infty, 0)) < \infty,$$

$$\int_A \frac{|x|}{1+x^2} q(x)dx = \Psi(A), \quad A \in \mathscr{B}^1(-\infty, 0).$$

(b) 考虑 $x > 0$。仿(a)，存在定义在 $(0, \infty)$ 上的单调下降函数 $q(x)$，$q(\infty) = 0$，且

$$\int_{(0,\infty)} \frac{|x|}{1+x^2} q(x)dx < \infty,$$

$$\int_A \frac{|x|}{1+x^2} q(x)dx = \Psi(A), \quad A \in \mathscr{B}^1(0, \infty).$$

综合 (a)，(b) 两步有

$$\Psi(A) = \Psi(\{0\})\chi_A(0) + \int_A \frac{|x|}{1+x^2} q(x)dx, \quad A \in \mathscr{B}^1.$$

$L_2 \subset L_4$ 得证。

2. $L_4 \subset L_5$.

任取 $f(t) \in L_4$，即

$$f(t) = \exp\left(i\alpha t - \frac{1}{2}\sigma^2 t^2 + \int_{R^1}\left(e^{itx} - 1 - \frac{itx}{1+x^2}\right)\frac{q(x)}{|x|}dx\right),$$

$q(x)$ 满足 L_4 中的条件，α，σ 是实数．任取 $\lambda > 1$．令

$$H(t, x) = \left(e^{itx} - 1 - \frac{itx}{1+x^2}\right)\frac{q(x)}{|x|} \quad (t \in R^1,\ x \neq 0),$$

则

$$\frac{f(\lambda t)}{f(t)} = \exp\left(i\alpha t(\lambda - 1) - \frac{1}{2}\sigma^2 t^2(\lambda^2 - 1) + \int_{R^1}(H(t\lambda, x) - H(t, x))dx\right).$$

但是

$$\begin{aligned}
&\exp\left(\int_{R^1}(H(t\lambda, x) - H(t, x))dx\right) \\
&= \exp\left(\int_{R^1}\left(e^{itx} - 1 - \frac{itx}{1+\frac{x^2}{\lambda^2}}\right)\frac{q\left(\frac{x}{\lambda}\right)}{|x|}dx - \int_{R^1}\left(e^{itx} - 1 - \frac{itx}{1+x^2}\right)\frac{q(x)}{|x|}dx\right) \\
&= \exp\left(\int_{R^1}\left(e^{itx} - 1 - \frac{itx}{1+x^2}\right)\frac{q\left(\frac{x}{\lambda}\right) - q(x)}{|x|}dx + \int_{R^1}\left(\frac{itx}{1+x^2} - \frac{itx}{1+\frac{x^2}{\lambda^2}}\right)\frac{q\left(\frac{x}{\lambda}\right)}{|x|}dx\right),
\end{aligned}$$

又因为 $q(x)$ 在 $(-\infty, 0)$ 内单调上升，在 $(0, \infty)$ 内单调下降，$\lambda > 1$，所以 $q\left(\frac{x}{\lambda}\right) - q(x)$ 在 $(-\infty, \infty)$ 内非负，因此，若取

$$\Psi(y) = \int_{(-\infty, y)}\left[q\left(\frac{x}{\lambda}\right) - q(x)\right]\frac{|x|}{1+x^2}dx \quad (y \in R^1),$$

则由 $q(x)$ 满足 L_4 中的条件知

$$\exp\left(\int_{R^1}\left(e^{itx}-1-\frac{itx}{1+x^2}\right)\frac{q\left(\frac{x}{\lambda}\right)-q(x)}{|x|}dx\right)$$

$$=\exp\left(\int_{R^1}\left(e^{itx}-1-\frac{itx}{1+x^2}\right)\frac{1+x^2}{x^2}d\Psi(x)\right)$$

$$=\{0,\Psi(x)\}$$

是 i. d. c. f. 再用

$$\int_{R^1}\frac{|y|q(y)}{1+y^2}dy<\infty$$

还有

$$\int_{R^1}\frac{q\left(\frac{x}{\lambda}\right)}{|x|}\left(\frac{itx}{1+x^2}-\frac{itx}{1+\frac{x^2}{\lambda^2}}\right)dx=iat.$$

所以

$$\exp\left(\int_{R^1}(H(t\lambda,x)-H(t,x))dx\right)$$

$$=e^{iat}\{0,\Psi(x)\}=\{a,\Psi(x)\}$$

是 c. f.，而

$$\exp\left(i\alpha t(\lambda-1)-\frac{1}{2}\sigma^2t^2(\lambda^2-1)\right)$$

也是 c. f. 所以

$$\frac{f(\lambda t)}{f(t)}=e^{i\alpha t(\lambda-1)-\frac{1}{2}\sigma^2t^2(\lambda^2-1)}\cdot\{a,\Psi(x)\}$$

是 c. f.. $L_4\subset L_5$ 得证.

3. $L_5\subset L_1$.

任取 $f(t)\in L_5$. 不妨设 $f(t)$ 是非退化特征函数. 由 $f(\lambda t)/f(t)$ 是 c. f. (对一切 $\lambda>1$)，可推知

$$f(bt)/f(at)\quad 是\ \text{c. f.}\ (b>a>0).$$

所以，任取 $B_n>0$，$B_n\uparrow\infty$，$B_{n+1}/B_n\to 1$，$B_1>1$，令

$$f_1(t)=f(B_1t),\quad f_n(t)=\frac{f(B_nt)}{f(B_{n-1}t)}\quad(n\geqslant 2),$$

则 $f_k(t)$ 是 c.f. 且

$$f(t)=\prod_{k=1}^{n} f_k\left(\frac{t}{B_n}\right) \quad (n\geqslant 1),$$

更有

$$f(t)=\lim_{n\to\infty}\prod_{k=1}^{n} f_k\left(\frac{t}{B_n}\right).$$

由于 $f(t)$ 是非退化特征函数，$f_k(t)$ 是特征函数，所以由定理 2.1 知 $\left\{f_k\left(\frac{t}{B_n}\right),\ k=1,2,\cdots,n\right\}$ 是 u.a.n. 体系，故 $f(t)\in L_1$. 定理 2.4 证毕.

定理 2.5 问题甲、乙、丙的极限特征函数族都是 L.

证 由定理 2.4 即得.

定义 2.2 设 $\{f_k(t)\}$ 是特征函数列. 我们称问题乙(或者问题丙)有解，意即存在实数列 $\{A_n\}$ 及正数列 $\{B_n\}$ 使 $\left\{f_k\left(\frac{t}{B_n}\right),\ k=1,2,\cdots,n\right\}$ 为 u.a.n. (或者 u.a.c.) 体系，且

$$\lim_{n\to\infty} e^{-iA_nt}\prod_{k=1}^{n} f_k\left(\frac{t}{B_n}\right)=f(t),$$

$f(t)$ 是非退化特征函数. 这时，称 $\{A_n\}$，$\{B_n\}$ 为其解.

我们称问题甲有解，意即存在正数列 $\{B_n\}$ 使 $\left\{f_k\left(\frac{t}{B_n}\right),\ k=1,2,\cdots,n\right\}$ 为 u.a.n. 体系，且

$$\lim_{n\to\infty}\prod_{k=1}^{n} f_k\left(\frac{t}{B_n}\right)=f(t),$$

$f(t)$ 为非退化特征函数. 这时，称 $\{B_n\}$ 为其解.

定理 2.6 不论问题甲、乙、丙，若 $\{B_n^0\}$ 是解，则正数列 $\{B_n\}$ 为其解的充要条件为

$$\lim_{n\to\infty}\frac{B_n}{B_n^0}=\alpha,\ 0<\alpha<\infty.$$

证　由定理所设可知

$$\lim_{n\to\infty}\prod_{k=1}^{n}\left|f_k\left(\frac{t}{B_n^0}\right)\right|^2=|f_0(t)|^2, \tag{2.8}$$

$f_0(t)$ 是非退化特征函数.

(1)　设正数列 $\{B_n\}$ 为其解. 则 $\left\{f_k\left(\frac{t}{B_n}\right),\ k=1,2,\cdots,n\right\}$ 为 u.a.n. (或 u.a.c.) 体系,且有非退化特征函数,使

$$\lim_{n\to\infty}\prod_{k=1}^{n}\left|f_k\left(\frac{t}{B_n}\right)\right|^2=|f(t)|^2. \tag{2.9}$$

故由引理 1.6 系 2 (注意 (2.8),(2.9))得

$$\lim_{n\to\infty}\frac{B_n}{B_n^0}=\alpha\quad(0<\alpha<\infty).$$

(2)　设正数列 $\{B_n\}$ 满足

$$\lim_{n\to\infty}\frac{B_n}{B_n^0}=\alpha\quad(0<\alpha<\infty).$$

往证 $\{B_n\}$ 是解. 事实上,由 (2.8) 有

$$\begin{aligned}&\lim_{n\to\infty}e^{-iA_nt}\prod_{k=1}^{n}f_k\left(\frac{t}{B_n}\right)\\&=\lim_{n\to\infty}e^{-iA_nt}\prod_{k=1}^{n}f_k\left(\frac{1}{B_n^0}\left(\frac{tB_n^0}{B_n}\right)\right)=f\left(\frac{t}{\alpha}\right)\end{aligned}$$

是非退化特征函数,故 $\{B_n\}$ 是解.

定理 2.7　设 $\{f_k(t)\}$ 是特征函数列, $\{F_k(x)\}$ 是其对应的分布函数. 则正数列 $\{B_n\}$ 是问题甲的解的充要条件是:

$$B_n\to\infty,\ B_{n+1}/B_n\to 1,\ 且$$

(I)　$$\lim_{n\to\infty}\sum_{k=1}^{n}F_k(B_nx)=G_1(x)\quad(x<0),$$

$$\lim_{n\to\infty}\sum_{k=1}^{n}(1-F_k(B_nx))=G_2(x)\quad(x>0),$$

$$\lim_{x\to-\infty}G_1(x)=\lim_{x\to\infty}G_2(x)=0;$$

(II) $\lim_{x\to0+}\overline{\lim_{n\to\infty}}\frac{1}{B_n^2}\sum_{k=1}^{n}\left(\int_{|y|<B_nx}y^2dF_k(y)-\left(\int_{|y|<B_nx}ydF_k(y)\right)^2\right)$

$$=\lim_{x\to0+}\underline{\lim_{n\to\infty}}\frac{1}{B_n^2}\sum_{k=1}^{n}\left(\int_{|y|<B_nx}y^2dF_k(y)\right.$$

$$\left.-\left(\int_{|y|<B_nx}ydF_k(y)\right)^2\right)$$

$=\alpha$ (α 是有限数);

(III) $\lim_{n\to\infty}\frac{1}{B_n}\sum_{k=1}^{n}\int_{|y|<B_nx}ydF_k(y)=G_3(x)$

(对一切 $x>0$ 或一个 $x>0$),

其中 α, $G_1(x)$, $G_2(x)$ 不同时为 0.

证. 必要性. 由第四章定理 4.4 及本章定理 2.1, 并注意 L 族中的特征函数 $f=\{\alpha,\Psi(x)\}$ 中的 $\Psi(x)$ 在 $(-\infty,0)$, $(0,\infty)$ 内连续即可得必要性.

充分性. 若能证在上述诸条件下, 可推出 $\left\{f_k\left(\frac{t}{B_n}\right),\ k=1,2,\cdots,n\right\}$ 是 u.a.n. 体系, 则由第四章定理 4.4, 可推出充分性.

事实上, 由 (I) 得知存在单调函数 $G(x)$, 使 $G(\infty)=0$ 且

$$\lim_{n\to\infty}\sum_{k=1}^{n}\int_{|y|\geq B_nx}dF_k(y)=G(x)\quad(x>0,\ x\in c(G)).\tag{2.10}$$

又因为 $B_{n+1}/B_n\to1$, 所以

$$\lim_{n\to\infty}\sum_{k=1}^{n-1}\int_{|y|\geq B_nx}dF_k(y)=G(x)\quad(x>0,\ x\in c(G)).$$

因此

$$\lim_{n\to\infty}\int_{|y|\geq B_nx}dF_n(y)=0\quad(x>0,\ x\in c(G))$$

由于上式左端的积分是 x 的单调函数, 且 $c(G)$ 在 $(0,\infty)$ 内处处稠密, 所以

$$\lim_{n\to\infty}\int_{|y|\geq B_nx}dF_n(x)=0\quad(x>0).\tag{2.11}$$

(a) 若 $G(x) \neq 0$，则 $G(x)$ 满足引理 1.4 的全部条件（那儿的 F_n 相当于此处的 $F_1 + F_2 + \cdots + F_n$），所以由引理 1.4 得知：存在 $B'_n \uparrow \infty$，$B'_n/B_n \to 1$. 令

$$\lambda_{nk} = \int_{|y| \geqslant B'_n x} dF_k(y) \quad (x > 0),$$

则由 (2.11) 及 $B'_n/B_n \to 1$ 得

(i) 固定 k，$\lambda_{nk} \downarrow 0$ ($n \uparrow \infty$)，

(ii) $\lambda_{nn} \to 0$.

所以，由引理 1.3 得

$$\lim_{n\to\infty} \max_{1 \leqslant k \leqslant n} \lambda_{nk} = 0,$$

故由 $B'_n/B_n \to 1$ 得

$$\lim_{n\to\infty} \max_{1 \leqslant k \leqslant n} \int_{|y| \geqslant B_n x} dF_k(y) = 0,$$

此即 $\left\{f_k\left(\frac{t}{B_n}\right),\ k = 1, 2, \cdots, n\right\}$ 是 u. a. n. 体系.

(b) 若 $G(x) \equiv 0$，则由 (2.10) 知$\left\{f_k\left(\frac{t}{B_n}\right),\ k = 1, 2, \cdots, n\right\}$ 是 u. a. n. 体系.

定理 2.8 设 $\{f_k(t)\}$ 是一串特征函数，$\{F_k(x)\}$ 为其对应的分布函数，则正数列 $\{B_n\}$ 是问题乙的解的充要条件是

$\left\{f_k\left(\frac{t}{B_n}\right),\ k = 1, 2, \cdots, n\right\}$ 是 u. a. n. 体系且

$$\Phi_n(x) \xrightarrow{c} \Phi(x), \quad \Phi(x) \neq 0,$$

其中

$$\Phi_n(x) = \sum_{k=1}^{n} \int_{(-\infty, B_n x)} \frac{y^2}{B_n^2 + y^2} dF_k(y + a_{nk}(\tau)), \tag{2.12}$$

$$a_{nk}(\tau) = \int_{|y| < B_n \tau} \frac{y}{B_n} dF_k(y).$$

上述诸条件适合后，就取

$$A_n = \frac{1}{B_n} \sum_{k=1}^{n} \int_{|y| < B_n \tau} y dF_k(y) + \text{const} + o(1) \quad (n \to \infty).$$

证 此定理是第四章定理 4.2 的特款.

注 $\Phi(x)\neq 0$ 反映了极限特征函数是非退化的.

定理 2.9 设 $\{f_k(t)\}$ 是一串特征函数，$\{F_k(x)\}$ 是其对应的分布函数,则正数列 $\{B_n\}$ 是问题丙的解的充要条件是:

$B_n\to\infty$，$B_{n+1}/B_n\to 1$，且

$$\text{(I)}\quad \lim_{n\to\infty}\sum_{k=1}^{n}F_k(B_nx+\mu_k)=G_1(x)\quad (x<0),$$

$$\lim_{n\to\infty}\sum_{k=1}^{n}(1-F_k(B_nx+\mu_k))=G_2(x)\quad (x>0),$$

$$\lim_{x\to-\infty}G_1(x)=\lim_{x\to\infty}G_2(x)=0;$$

$$\begin{aligned}\text{(II)}\quad &\lim_{x\to 0+}\overline{\lim_{n\to\infty}}\frac{1}{B_n^2}\sum_{k=1}^{n}\left\{\int_{|y|<B_nx}y^2dF_k(y+\mu_k)\right.\\&\qquad\left.-\left(\int_{|y|<B_nx}ydF_k(y+\mu_k)\right)^2\right\}\\&=\lim_{x\to 0+}\underline{\lim_{n\to\infty}}\frac{1}{B_n^2}\sum_{k=1}^{n}\left\{\int_{|y|<B_nx}y^2dF_k(y+\mu_k)\right.\\&\qquad\left.-\left(\int_{|y|<B_nx}ydF_k(y+\mu_k)\right)^2\right\}\\&=\alpha,\quad \alpha\text{ 是实数.}\end{aligned}$$

$G_1(x)$，$G_2(x)$，α 不同时为 0.（这反映了极限特征函数非退化.）

上述诸条件满足后，取 A_n 如下

$$A_n=\frac{1}{B_n}\sum_{k=1}^{n}\left\{\mu_k+\int_{|y|<B_nx}ydF_k(y+\mu_k)\right\}+\text{const}+o(1)\quad (n\to\infty),$$

其中 μ_k 为 $F_k(x)$ 的中位数.

证明仿定理 2.7，只不过在应用第四章定理 4.4 之处改为应用第四章定理 4.4′.

第六章　稳　定　族

§1　问题的提法

在第五章中，我们讨论了相互独立的随机变量序列 $X_1, X_2, \cdots$ 的规范和 $\frac{1}{B_n}\sum_{k=1}^{n} X_k - A_n$ 的极限分布

$$\lim_{n\to\infty} \mathscr{L}\left(\frac{1}{B_n}\sum_{k=1}^{n} X_k - A_n\right)$$

的问题，其中 $\{B_n\}$ 是正数列，$\{A_n\}$ 是实数列.

如果用特征函数的语言说，即对给定的特征函数序列 $\{f_k(t)\}$，第五章讨论了

$$e^{-iA_nt}\prod_{k=1}^{n} f_k\left(\frac{t}{B_n}\right)$$

的极限问题. 具体地说，讨论了:

1. 如果 $\left\{f_k\left(\frac{t}{B_n}\right),\ k=1, 2, \cdots, n\right\}$ 是 u. a. n. 体系，且 $n\to\infty$ 时，$e^{-iA_nt}\prod_{k=1}^{n} f_k\left(\frac{t}{B_n}\right)$ 趋于非退化特征函数 $f(t)$（由第四章定理 4.1 知 $f(t)$ 必为 i. d. c. f. $\{\alpha, \Psi(x)\}$），问 $f(t)$ 属于 $\mathscr{D}$ 中那一个子族？该子族有何特点？回答是 $f(t)$ 属于 L 族，其范式如第五章定理 2.4 所示.

2. 由于 $\{f_k(t)\}$ 是事先给定的，而 $\{B_n\}$ 和 $\{A_n\}$ 是事后适当选取的，因而就产生了如何取 $\{B_n\}$ 及 $\{A_n\}$，使 $\left\{f_k\left(\frac{t}{B_n}\right),\ k=1, 2, \cdots, n\right\}$ 成 u. a. n. 体系，并使 $e^{-iA_nt}\sum_{k=1}^{n} f_k\left(\frac{t}{B_n}\right)$ 趋于非退化特征函数 $f(t)$ 的问题. 第五章也研究了欲 $\{B_n\}$ 和 $\{A_n\}$ 满足上述要求，其充要条件是什么？回答如第五章定理 2.6—2.9.

在这一章中，我们将要把问题更加特殊化. 假定给定了一

串相互独立相同分布的随机变量 $X_1, X_2, \cdots$，讨论其规范和 $\frac{1}{B_n}\sum_{k=1}^{n} X_k - A_n$ 的极限分布

$$\lim_{n\to\infty} \mathscr{L}\left(\frac{1}{B_n}\sum_{k=1}^{n} X_k - A_n\right)$$

的问题，其中 $\{B_n\}$ 为正数列，$\{A_n\}$ 为实数列.

如果用特征函数的术语说，即给定了一个特征函数 $f(t)$，讨论

$$e^{-iA_nt}\left(f\left(\frac{t}{B_n}\right)\right)^n$$

的极限问题. 具体说，我们将要讨论

1. 如果 $\left\{f_{nk}(t) = f\left(\frac{t}{B_n}\right),\ k = 1, 2, \cdots, n\right\}$ 是 u. a. n. 体系，且 $n\to\infty$ 时，$e^{-iA_nt}f\left(\frac{t}{B_n}\right)^n$ 趋于非退化特征函数 $g(t)$ (由第五章定理 2.4 知 $g(t)$ 必属于 L 族)，问 $g(t)$ 属于 L 中那一子族？该子族有何特点？

2. 如果 $\left\{f_{nk}(t) = f\left(\frac{t}{B_n}\right),\ k = 1, 2, \cdots, n\right\}$ 是 u. a. n. 体系，当 $n\to\infty$ 时，$e^{-iA_nt}f\left(\frac{t}{B_n}\right)^n$ 趋于某一特征函数 $g(t)$ 的充要条件是什么？

§2 稳定族

定义 2.1 称特征函数 $f(t)$ 是稳定的，如果对任何常数 $a>0$，$b>0$，都有 $c>0$ 及 d，使

$$f(at)f(bt) = f(ct)e^{idt}.$$

全部稳定特征函数构成的函数族用 S 表示. 显然退化特征函数属于 S.

定理 2.1 下面五族特征函数重合：

$$(1)\ S_1 = \left\{\tilde{f}(t)\ \middle|\ \begin{array}{l}\tilde{f}(t) = e^{-iA_nt}f\left(\frac{t}{B_n}\right)^n\quad (n\geqslant 1),\ \tilde{f}\text{ 是 c.f.},\\ \left\{f_{nk}(t) = f\left(\frac{t}{B_n}\right),\ k = 1, 2, \cdots, n\right\}\\ \text{是 u.a.c 体系.}\end{array}\right\};$$

(2) $S_2=\left\{\tilde{f}(t)\;\middle|\;\begin{array}{l}\tilde{f}(t)=e^{-iA_nt}f\left(\dfrac{t}{B_n}\right)^n,\ (n\geqslant 1),\ \tilde{f}\text{ 是 c.f.,}\\ \left\{f_{nk}(t)=f\left(\dfrac{t}{B_n}\right),\ k=1,2,\cdots,n\right\}\\ \text{是 u.a.n. 体系.}\end{array}\right\}$;

(3) $S_3=\left\{\tilde{f}(t)\;\middle|\;\begin{array}{l}\tilde{f}(t)=\lim\limits_{n\to\infty}e^{-iA_nt}f\left(\dfrac{t}{B_n}\right)^n\text{ 是 c.f.,}\\ \left\{f_{nk}(t)=f\left(\dfrac{t}{B_n}\right),\ k=1,2,\cdots,n\right\}\\ \text{是 u.a.n. 体系.}\end{array}\right\}$;

(4) $S_4=\left\{\tilde{f}(t)\;\middle|\;\begin{array}{l}\tilde{f}(t)=\lim\limits_{n\to\infty}e^{-iA_nt}f\left(\dfrac{t}{B_n}\right)^n\text{ 是 c.f.,}\\ \left\{f_{nk}(t)=f\left(\dfrac{t}{B_n}\right),\ k=1,2,\cdots,n\right\}\\ \text{是 u.a.c. 体系.}\end{array}\right\}$;

(5) $S_5=S$.

证 显然 $S_1=S_2\subset S_3=S_4$. 又因为退化特征函数属于 S_i, $(i=1,2,\cdots,5)$, 所以为证定理,只需证明

(i) $f\in S_5$, f 非退化 $\Rightarrow f\in S_1$;

(ii) $f\in S_3$, f 非退化 $\Rightarrow f\in S_5$.

先证(i) 任取 $f\in S_5$, f 非退化,则由定义有 $c_n>0$ 及 d_n 使

$$f(t)^2=f(c_2t)e^{id_2t},$$
$$f(t)^3=f(t)f(c_2t)e^{id_2t}=f(c_3t)e^{id_3t},$$
$$\cdots\cdots\cdots\cdots\cdots\cdots$$
$$f(t)^n=f(c_nt)e^{id_nt},$$

即

$$f(t)=e^{-id_nt/c_n}f\left(\frac{t}{c_n}\right)^n\quad(n\geqslant 1).\tag{2.1}$$

注意: 上式说明 $S\subset\mathscr{D}$. 若能证 $\left\{f_{nk}(t)=f\left(\dfrac{t}{c_n}\right),\ k=1,2,\cdots,n\right\}$ 是 u.a.c. 体系,则(i)得证. 事实上,(2.1)说明 $f(t)$ 是 i.d.c.f., 故 $f(t)$ 无处为0, 从而再用(2.1)有

$$\lim_{n\to\infty}\left|f\left(\frac{t}{c_n}\right)\right| = \lim_{n\to\infty}|f(t)|^{1/n} = 1 \quad (\text{对一切 } t). \tag{2.2}$$

往证 $\lim\limits_{n\to\infty} c_n = \infty$。谬设有 $\lim\limits_{k\to\infty} c_{n_k} = c$ 为有限数，则由(2.2)有

$$|f(t)| = \lim_{k\to\infty}\left|f\left(\frac{tc}{c_{n_k}}\right)\right| = 1 \quad (\text{一切 } t). \tag{2.3}$$

这与 $f(t)$ 的非退化性矛盾，所以

$$\lim_{n\to\infty} c_n = \infty. \tag{2.4}$$

由(2.1),(2.2),(2.4)并用第五章引理 1.7(iii)得知$\left\{f_{nk}(t) = f\left(\frac{t}{c_n}\right),\ k = 1, 2, \cdots, n\right\}$ 是 u. a. c. 体系.

再证(ii). 任取 $\varphi(t) \in S_3$，$\varphi(t)$ 非退化，则有

$$\varphi(t) = \lim_{n\to\infty} e^{-iA_nt}f\left(\frac{t}{B_n}\right)^n,$$

$$\left\{f_{nk}(t) = f\left(\frac{t}{B_n}\right),\ k = 1, 2, \cdots, n\right\} \text{ 是 u. a. n. 体系.}$$

所以由第五章引理 1.7 得知

$$B_n \to \infty,\ B_{n+1}/B_n \to 1 \quad (n \to \infty).$$

再用第五章引理 1.2，可令 $B_n \uparrow \infty$. 所以任给 $\lambda > 0$，可取 N_n，使 $B_{N_n} \leqslant \lambda B_n < B_{N_n+1}$ (n 充分大后)，因此，

$$\lim_{n\to\infty}\frac{B_{N_n}}{B_n} = \lambda,$$

从而

$$\begin{aligned}\varphi(\lambda t) &= \lim_{n\to\infty} e^{-iA_{N_n}t\lambda}f\left(\frac{\lambda t}{B_{N_n}}\right)^{N_n} \\ &= \lim_{n\to\infty} e^{-iA_{N_n}t\lambda}f\left(\frac{t}{B_n}\right)^{N_n}.\end{aligned}$$

因此，

$$\varphi(t)\varphi(\lambda t) = \lim_{n\to\infty} e^{-i(A_n+\lambda A_{N_n})t}f\left(\frac{t}{B_n}\right)^{N_n+n}$$

$$= \lim_{n\to\infty} e^{iA_n' t} g_n\left(\frac{B_{N_n+n}}{B_n} t\right), \tag{2.5}$$

其中

$$g_n(t) = e^{-iA_{N_n+n}t} f\left(\frac{t}{B_{N_n+n}}\right)^{N_n+n} \to \varphi(t), \tag{2.6}$$

而 $\varphi(t)$，$\varphi(t)\varphi(\lambda t)$ 皆非退化特征函数，所以由(2.5)和(2.6)并应用第五章引理 1.6 的系 2 可知：存在 $B>0$ 及 D，使

$$\varphi(t)\varphi(\lambda t) = e^{iDt}\varphi(Bt).$$

所以，任给 $a>0$，$b>0$，存在 $c>0$ 及 d，使

$$\varphi(at)\varphi(bt) = \varphi(ct)e^{idt}.$$

此即 $\varphi(t)\in S_5$. 定理证毕.

下面我们研究 S 中的特征函数 $f(t)$ 的范式 $\{\alpha, \Psi(x)\}$ 的特点.

引理 2.1 若 $f(t)=\{\alpha, \Psi(x)\}\in\mathscr{D}$，记 $\varphi_a(t)=f(at)$，$a>0$，则 $\varphi_a(t)=\{\alpha_a, \Psi_a(x)\}$，其中

$$\alpha_a = a\alpha + (1-a^2)\int_{R^1}\frac{y}{1+y^2}\,d\Psi\left(\frac{y}{a}\right),$$

$$\Psi_a(x) = \int_{(-\infty,x)}\frac{a^2+y^2}{1+y^2}\,d\Psi\left(\frac{y}{a}\right).$$

证

$$\begin{aligned}
f(at) &= \exp\left(i\alpha at + \int_{R^1}\left(e^{itax}-1-\frac{itax}{1+x^2}\right)\frac{1+x^2}{x^2}\,d\Psi(x)\right)\\
&= \exp\left(i\alpha at + \int_{R^1}\left(e^{ity}-1-\frac{ity}{1+\left(\frac{y}{a}\right)^2}\right)\frac{a^2+y^2}{y^2}\,d\Psi\left(\frac{y}{a}\right)\right)\\
&= \exp\left(i\alpha at + i(1-a^2)t\int_{R^1}\frac{y}{1+y^2}\,d\Psi\left(\frac{y}{a}\right)\right.\\
&\quad\left.+\int_{R^1}\left(e^{ity}-1-\frac{ity}{1+y^2}\right)\frac{a^2+y^2}{y^2}\,d\Psi\left(\frac{y}{a}\right)\right)\\
&= \{\alpha_a, \Psi_a(x)\}.
\end{aligned}$$

定理 2.2 任取 $f(t)\in S$，必有

$$f(t)=\{\alpha,\ \Psi(x)\},$$

$$\Psi(x)=\sigma^2\varepsilon_0(x)+\int_{(-\infty,x)}\frac{q(y)|y|}{1+y^2}dy,\quad \varepsilon_0(x)\ \text{是零一律},$$

$$q(x)=(A+B\cdot\operatorname{sgn}x)|x|^{-\alpha}\quad(x\neq 0),$$

$$A\geqslant 0,\ |B|\leqslant A,\ 0<\alpha<2.$$

证　由于 $S\subset L_4$，所以对于任意 $f(t)\in S$，必有

$$f(t)=\{\alpha,\ \Psi(x)\},$$

$$\Psi(x)=\sigma^2\varepsilon_0(x)+\int_{(-\infty,x)}\frac{q(y)|y|}{1+y^2}dy,\tag{2.7}$$

其中 $q(x)$ 满足第五章定理 2.4 中 L_4 中的性质. 由 $q(y)$ 的单调性,不失普遍性可令 $q(x)$ 在 $x\neq 0$ 处左连续.

下面我们由 $f(t)$ 的稳定性来探求 $q(x)$ 的具体表达式.

由于 $f(t)$ 稳定,所以任给 $a>0$，$b>0$，都存在 $c>0$ 及 d，使

$$f(at)f(bt)=f(ct)e^{idt}.$$

故由引理 2.1 有

$$\{\alpha_a+\alpha_b,\ \Psi_a(x)+\Psi_b(x)\}=\{\alpha_c+d,\ \Psi_c(x)\}.$$

再用第四章定理 3.1 (唯一性) 得

$$\Psi_a(x)+\Psi_b(x)=\Psi_c(x).$$

即

$$\int_{(-\infty,x)}\frac{a^2+y^2}{1+y^2}d\Psi\left(\frac{y}{a}\right)+\int_{(-\infty,x)}\frac{b^2+y^2}{1+y^2}d\Psi\left(\frac{y}{b}\right)$$
$$=\int_{(-\infty,x)}\frac{c^2+y^2}{1+y^2}d\Psi\left(\frac{y}{c}\right).$$

用 (2.7) 代入上式得

$$\int_{(-\infty,x)}\frac{|y|q\left(\frac{y}{a}\right)}{1+y^2}dy+\int_{(-\infty,x)}\frac{|y|q\left(\frac{y}{b}\right)}{1+y^2}dy$$
$$=\int_{(-\infty,x)}\frac{|y|q\left(\frac{y}{c}\right)}{1+y^2}dy\quad(x<0),\tag{2.8}$$

$$\sigma^2 a^2 + \int_{(-\infty,x)} \frac{|y| q\left(\frac{y}{a}\right)}{1+y^2} dy + \sigma^2 b^2 + \int_{(-\infty,x)} \frac{|y| q\left(\frac{y}{b}\right)}{1+y^2} dy$$

$$= \sigma^2 c^2 + \int_{(-\infty,x)} \frac{|y| q\left(\frac{y}{c}\right)}{1+y^2} dy \quad (x > 0). \tag{2.9}$$

对 (2.8) 及 (2.9) 求导数并注意 $q(x)$ 的左连续性得

$$q\left(\frac{x}{a}\right) + q\left(\frac{x}{b}\right) = q\left(\frac{x}{c}\right) \quad (x \neq 0). \tag{2.10}$$

先考虑 $q(x)$ 在 $(0, \infty)$ 内的性质.

在(2.10)中令 $x \to 0+$ 得 $2q(0+) = q(0+)$. 所以 $q(0+)$ 或则为 0 或则为 ∞. 若 $q(0+) = 0$, 则由 $q(x)$ 在 $(-\infty, 0)$ 单调上升在$(0, \infty)$内单调下降得 $q(x) \equiv 0$ $(x \neq 0)$. 若 $q(0+) = \infty$, 则由(2.10)得知有 $c_n > 0$, 使 $nq(x) = q\left(\frac{x}{c_n}\right)$ $(x \neq 0)$, 即

$$q(x) = nq(c_n x) \quad (x \neq 0). \tag{2.11}$$

所以由 (2.11) 有

$$\frac{m}{n} q(x) = \frac{1}{n} q\left(\frac{x}{c_m}\right) = q\left(\frac{c_n}{c_m} x\right). \tag{2.12}$$

特别地,有

$$\begin{cases} \lim\limits_{n\to\infty} q\left(\dfrac{c_{n+1}}{c_n} x\right) = \lim\limits_{n\to\infty} \dfrac{n}{n+1} q(x) = q(x), \\ \lim\limits_{n\to\infty} q\left(\dfrac{c_n}{c_{n+1}} x\right) = \lim\limits_{n\to\infty} \dfrac{n+1}{n} q(x) = q(x). \end{cases} \tag{2.13}$$

由 (2.11) 及 $q(x)$ 在 $(-\infty, 0)$ 单调上升在 $(0, \infty)$ 内单调下降以及 $q(x) \neq 0$ $(x \neq 0)$ 得

$$c_n \uparrow \infty. \tag{2.14}$$

由 (2.13) 得

$$c_{n+1}/c_n \to 1. \tag{2.15}$$

所以,任给 $\lambda > 0$, 对每一个充分大的 k, 都存在 n_k, 使

$$c_{n_k} \leqslant \lambda c_k < c_{n_k+1},$$

由 (2.15) 可得

$$\lim_{k\to\infty} c_{n_k}/c_k = \lambda.$$

由 (2.12) 有

$$\lim_{k\to\infty} \frac{k}{n_k} q(x) = \lim_{k\to\infty} q\left(\frac{c_{n_k}}{c_k} x\right) = q(\lambda x) \quad (\lambda x \in c(q)).$$

若注意 $q(0+) = \infty$，则由上式知：存在 $\varphi(\lambda)$ 使

$$\lim_{k\to\infty} \frac{k}{n_k} = \varphi(\lambda).$$

故 $\varphi(\lambda)q(x) = q(\lambda x)$，$(\lambda x \in c(q))$. 又因为 $q(x)$ 左连续，所以 $\varphi(\lambda)q(x) = q(\lambda x)$（一切 $\lambda > 0$，$x > 0$）. 特别地，$\varphi(\lambda)q(1) = q(\lambda)$. 因此

$$q(\lambda)q(x) = q(x)\varphi(\lambda)q(1) = q(\lambda x)q(1) \quad (\lambda > 0,\ x > 0).$$

即

$$q(x) = A_1 x^{-\alpha_1} \quad (x > 0).$$

而 $q(0+) = \infty$，$q(x) \geqslant 0$，故 $A_1 > 0$，$\alpha_1 > 0$. 又因为

$$\int_0^1 \frac{|x|}{1+x^2} q(x)dx < \infty \quad (q(x) \text{ 满足 } L_4 \text{ 中的要求}),$$

所以 $\alpha_1 < 2$. 因此

$$q(x) = \begin{cases} A_1 x^{-\alpha_1}, & q(0+) = \infty, \\ 0, & q(0+) = 0, \end{cases} \quad x > 0,$$

其中 $0 < \alpha_1 < 2$，$A_1 > 0$.（注意：$q(0+)$ 只有两种可能：$q(0+) = 0$ 或 ∞.）总之，

$$q(x) = A_1 x^{-\alpha_1} \quad (x > 0), \quad \text{其中 } A_1 \geqslant 0,\ 0 < \alpha_1 < 2.$$

关于 $q(x)$ 在 $(-\infty, 0)$ 内的性质，仿上可得

$$q(x) = A_2 |x|^{-\alpha_2} \quad (x < 0), \quad \text{其中 } A_2 \geqslant 0,\ 0 < \alpha_2 < 2.$$

把 $q(x)$ 的上述二表达式代入 (2.10) 得

$$\begin{cases} A_1(a^{\alpha_1} + b^{\alpha_1}) = A_1 c^{\alpha_1}, \\ A_2(a^{\alpha_2} + b^{\alpha_2}) = A_2 c^{\alpha_2}. \end{cases}$$

注意：$a > 0$，$b > 0$ 是可以任意选取的.

（甲）若 $A_1 \neq 0 \neq A_2$，取 $a = 1 = b$，得 $\alpha_1 = \alpha_2$.

(乙) 若 A_1, A_2 至少有一个为 0, 不妨设 $A_1=0$, 则 α_1 可以任意取,当然取 $\alpha_1=\alpha_2$ 也可以.

总之,无论是情况(甲)或者(乙),总有

$$q(x)=\begin{cases}A_1x^{-\alpha} & (x>0);\\ A_2|x|^{-\alpha} & (x<0),\end{cases}\quad \text{其中 } A_1,\ A_2\geqslant 0,\ 0<\alpha<2.$$

即

$$q(x)=(A+B\cdot\operatorname{sgn}x)|x|^{-\alpha}\quad(x\neq 0),$$

其中 $A\geqslant 0$, $|B|\leqslant A$, $0<\alpha<2$. 定理证毕.

讨论.

(I) 若 $\sigma^2=0$, $A=0$, 则 $\sigma^2=0$, $q(x)\equiv 0$, 故 $\Psi(x)\equiv 0$, 从而稳定特征函数 $f(t)=e^{iat}$ 是退化特征函数.

(II) 若 $\sigma^2>0$, $A=0$, 则 $\sigma^2>0$, $q(x)\equiv 0$, 故 $\Psi(x)=\sigma^2\varepsilon_0(x)$, 从而 $f(t)=e^{iat-\frac{1}{2}\sigma^2t^2}$ 是正态特征函数.

(III) 若 $\sigma^2=0$, $A>0$, 则 $\sigma^2=0$, $q(x)\neq 0$, 故 $\Psi(\{0\})=\sigma^2=0$, 从而 $f(t)$ 是无正态成分的稳定特征函数.

注意: $A>0$, $\sigma^2>0$ 这种情况是不可能的. 因为由 $A>0$ 可推出 $q(x)\neq 0$, 以 $q(x)=(A+B\cdot\operatorname{sgn}x)|x|^{-\alpha}$ 代入 (2.8) 得 $a^\alpha+b^\alpha=c^\alpha$, 代入 (2.9) 得

$$a^2\sigma^2+b^2\sigma^2-c^2\sigma^2+(a^\alpha+b^\alpha-c^\alpha)\int_{(-\infty,x)}\frac{|y|q(y)}{1+y^2}dy=0,$$

所以 $a^2\sigma^2+b^2\sigma^2-c^2\sigma^2=0$. 令 $a=b=1$, 并注意对应的 c 也大于 0 得 $\sigma^2=0$. 这就证明了

$$A>0\Rightarrow\sigma^2=0.$$

对于情况 (I), (II), 稳定特征函数 $f(t)$ 的范式已明确地写出来了,它们分别为退化特征函数与正态特征函数. 对于情况(III), 其范式为

$$f(t)=\{\alpha,\Psi(x)\}=\exp\left(i\alpha t+\int_{R^1}\left(e^{itx}-1-\frac{itx}{1+x^2}\right)\times\frac{(A+B\cdot\operatorname{sgn}x)}{|x|^{1+\alpha}}dx\right),$$

其中 $0<\alpha<2$，$A>0$，$|B|\leqslant A$.

下面我们将把上述积分算出来. 为此，我们要用下面三个积分公式:

(1) $$\int_0^{\infty}\frac{dx}{x^{\alpha}(x^2+1)}=\int_0^{\infty}\frac{x^{\alpha}}{1+x^2}dx=\frac{\pi}{2\cos\frac{\pi}{2}\alpha}\quad(0<\alpha<1),$$

(2) $$\int_0^{\infty}\frac{1-\cos tx}{x^{\alpha+1}}dx=\frac{\pi|t|^{\alpha}}{2\Gamma(\alpha+1)\sin\frac{\pi}{2}\alpha}\quad(0<\alpha<1),$$

(3) $$\int_0^{\infty}\frac{\sin tx}{x^{\alpha+1}}dx=\frac{\pi\,\mathrm{sgn}\,t|t|^{\alpha}}{2\Gamma(\alpha+1)\cos\frac{\pi}{2}\alpha}\quad(0<\alpha<1).$$

令

$$g(t)=\int_{R^1}\left(e^{itx}-1-\frac{itx}{1+x^2}\right)\frac{(A+B\,\mathrm{sgn}\,x)}{|x|^{1+\alpha}}dx$$

情况 (a) $0<\alpha<1$.

把 $g(t)$ 分成实部与虚部得

$$\begin{aligned}g(t)&=-2A\int_0^{\infty}\frac{1-\cos tx}{x^{1+\alpha}}dx\\&\quad+2Bi\int_0^{\infty}\left(\sin tx-\frac{tx}{1+x^2}\right)\frac{dx}{x^{1+\alpha}}\\&=-2A\int_0^{\infty}\frac{1-\cos tx}{x^{1+\alpha}}dx\\&\quad+2Bi\int_0^{\infty}\frac{\sin tx}{x^{1+\alpha}}dx-2Bit\int_0^{\infty}\frac{dx}{x^{\alpha}(1+x^2)}.\end{aligned}$$

利用上面三个积分公式可得

$$g(t) = -\frac{Bi\pi t}{\cos\frac{\pi}{2}\alpha} - \frac{A\pi|t|^{\alpha}}{\Gamma(\alpha+1)\sin\frac{\pi}{2}\alpha}$$

$$+\frac{Bi\pi\,\mathrm{sgn}\,t|t|^{\alpha}}{\Gamma(\alpha+1)\cos\frac{\pi}{2}\alpha}.$$

情况 (b) $1<\alpha<2$.

对 $g(t)$ 求导数得:

$$g'(t) = i\int_{R^1} x\left(e^{itx} - \frac{1}{1+x^2}\right)\frac{A+B\,\mathrm{sgn}\,x}{|x|^{1+\alpha}}dx$$

$$= i\int_{R^1}\left(e^{itx} - \frac{1}{1+x^2}\right)\frac{A\cdot\mathrm{sgn}\,x+B}{|x|^{\alpha}}dx,$$

若注意

$$Ai\int_{R^1}\frac{|x|^{2-\alpha}}{1+x^2}\,\mathrm{sgn}\ x\,dx = 0$$

则可得

$$g'(t) = i\int_{R^1}(e^{itx}-1)\frac{A\,\mathrm{sgn}\,x+B}{|x|^{\alpha}}dx + Bi\int_{R^1}\frac{|x|^{2-\alpha}}{1+x^2}dx$$

$$= -2Bi\int_0^{\infty}\frac{1-\cos tx}{x^{\alpha}}dx - 2A\int_0^{\infty}\frac{\sin tx}{x^{\alpha}}dx$$

$$+2Bi\int_0^{\infty}\frac{|x|^{2-\alpha}}{1+x^2}dx.$$

用前面三个积分公式可得

$$g'(t) = -2Bi\frac{\pi|t|^{\alpha-1}}{2\Gamma(\alpha)\sin\frac{\pi}{2}(\alpha-1)} - 2A\frac{\pi\,\mathrm{sgn}\,t|t|^{\alpha-1}}{2\Gamma(\alpha)\cos\frac{(\alpha-1)\pi}{2}}$$

$$+2Bi\frac{\pi}{2\cos\frac{\pi}{2}(2-\alpha)}$$

$$= \frac{Bi\pi|t|^{\alpha-1}}{\Gamma(\alpha)\cos\frac{\alpha\pi}{2}} - \frac{\pi A\,\mathrm{sgn}\,t|t|^{\alpha-1}}{\Gamma(\alpha)\sin\frac{\alpha\pi}{2}} - \frac{Bi\pi}{\cos\frac{\alpha\pi}{2}},$$

所以

$$g(t)=\frac{Bi\pi\operatorname{sgn}t|t|^{\alpha}}{\Gamma(\alpha+1)\cos\frac{\alpha\pi}{2}}-\frac{\pi A|t|^{\alpha}}{\Gamma(\alpha+1)\sin\frac{\alpha\pi}{2}}-\frac{Bi\pi t}{\cos\frac{\alpha\pi}{2}}.$$

因此,无论 $0<\alpha<1$ 或者 $1<\alpha<2$, $g(t)$ 的表示式在形式上都是一样的，即

$$g(t)=-\frac{\pi A|t|^{\alpha}}{\Gamma(\alpha+1)\sin\frac{\alpha\pi}{2}}+\frac{Bi\pi(|t|^{\alpha}\operatorname{sgn}t-t\Gamma(\alpha+1))}{\cos\frac{\alpha\pi}{2}}$$

$$(0<\alpha<2,\ \alpha\neq 1).$$

当 $\alpha=1$ 时，上式第一项为 $-\pi A|t|$，而第二项可用洛必达(L′ Hopitol G.) 法则算出为

$$-2Bi(t\log|t|-t\Gamma'(1)).$$

所以

$$\begin{aligned}f(t)&=\{\alpha,\Psi(x)\}=e^{iat+g(t)}\\&=\begin{cases}e^{ict-(c_0-ic_1\operatorname{sgn}t)|t|^{\alpha}}, & 0<\alpha<2,\ \alpha\neq 1;\\ e^{ic't-a|t|+bit\log|t|}, & \alpha=1,\end{cases}\end{aligned}$$

其中

$$c=a-\frac{B\pi}{\cos\frac{\alpha\pi}{2}},\qquad c_0=\frac{A\pi}{\Gamma(\alpha+1)\sin\frac{\alpha\pi}{2}},$$

$$c_1=\frac{B\pi}{\Gamma(\alpha+1)\cos\frac{\alpha\pi}{2}},\qquad c'=a+2B\Gamma'(1),$$

$$a=A\pi,\qquad b=2B.$$

而 $A>0$, $|B|\leqslant A$ 反映在这里为

$$\begin{cases}c_0>0,\\ |c_1|\leqslant c_0\left|\tan\frac{\alpha\pi}{2}\right|,\end{cases}\qquad\begin{cases}a>0,\\ |b|<\frac{2}{\pi}a.\end{cases}$$

作为这一章的结尾,我们研究 $e^{-iA_nt}f\left(\frac{t}{B_n}\right)^n$ 趋于某一个稳定特征函数的充要条件. 而趋于退化特征函数与正态特征函数的简单情形在第四章 § 5 中已经进行过周详的讨论了，所以，在此只

讨论趋于非退化非正态的稳定特征函数的充要条件,(即前面所说的 $\sigma^2=0$, $A>0$ 的情况(III)).

定理 2.3 设 $f(t)$ 是特征函数，$\varphi(t)$ 是非退化非正态的稳定特征函数，即

$$\varphi(t)=\{\gamma,\ \Psi(x)\},$$
$$\Psi(x)=\int_{(-\infty,x)}\frac{(A+B\operatorname{sgn}y)|y|^{1-\alpha}}{1+y^2}dy,$$
$$A>0,\ |B|\leqslant A,\ 0<\alpha<2,$$

则

$$\lim_{n\to\infty}e^{-iA_nt}f\left(\frac{t}{B_n}\right)^n=\varphi(t)$$

的充要条件是:

(I) $\lim\limits_{n\to\infty}nF(B_nx)=\dfrac{A-B}{\alpha}|x|^{-\alpha}\quad(x<0),$

$\lim\limits_{n\to\infty}n(1-F(B_nx))=\dfrac{A+B}{\alpha}x^{-\alpha}\quad(x>0);$

(II) $$\lim_{n\to\infty}\frac{n}{B_n^2}\left[\int_{|y|<B_nx}y^2dF(y)-\left(\int_{|y|<B_nx}ydF(y)\right)^2\right]$$
$$=\frac{2A}{2-\alpha}x^{2-\alpha}$$

(对一切 $x>0$ 或一个 $x>0$),

其中 $F(x)$ 为 $f(x)$ 的 d. f.;

(III) $$\lim_{n\to\infty}\left(-A_n+\frac{n}{B_n}\int_{|y|<B_nx}ydF(y)\right)$$
$$=\begin{cases}\gamma+\dfrac{2Bx^{1-\alpha}}{1-\alpha}-\dfrac{B\pi}{\cos\dfrac{\alpha\pi}{2}}, & \alpha\neq1,\\ \gamma+\log x, & \alpha=1,\end{cases}$$

对一切 $x>0$ 或一个 $x>0$，其中 $\{A_n\}$ 为实数列，$\{B_n\}$ 为正数列.

证 必要性.

若 $\lim\limits_{n\to\infty} e^{-iA_n t} f\left(\frac{t}{B_n}\right)^n = \varphi(t)$（非退化非正态的稳定特征函数），则 $B_n \to \infty$.（此事实在定理 2.1 的 $S_5 \subset S_1$ 的证明中已证.）所以

$$\lim_{n\to\infty} \max_{1\leqslant k\leqslant n} |1 - f_{nk}(t)| = \lim_{n\to\infty} \max_{1\leqslant k\leqslant n} \left|1 - f\left(\frac{t}{B_n}\right)\right| = 0,$$

此即 $\left\{f_{nk}(t) = f\left(\frac{t}{B_n}\right),\ k = 1, 2, \cdots, n\right\}$ 是 u. a. n. 体系，所以由第四章定理 4.3 得知 (I), (II), (III) 成立.

充分性. 由 (I) 得：$(1 - F(B_n x) + F(-B_n x)) \to 0$,（对一切 $x > 0$），所以 $B_n \to \infty$（反之 $F(x)$ 为零一律，从而 (II) 的左端恒为 0，而右端恒大于 0，故(II)不能成立）. 因此，$\left\{f_{nk}(t) = f\left(\frac{t}{B_n}\right),\ k = 1, 2, \cdots, n\right\}$ 是 u. a. n. 体系，再用第四章定理 4.3 知 (I), (II), (III) 是充分条件.

第七章　强极限定理

在第三章至第六章,我们系统地研究了分布函数(特征函数)的极限理论。在这一章中,我们将直接从随机变量出发,研究它们的极限理论. 本章涉及的随机变量,都是某个概率空间 $(\Omega, \mathscr{F}, P)$ 上的,因而涉及随机变量序列的几乎处处([a. e.])收敛,总是对概率测度 P 而言的. Ω 中的元素用 ω 表示.

§1　三级数定理及强大数定律

引理 1.1(柯尔莫哥罗夫不等式)　设随机变量 $X_1, \cdots, X_n$ 相互独立,$\boldsymbol{E}(X_k) = p_k$, $\operatorname{var}(X_k) = \sigma_k^2$ 都存在 $(k = 1, 2, \cdots, n)$,则对任意给定的 $\varepsilon > 0$,都有

$$P\left(\max_{1 \leqslant k \leqslant n} \left|\sum_{i=1}^{k} (X_i - p_i)\right| \geqslant \varepsilon\right) \leqslant \frac{\sum\limits_{k=1}^{n} \sigma_k^2}{\varepsilon^2}. \tag{1.1}$$

证　令 $E = \left\{\max\limits_{1 \leqslant k \leqslant n} \left|\sum\limits_{i=1}^{k} (X_i - p_i)\right| \geqslant \varepsilon\right\}$, $S_k = \sum\limits_{i=1}^{k} (X_i - p_i)$, $E_k = \left(\bigcap\limits_{i=1}^{k-1} \{|S_i| < \varepsilon\}\right) \cap \{|S_k| \geqslant \varepsilon\}$ $(k \geqslant 2)$, $E_1 = \{|S_1| \geqslant \varepsilon\}$,则 $E = \bigcup\limits_{k=1}^{n} E_k$, $\{E_k\}$ 互不相交. 又因为由独立性有

$$\begin{aligned}\int_{E_k} S_n^2 dP &= \int_{E_k} \left\{S_k^2 + 2S_k \sum_{i=k+1}^{n} (X_i - p_i)\right. \\ &\quad \left. + \left(\sum_{i=k+1}^{n} (X_i - p_i)\right)^2\right\} dP \\ &= \int_{E_k} S_k^2 dP + \int_{E_k} \left(\sum_{i=k+1}^{n} (X_i - p_i)\right)^2 dP\end{aligned}$$

$$\geqslant \int_{E_k} S_k^2 dP. \tag{1.2}$$

所以

$$\sum_{k=1}^{n} \sigma_k^2 = \operatorname{var}\left(\sum_{k=1}^{n} X_k\right) = \int_{\Omega}\left(\sum_{k=1}^{n}(X_k - p_k)\right)^2 dP$$

$$\geqslant \int_{E} S_n^2 dP = \sum_{k=1}^{n} \int_{E_k} S_n^2 dP$$

$$\geqslant \sum_{k=1}^{n} \int_{E_k} S_k^2 dP \geqslant \sum_{k=1}^{n} \varepsilon^2 P(E_k) = \varepsilon^2 P(E),$$

此即

$$P\left(\left(\max_{1\leqslant k\leqslant n}\left|\sum_{i=1}^{k}(X_i - p_i)\right|\right) \geqslant \varepsilon\right) \leqslant \frac{\sum_{k=1}^{n}\sigma_k^2}{\varepsilon^2}.$$

定理 1.1 设随机变量序列 $\{X_n\}$ 相互独立. $\boldsymbol{E}(X_n) = p_n$, $\operatorname{var}(X_n) = \sigma_n^2$ 都存在,则 $\sum_{n=1}^{\infty} X_n$ 收敛 [m²], 即 $\sum_{n=1}^{\infty} X_n$ 均方收敛的充要条件是

$$\sum_{n=1}^{\infty} p_n \text{ 与 } \sum_{n=1}^{\infty} \sigma_n^2 \text{ 皆收敛.}$$

而且,若 $\sum_{n=1}^{\infty} X_n = X$, [m²], 则 $\sum_{n=1}^{\infty} p_n = \boldsymbol{E}(X)$, $\sum_{n=1}^{\infty} \sigma_n^2 = \operatorname{var}(X)$.

(注意: $\sum_{n=1}^{\infty} X_n$ 收敛 [m²], 意即 $\sum_{n=1}^{\infty} X_n$ 在 [m²] 意义下收敛到某一随机变量,对其它意义下的收敛,也有类似的含义.)

证 必要性. 若 $\sum_{n=1}^{\infty} X_n = X$, [m²], 即

$$\lim_{n\to\infty} \boldsymbol{E}\left(\left|X - \sum_{k=1}^{n} X_k\right|^2\right) = 0.$$

由

$$\left|\boldsymbol{E}(X) - \sum_{k=1}^{n} p_k\right| \leqslant \boldsymbol{E}\left(\left|X - \sum_{k=1}^{n} X_k\right|\right)$$

$$\leqslant \left[\boldsymbol{E}\left(\left| X - \sum_{k=1}^{n} X_k \right|^2 \right) \right]^{\frac{1}{2}}$$

可知

$$\sum_{n=1}^{\infty} p_n = \boldsymbol{E}(X) \quad \text{收敛.}$$

又因为

$$\left| \operatorname{var}(X) - \sum_{k=1}^{n} \operatorname{var}(X_k) \right| = \left| \operatorname{var}(X) - \operatorname{var}\left(\sum_{k=1}^{n} X_k \right) \right|$$

$$= \left| \boldsymbol{E}(X^2) - \boldsymbol{E}(X)^2 - \boldsymbol{E}\left(\left(\sum_{k=1}^{n} X_k \right)^2 \right) + \left(\sum_{k=1}^{n} p_k \right)^2 \right|$$

$$\leqslant \boldsymbol{E}\left(\left| X - \sum_{k=1}^{n} X_k \right|^2 \right) + 2\boldsymbol{E}\left(\left| \left(\sum_{k=1}^{n} X_k \right)^2 - X \sum_{k=1}^{n} X_k \right| \right)$$

$$+ \left| \left(\sum_{k=1}^{n} p_k \right)^2 - \boldsymbol{E}(X)^2 \right|,$$

但是，由霍尔德尔不等式，闵可夫斯基（Minkowski, H.）不等式有

$$\boldsymbol{E}\left(\left| \left(\sum_{k=1}^{n} X_k \right)^2 - X \sum_{k=1}^{n} X_k \right| \right)$$

$$\leqslant \boldsymbol{E}\left(\left| \sum_{k=1}^{n} X_k - X \right|^2 \right)^{\frac{1}{2}} \boldsymbol{E}\left(\left| \sum_{k=1}^{n} X_k \right|^2 \right)^{\frac{1}{2}}$$

$$\leqslant \boldsymbol{E}\left(\left| \sum_{k=1}^{n} X_k - X \right|^2 \right)^{\frac{1}{2}} \left(\boldsymbol{E}\left(\left| \sum_{k=1}^{n} X_k - X \right|^2 \right)^{\frac{1}{2}} \right.$$

$$\left. + \boldsymbol{E}(|X|^2)^{\frac{1}{2}} \right),$$

以此式代入上式，并注意 $\boldsymbol{E}(|X|^2) = \beta^2 < \infty$，$\sum_{n=1}^{\infty} p_n = \boldsymbol{E}(X)$ 收敛，及 $\boldsymbol{E}\left(\left| \sum_{k=1}^{n} X_k - X \right|^2 \right) \to 0$ 可得

$$\sum_{n=1}^{\infty} \sigma_n^2 = \operatorname{var}(X) \quad \text{收敛.}$$

充分性．首先我们证明 $\left\{ \sum_{k=1}^{n} (X_k - p_k) \right\}$ 是一个基本均方收

敛序列.

事实上，$\boldsymbol{E}\left(\left|\sum_{k=m}^{n}(X_k-p_k)\right|^2\right)\leqslant\sum_{k=m}^{n}\sigma_k^2$，所以由 $\sum_{k=1}^{\infty}\sigma_k^2<\infty$ 知 $\left\{\sum_{k=1}^{n}(X_k-p_k)\right\}$ 是基本均方收敛序列. 因此，它均方收敛，又因为 $\sum_{n=1}^{\infty}p_n$ 收敛，故 $\left\{\sum_{k=1}^{n}X_k\right\}$ 均方收敛.

定理 1.2 设随机变量序列 $\{X_n\}$ 相互独立，$\boldsymbol{E}(X_n)=p_n$，$\mathrm{var}(X_n)=\sigma_n^2$ 都存在 $(n=1,2,\cdots)$，而且 $\sum_{n=1}^{\infty}p_n$，$\sum_{n=1}^{\infty}\sigma_n^2$ 都收敛，则

(1) $\sum_{n=1}^{\infty}X_n$ 收敛，[a. e.];

(2) $\sum_{n=1}^{\infty}X_n=X$，[m²]，$\boldsymbol{E}(X)=\sum_{n=1}^{\infty}p_n$，

$$\mathrm{var}(X)=\sum_{n=1}^{\infty}\sigma_n^2;$$

(3) $P\left(\sup\limits_{1\leqslant n<\infty}\left|\sum_{k=1}^{n}(X_k-p_k)\right|\geqslant\varepsilon\right)\leqslant\sum_{n=1}^{\infty}\sigma_n^2/\varepsilon^2$.

证 不失普遍性可令 $p_n=\boldsymbol{E}(X_n)=0\quad(n\geqslant1)$，再令

$$S_n(\omega)=\sum_{k=1}^{n}X_k(\omega)\ (n\geqslant1),\quad S_0(\omega)=0,$$

$$a_m(\omega)=\sup\{|S_{m+k}(\omega)-S_m(\omega)|,\ k=0,1,2,\cdots\},$$

$$a(\omega)=\inf\{a_m(\omega),\ m=0,1,2,\cdots\}.$$

则 $\sum_{n=1}^{\infty}X_n(\omega_0)$ 收敛的充要条件是：$a(\omega_0)=0$. 因此，欲证 $\sum_{n=1}^{\infty}X_n$ 收敛，[a. e.]，只需证明对任意 $\varepsilon>0$，有

$$P(a(\omega)\geqslant\varepsilon)=0.$$

事实上

$$P(a(\omega)\geqslant\varepsilon)\leqslant P(a_m(\omega)\geqslant\varepsilon)$$
$$=P(\sup\{|S_{m+k}(\omega)-S_m(\omega)|,\ k=1,2,\cdots\}\geqslant\varepsilon)$$

$$= P\left(\left(\lim_{n\to\infty} \max_{1\leqslant k\leqslant n} |S_{m+k}(\omega) - S_m(\omega)|\right) \geqslant \varepsilon\right)$$

$$\leqslant P\left(\lim_{n\to\infty}\left(\max_{1\leqslant k\leqslant n} |S_{m+k}(\omega) - S_m(\omega)| \geqslant \varepsilon - \frac{\varepsilon}{r}\right)\right)$$

$$= \lim_{n\to\infty} P\left(\max_{1\leqslant k\leqslant n} |S_{m+k}(\omega) - S_m(\omega)| \geqslant \varepsilon - \frac{\varepsilon}{r}\right)$$

$$\leqslant \lim_{n\to\infty} \frac{1}{\left(\varepsilon - \frac{\varepsilon}{r}\right)^2} \sum_{j=m+1}^{m+n} \operatorname{var}(X_j). \tag{1.3}$$

由于 $\sum_{j=1}^{\infty} \operatorname{var}(X_j)$ 收敛，在(1.3)中令 $m\to\infty$ 即可得 $P(a(\omega)\geqslant \varepsilon) = 0$. 此即(1)成立. 在(1.3)中取 $m=0$, 令 $r\to\infty$ 则得

$$P(a_0(\omega)\geqslant\varepsilon) \leqslant \frac{1}{\varepsilon^2}\sum_{j=1}^{\infty} \operatorname{var}(X_j),$$

此即(3)成立. 而(2)可直接由定理 1.1 得出.

定理 1.3 设 $\{X_n\}$ 为相互独立的随机变量序列，$|X_n| < c$, [a. e.] $(n\geqslant 1)$, 而且 $\sum_{n=1}^{\infty} X_n$ 在某一正测集上收敛，则

$$\sum_{n=1}^{\infty} \boldsymbol{E}(X_n), \quad \sum_{n=1}^{\infty} \operatorname{var}(X_n)$$

都收敛.

证 设 $\boldsymbol{E}(X_n) = 0 \quad (n\geqslant 1)$, 令 $S_0 = 0$, $S_n = \sum_{k=1}^{n} X_k$ $(n\geqslant 1)$. 由于 $\sum_{n=1}^{\infty} X_n$ 在正测集 E_1 上收敛，且 $|X_n| < c$, [a. e.], 所以存在一个正测集 $E_2 \subset E_1$, 使 $\sum_{n=1}^{\infty} X_n$ 在 E_2 上收敛，且 $|X_n| < c$ 在 E_2 上处处成立. 利用叶果罗夫 (Егоров, Д. Ф.) 定理，可知，存在一个正测集 $E_3 \subset E_2$, 使 $\sum_{n=1}^{\infty} X_n$ 在 E_3 上一致收敛，即，对任何给定的 $\varepsilon > 0$, 存在正整数 N, 对任意正整数 p, 都有

$$|S_N(\omega) - S_{N+p}(\omega)| < \varepsilon, \quad 对\ \omega\in E_3\ 一致成立.$$

所以

$$|S_{N+p}(\omega)| \leqslant |S_N(\omega)| + \varepsilon \leqslant Nc + \varepsilon \quad (\omega \in E_3).$$

而 $|X_k(\omega)| < c\ (\omega \in E_3)$，所以对一切 $n \leqslant N$，$\omega \in E_3$，都有

$$|S_n(\omega)| \leqslant nc \leqslant Nc.$$

因此 $|S_n(\omega)| \leqslant Nc + \varepsilon\ (\omega \in E_3,\ n \geqslant 1)$. 即

$$E_3 \subset \bigcap_{n=0}^{\infty} \{|S_n| \leqslant Nc + \varepsilon\} \overset{\text{记作}}{=\!=} F,$$

所以 $P(F) \geqslant P(E_3) > 0$. 令

$$F_n = \bigcap_{k=0}^{n} \{|S_k| \leqslant Nc + \varepsilon\},$$

则 $F_n \downarrow F$. 再令 $d = Nc + \varepsilon$，$G_n = F_{n-1} \backslash F_n$，$\alpha_n = \int_{F_n} S_n^2 dP$，则由独立性及假设 $\boldsymbol{E}(X_n) = 0$ 得

$$\begin{aligned}
\alpha_n - \alpha_{n-1} &= \int_{F_n} S_n^2 dP - \int_{F_{n-1}} S_{n-1}^2 dP \\
&= \int_{F_{n-1}} S_n^2 dP - \int_{G_n} S_n^2 dP - \int_{F_{n-1}} S_{n-1}^2 dP \\
&= \int_{F_{n-1}} (X_n^2 + 2X_n S_{n-1}) dP - \int_{G_n} S_n^2 dP \\
&= \int_{F_{n-1}} X_n^2 dP - \int_{G_n} S_n^2 dP \\
&= \int_{\Omega} \chi_{F_{n-1}} X_n^2 dP - \int_{G_n} S_n^2 dP \\
&= \int_{\Omega} \chi_{F_{n-1}} dP \cdot \int_{\Omega} X_n^2 dP - \int_{G_n} S_n^2 dP \\
&\geqslant P(F_{n-1}) \operatorname{var}(X_n) - P(G_n)(d + c)^2 \\
&\geqslant P(F) \operatorname{var}(X_n) - P(G_n)(d + c)^2. \qquad (1.4)
\end{aligned}$$

把(1.4)对 n 从 1 到 M 求和得:

$$\begin{aligned}
\alpha_M &\geqslant \sum_{n=1}^{M} P(F) \operatorname{var}(X_n) - (d + c)^2 P\left(\sum_{n=1}^{M} G_n\right) \\
&\geqslant P(F) \sum_{n=1}^{M} \operatorname{var}(X_n) - (d + c)^2.
\end{aligned}$$

而 $a_M \leqslant d^2$，所以 $\sum_{n=1}^{\infty} \operatorname{var}(X_n)$ 收敛.

现在，我们来证明一般情况，即取消 $\boldsymbol{E}(X_n)=0$ 的假设. 作新的相互独立随机变量序列 $\{X_n^*\}$，它与原来的 $\{X_n\}$ 相互独立，且 X_n^* 与 X_n 同分布 $(n \geqslant 1)$. 记 $Y_n = X_n - X_n^*$，则 $\boldsymbol{E}(Y_n)=0$，$\operatorname{var}(X_n)=\frac{1}{2}\operatorname{var}(Y_n)$，$\sum_{n=1}^{\infty} Y_n$ 在某一正测集上收敛，$|Y_n|<2c$，[a. e.]. 因此，由前面的证明可知 $\sum_{n=1}^{\infty} \operatorname{var}(Y_n)$ 收敛，所以 $\sum_{n=1}^{\infty} \operatorname{var}(X_n)=\frac{1}{2}\sum_{n=1}^{\infty} \operatorname{var}(Y_n)$ 收敛. 但是 $\sum_{n=1}^{\infty} \operatorname{var}(X_n-\boldsymbol{E}(X_n))$ 收敛，$\sum_{n=1}^{\infty} \boldsymbol{E}(X_n-\boldsymbol{E}(X_n))=0$，所以由定理 1.1 得

$$\sum_{n=1}^{\infty}(X_n-\boldsymbol{E}(X_n)) \quad \text{收敛，[a. e.].}$$

而 $\sum_{n=1}^{\infty} X_n$ 在某一正测集上收敛，所以 $\sum_{n=1}^{\infty} \boldsymbol{E}(X_n)$ 收敛.

定理 1.4 （波莱尔引理） 若 $\sum_{n=1}^{\infty} P(E_n)<\infty$，则 $P(\limsup_{n\to\infty} E_n)=0$；反之，若 $P(\limsup_{n\to\infty} E_n)=0$，而且 $\{E_n\}$ 相互独立，则 $\sum_{n=1}^{\infty} P(E_n)<\infty$.

证 若 $\sum_{n=1}^{\infty} P(E_n)<\infty$，则

$$P(\limsup_{n\to\infty} E_n)=P\left(\bigcap_{n=1}^{\infty}\bigcup_{k=n}^{\infty} E_k\right)=\lim_{n\to\infty} P\left(\bigcup_{k=n}^{\infty} E_k\right)$$

$$=\lim_{n\to\infty}\lim_{m\to\infty} P\left(\bigcup_{k=n}^{m} E_k\right) \leqslant \lim_{n\to\infty}\lim_{m\to\infty}\sum_{k=n}^{m} P(E_k)=0.$$

若 $P(\limsup_{n\to\infty} E_n)=0$，$\{E_n\}$ 相互独立，令 χ_n 为 E_n 上的示性函数，则 $w_0 \in \limsup_{n\to\infty} E_n$ 的充要条件是 $\sum_{n=1}^{\infty} \chi_n(w_0)$ 发散. 所以由 $P(\limsup_{n\to\infty} E_n)=0$ 推出 $\sum_{n=1}^{\infty} \chi_n$ 收敛，[a. e.]. 而 $|\chi_n| \leqslant 1$，

$(n \geqslant 1)$，所以由定理 1.3 得知

$$\sum_{n=1}^{\infty} P(E_n) = \sum_{n=1}^{\infty} \boldsymbol{E}(\chi_n) \quad \text{收敛.}$$

引理 1.2 令 $\{a_{nk},\ k = 1, 2, \cdots, k_n\}$ 满足下述条件:

(1) $k_n \geqslant n,\ k_{n+1} \geqslant k_n\ (n \geqslant 1)$;

(2) 对每一个 k，都有 $\lim\limits_{n\to\infty} a_{nk} = 0$;

(3) $\sum\limits_{k=1}^{k_n} |a_{nk}| \leqslant c < \infty \quad (n \geqslant 1)$.

若令 $x_n' = \sum\limits_{k=1}^{k_n} a_{nk}x_k$，则由 $x_n \to 0$ 可推出 $x_n' \to 0$；由 $\sum\limits_{k=1}^{k_n} a_{nk} \to 1$ 及 $x_n \to x$ 可推出 $x_n' \to x$ (x 是实数). 特别地，若 $b_n = \left(\sum\limits_{k=1}^{n} a_k\right) \uparrow \infty$，则由 $x_n \to x$ (x 是实数) 可推出

$$\frac{1}{b_n} \sum_{k=1}^{n} a_k x_k \to x.$$

证 若 $x_n \to 0$，则任给 $\varepsilon > 0$，都存在 $N(\varepsilon)$，当 $n \geqslant N(\varepsilon)$ 时，$|x_n| \leqslant \dfrac{\varepsilon}{c}$. 所以

$$|x_n'| \leqslant \sum_{k=1}^{N(\varepsilon)} |a_{nk}x_k| + \varepsilon. \tag{1.5}$$

由于 $N(\varepsilon)$ 是固定的，$a_{nk} \to 0\ (n \to \infty)$，所以在 (1.5) 中令 $n \to \infty$ 并注意 $\varepsilon > 0$ 可任意小，即发现

$$x_n' \to 0.$$

若
$$\sum_{k=1}^{k_n} a_{nk} \to 1,\quad x_n \to x \quad (n \to \infty),$$
则
$$x_n' = \sum_{k=1}^{k_n} a_{nk}x + \sum_{k=1}^{k_n} a_{nk}(x_k - x) \to x.$$

若 $b_n = \left(\sum\limits_{k=1}^{n} a_k\right) \uparrow \infty$，$x_n \to x$，取 $a_{nk} = \dfrac{a_k}{b_n}$ ($k = 1, \cdots, k_n = n$)，则

$$\sum_{k=1}^{k_n} a_{nk} \to 1, \quad x_n \to x \quad (n \to \infty).$$

所以

$$\frac{1}{b_n} \sum_{k=1}^{n} a_k x_k = \sum_{k=1}^{k_n} a_{nk} x_k = x_n' \to x.$$

系 若 $\sum_{n=1}^{\infty} a_n$ 收敛，$b_n \uparrow \infty$，则

$$\frac{b_1 a_1 + \cdots + b_n a_n}{b_n} \to 0. \tag{1.6}$$

证 令 $S_0 = 0$，$S_n = a_1 + \cdots + a_n$，则

$$\frac{1}{b_n} \sum_{j=1}^{n} a_j b_j = \frac{1}{b_n} \sum_{j=1}^{n} (S_j - S_{j-1}) b_j$$

$$= \left(S_n - \frac{1}{b_n} \sum_{j=0}^{n-1} (b_{j+1} - b_j) S_j \right) \to 0.$$

定理 1.5 （强大数定律） 设 $\{X_n\}$ 是相互独立的随机变量序列，$b_n \uparrow \infty$，若 $\boldsymbol{E}(X_n) = p_n$ 存在，$\boldsymbol{E}(X_n^2) < \infty$ $(n \geqslant 1)$，且 $\sum_{n=1}^{\infty} \frac{\operatorname{var}(X_n)}{b_n^2} < \infty$，则

$$\lim_{n\to\infty} \frac{1}{b_n} \sum_{k=1}^{n} (X_k - p_k) = 0, \quad [\text{a.e.}], \tag{1.7}$$

$$\lim_{n\to\infty} \frac{1}{b_n} \sum_{k=1}^{n} (X_k - p_k) = 0, \quad [\text{m}^2]. \tag{1.8}$$

证 应用定理 1.2 于 $\left\{\frac{X_n - p_n}{b_n}\right\}$，则知

$$\sum_{n=1}^{\infty} \frac{X_n - p_n}{b_n} = X, \quad [\text{a.e.}].$$

取 $a_n = \frac{1}{b_n}(X_n - p_n)$，再利用引理 1.2 的系，则得 (1.7).

又因为

$$E\left(\left(\frac{1}{b_n}\sum_{k=1}^{n}(X_k-p_k)\right)^2\right)=\frac{1}{b_n^2}\sum_{k=1}^{n}\operatorname{var}(X_k). \tag{1.9}$$

而 $\sum_{n=1}^{\infty}\frac{\operatorname{var}(X_n)}{b_n^2}<\infty$，所以，再一次应用引理 1.2 的系，则得出

$$\frac{1}{b_n^2}\sum_{k=1}^{n}\operatorname{var}(X_k)\to 0. \tag{1.10}$$

综合 (1.9), (1.10) 得 (1.8).

引理 1.3 设 $F(x)$ 是分布函数. 则 $\int_{R^1}|x|dF(x)<\infty$ 的充要条件是

$$\sum_{n=1}^{\infty}\int_{|x|>n}dF(x)<\infty.$$

证 令 $\psi(x)=\int_{|y|>x}dF(y)\ (x\geqslant 0)$，则

$$\psi(n)\leqslant\int_{n-1}^{n}\psi(x)dx\leqslant\psi(n-1)\quad(n\geqslant 1).$$

所以

$$\sum_{n=1}^{\infty}\psi(n)\leqslant\int_0^{\infty}\psi(x)dx\leqslant\psi(0)+\sum_{n=1}^{\infty}\psi(n)$$

$$=1+\sum_{n=1}^{\infty}\psi(n).$$

因此，$\sum_{n=1}^{\infty}\psi(n)<\infty$ 的充要条件是

$$\int_0^{\infty}\psi(x)dx<\infty.$$

但是

$$\int_0^{\infty}\psi(x)dx=\int_0^{\infty}\left(\int_{|y|>x}dF(y)\right)dx=\int_{R^1}\left(\int_0^{|y|}dx\right)dF(y)$$

$$=\int_{R^1}|y|dF(y).$$

所以 $\int_{R^1}|x|dF(x)<\infty$ 的充要条件是

$$\sum_{n=1}^{\infty}\int_{|x|>n}dF(x)<\infty.$$

定理 1.6 （强大数定律） 设$\{X_n\}$是一串相互独立具有相同分布函数 $F(x)$ 的随机变量．若

$$\lim_{n\to\infty}\frac{1}{n}\sum_{k=1}^{n}X_k=X,\quad [\text{a. e.}], \tag{1.11}$$

则

$$\int_{R^1}|x|dF(x)<\infty; \tag{1.12}$$

反之，若 $\int_{R^1}|x|dF(x)<\infty$，则

$$\lim_{n\to\infty}\frac{1}{n}\sum_{k=1}^{n}X_k=\boldsymbol{E}(X_k)=p,\quad [\text{a. e.}].$$

证　令 $A_n=\left\{\left|\dfrac{X_n}{n}\right|\geqslant 1\right\}$，若(1.11)成立，则

$$\frac{X_n}{n}=\left[\frac{1}{n}\sum_{k=1}^{n}X_k-\frac{n-1}{n}\left(\frac{1}{n-1}\sum_{k=1}^{n-1}X_k\right)\right]\to 0,\quad [\text{a. e.}].$$

所以

$$P(\limsup_{n\to\infty}A_n)=P\left(\limsup_{n\to\infty}\left\{\left|\frac{X_n}{n}\right|\geqslant 1\right\}\right)=0,$$

因此，由波莱尔引理得知

$$\sum_{n=1}^{\infty}P(A_n)<\infty. \tag{1.13}$$

而由引理 1.3，(1.13)与(1.12)等价．所以(1.12)得证．

反之，设(1.12)成立．作两串新随机变量如下

$$U_n=\begin{cases}X_n, & |X_n|<n;\\ 0, & |X_n|\geqslant n,\end{cases}\qquad V_n=\begin{cases}0, & |X_n|<n;\\ X_n, & |X_n|\geqslant n.\end{cases}$$

则$\{U_n\}$，$\{V_n\}$是两串相互独立随机变量，且 $X_n=U_n+V_n$．令 $\sigma_k^2=\operatorname{var}(U_k)$，则

$$\sigma_k^2\leqslant\boldsymbol{E}(U_k^2)=\int_{|x|<k}x^2dF(x)=\sum_{\nu=1}^{k}\int_{\nu-1\leqslant|x|<\nu}x^2dF(x)$$

$$\leqslant\sum_{\nu=1}^{k}\nu\int_{\nu-1\leqslant|x|<\nu}|x|dF(x).$$

令

$$a_\nu = \int_{\nu-1\leqslant|x|<\nu} |x| dF(x),$$

则

$$\sum_{k=1}^{\infty} \frac{\sigma_k^2}{k^2} \leqslant \sum_{k=1}^{\infty} \frac{1}{k^2} \sum_{\nu=1}^{k} \nu a_\nu = \sum_{\nu=1}^{\infty} \nu a_\nu \sum_{k=\nu}^{\infty} \frac{1}{k^2}$$

$$\leqslant \sum_{\nu=1}^{\infty} \nu a_\nu \left(\frac{1}{\nu^2} + \int_{\nu}^{\infty} \frac{dx}{x^2}\right).$$

$$\leqslant \sum_{\nu=1}^{\infty} \nu a_\nu \left(\frac{1}{\nu^2} + \frac{1}{\nu}\right) \leqslant 2 \sum_{\nu=1}^{\infty} a_\nu$$

$$= 2\boldsymbol{E}(|X_k|) < \infty.$$

所以,由定理 1.5 得

$$\frac{1}{n} \sum_{k=1}^{n} (U_k - \boldsymbol{E}(U_k)) \to 0, \quad [\text{a. e.}]. \tag{1.14}$$

但是，$\boldsymbol{E}(U_k) \to p$，所以

$$\frac{1}{n} \sum_{k=1}^{n} \boldsymbol{E}(U_k) \to p. \tag{1.15}$$

由(1.14),(1.15)得

$$\frac{1}{n} \sum_{k=1}^{n} (U_k - p) \to 0, \quad [\text{a. e.}]. \tag{1.16}$$

若能证 $V_n \to 0$，[a. e.]，则由(1.16)和 V_n，U_n 之定义可推出

$$\frac{1}{n} \sum_{k=1}^{n} X_k = \frac{1}{n}\left(\sum_{k=1}^{n} U_k + \sum_{k=1}^{n} V_k\right) \to p, \ [\text{a. e.}],$$

即定理得证．往证 $V_n \to 0$，[a. e.]．

事实上，令 $E_n = \{V_n \neq 0\}$，则

$$P(E_n) = P(V_n \neq 0) = \int_{|x|\geqslant n} dF(x)$$

$$= \sum_{\nu=1}^{\infty} \int_{n+\nu-1\leqslant|x|<n+\nu} dF(x)$$

$$\leqslant \sum_{\nu=1}^{\infty} \frac{1}{n+\nu-1} a_{n+\nu} = \sum_{\nu=n}^{\infty} \frac{a_{\nu+1}}{\nu}.$$

所以

$$\sum_{n=1}^{\infty} P(E_n) \leqslant \sum_{n=1}^{\infty} \sum_{\nu=n}^{\infty} \frac{a_{\nu+1}}{\nu} = \sum_{\nu=1}^{\infty} a_{\nu+1} < \infty,$$

因此,由波勒尔引理推出

$$P(\limsup_{n\to\infty} E_n) = 0.$$

所以 $V_n \to 0$, [a. e.].

定理 1.7 设 $\{X_n\}$ 是相互独立的随机变量序列, $F_n(x)$ 是 X_n 的分布函数. 则下列陈述等价:

(1) $\sum_{n=1}^{\infty} X_n = X$, [a. e.].

(2) 对一切正数列 $\{a_n\}$, $\{b_n\}$ 来说,只要

$$0 < \varliminf_{n\to\infty} a_n,\ \varlimsup_{n\to\infty} a_n < \infty;\ 0 < \varliminf_{n\to\infty} b_n,\ \varlimsup_{n\to\infty} b_n < \infty,$$

则有

$$\sum_{n=1}^{\infty} \int_{x \overline{\in} (-a_n, b_n)} dF_n(x) < \infty; \tag{1.17}$$

$$\sum_{n=1}^{\infty} \int_{(-a_n, b_n)} x dF_n(x) \quad 收敛; \tag{1.18}$$

$$\sum_{n=1}^{\infty} \left(\int_{(-a_n, b_n)} x^2 dF_n(x) - \left(\int_{(-a_n, b_n)} x dF_n(x) \right)^2 \right) < \infty. \tag{1.19}$$

(3) 对一切正数 c, 都有

$$\sum_{n=1}^{\infty} \int_{|x| \geqslant c} dF_n(x) < \infty; \tag{1.17.1}$$

$$\sum_{n=1}^{\infty} \int_{|x|<c} x dF_n(x) \quad 收敛; \tag{1.18.1}$$

$$\sum_{n=1}^{\infty} \left(\int_{|x|<c} x^2 dF_n(x) - \left(\int_{|x|<c} x dF_n(x) \right)^2 \right) < \infty. \tag{1.19.1}$$

(4) 对某一个正数 c, (1.17.1), (1.18.1), (1.19.1) 成立.

(5) 存在相互独立的随机变量序列 $\{X'_n\}$, 适合下列条件:

$$\boldsymbol{E}(X_n'^2) < \infty, \quad \boldsymbol{E}(X_n') = p_n', \quad \operatorname{var}(X_n') = \sigma_n'^2,$$

$$\sum_{n=1}^{\infty} p_n' \text{ 收敛}, \quad \sum_{n=1}^{\infty} \sigma_n'^2 < \infty, \quad \sum_{n=1}^{\infty} P(X_n' \neq X_n) < \infty.$$

证 (1)$\Longrightarrow$(2). 设 $\sum_{n=1}^{\infty} X_n = X$, [a. e.], 而且 $\{a_n\}$, $\{b_n\}$ 合于(2)中的条件. 令

$$Z_z = \begin{cases} X_n, & -a_n < X_n < b_n; \\ 0, & \text{反之} \end{cases}$$

再令 $E_n = \{X_n \neq Z_n\}$. 因为 $\sum_{n=1}^{\infty} X_n = X$, [a. e.], 所以 $X_n \to 0$, [a. e.]. 因此 $P(X_n = Z_n, \text{ a. a.}) = P\left(\bigcup_{n=1}^{\infty} \bigcap_{k=n}^{\infty} \{X_k = Z_k\}\right) = 1$, 所以 $\sum_{n=1}^{\infty} Z_n = Z$, [a. e.], 又因为 Z_n 一致有界(对 n 来说), 所以应用定理 1.3 即得: $\sum_{n=1}^{\infty} \boldsymbol{E}(Z_n)$, $\sum_{n=1}^{\infty} \operatorname{var}(Z_n)$ 都收敛,即(2)中的(1.18),(1.19)成立. 而

$$\begin{aligned} P(\limsup_{n\to\infty} E_n) &= P\left(\bigcap_{n=1}^{\infty} \bigcup_{k=n}^{\infty} E_k\right) \\ &= 1 - P\left(\Omega \Big\backslash \left(\bigcap_{n=1}^{\infty} \bigcup_{k=n}^{\infty} E_k\right)\right) \\ &= 1 - P\left(\bigcup_{n=1}^{\infty} \bigcap_{k=n}^{\infty} (\Omega \backslash E_k)\right) \\ &= 1 - P\left(\bigcup_{n=1}^{\infty} \bigcap_{k=n}^{\infty} \{Z_k = X_k\}\right) = 0, \end{aligned}$$

所以,根据波勒尔引理推出

$$\sum_{n=1}^{\infty} P(E_n) < \infty.$$

此即(1.17)成立.

(2)$\Longrightarrow$(3)$\Longrightarrow$(4). 显然成立.

(4)$\Longrightarrow$(5). 设(4)成立,取

$$X'_n=\begin{cases}X_n, & |X_n|<c;\\ 0, & \text{反之},\end{cases}$$

则 $\{X'_n\}$ 即为所求.

(5)$\Longrightarrow$(1). 设(5)成立,则由定理 1.2 知 $\sum_{n=1}^{\infty}X'_n=X'$, [a.e.]. 而 $\sum_{n=1}^{\infty}P(X_n\neq X'_n)<\infty$, 所以由波勒尔引理得

$$P(\limsup_{n\to\infty}\{X_n\neq X'_n\})=0.$$

故

$$\begin{aligned}&P(X_n=X'_n,\ \text{a. a.})\\&=P\left(\bigcup_{n=1}^{\infty}\bigcap_{k=n}^{\infty}\{X_k=X'_k\}\right)\\&=1-P\left(\bigcap_{n=1}^{\infty}\bigcup_{k=n}^{\infty}\{X_k\neq X'_k\}\right)\\&=1-P(\limsup_{n\to\infty}\{X_n\neq X'_n\})=1.\end{aligned}$$

因此由 $\sum_{n=1}^{\infty}X'_n=X'$, [a. e.] 推知

$$\sum_{n=1}^{\infty}X_n=X,\ \ [\text{a. e.}].$$

§2 无穷乘积

定义 2.1 称无穷乘积 $\prod_{n=1}^{\infty}Z_n$ 收敛,如果存在一个 n_0, 使

$$\lim_{n\to\infty}Z_{n_0+1}\cdots Z_n$$

存在而且不为 0.

定理 2.1 $\prod_{n=1}^{\infty}Z_n$ 收敛的充要条件是

$$\begin{cases}(1)\ \ \lim\limits_{n\to\infty}Z_{m+1}\cdots Z_n=p_m\ \text{存在}\ (m\geqslant 1);\\ (2)\ \ \lim\limits_{m\to\infty}p_m=1.\end{cases}$$

证 必要性. 设 $\lim\limits_{n\to\infty} Z_{n_0+1}\cdots Z_n = a \neq 0$,则显然 $\lim\limits_{n\to\infty} Z_{m+1}\cdots Z_n$ 存在,令 $p_m = \lim\limits_{n\to\infty} Z_{m+1}\cdots Z_n$, 则

$$p_m = \frac{a}{Z_{n_0+1}\cdots Z_m},$$

所以, $p_m \to 1$.

充分性. 因为 $\lim\limits_{m\to\infty} p_m = 1$, 所以存在一个 n_0, 使 $p_{n_0} \neq 0$.

注 条件(1),(2)可合写为

$$\lim_{m\to\infty}\lim_{n\to\infty} Z_{m+1}\cdots Z_n = 1. \tag{2.1}$$

定义 2.2 无穷乘积 $\prod\limits_{n=1}^{\infty} Z_n$ 称为绝对收敛,如果

$$\sum_{n=1}^{\infty} |Z_n - 1| < \infty.$$

定理 2.2 无穷乘积 $\prod\limits_{n=1}^{\infty}(1+u_n)$ 收敛的充要条件是存在一个 m_0, 使

$$\sum_{n=m_0}^{\infty} \log(1+u_n) \tag{2.2}$$

收敛.

证 由定理 2.1 知: $\prod\limits_{n=1}^{\infty}(1+u_n)$ 收敛的充要条件是

$$\lim_{m\to\infty}\lim_{n\to\infty}(1+u_{m+1})\cdots(1+u_n) = 1. \tag{2.1$'$}$$

而由对数函数的连续性知(2.1)′与定理 2.2 中的条件是等价的.

定理 2.3 设序列 $\{u_n\}$ 中当 $n \geq m_0$ 后 u_n 是同号的, 则 $\prod\limits_{n=1}^{\infty}(1+u_n)$ 收敛的充要条件是

$$\sum_{n=1}^{\infty} u_n \tag{2.3}$$

收敛.

证 首先, 不妨设 $\lim\limits_{n\to\infty} u_n = 0$, 如果不然, 则 $\sum\limits_{n=1}^{\infty} u_n$ 与 $\prod\limits_{n=1}^{\infty}(1+u_n)$ 都不收敛,则定理 2.3 的结论已经成立.

(1) 设 $u_n \geqslant 0$ ($n \geqslant m_0$). 则由

$$e^x = 1 + x + o(x) \quad (x \to 0)$$

可知：当 n 充分大后有

$$e^{\frac{1}{2}u_n} \leqslant 1 + u_n \leqslant e^{2u_n}.$$

即存在 $n_0 \geqslant m_0$，使

$$e^{\frac{1}{2}(S_{n_0+p}-S_{n_0})} \leqslant \prod_{k=n_0+1}^{n_0+p}(1+u_k) \leqslant e^{2(S_{n_0+p}-S_{n_0})},$$

其中 $S_n = \sum_{k=1}^{n} u_k$. 所以 $\sum_{n=1}^{\infty} u_n$ 收敛的充要条件是 $\prod_{n=1}^{\infty}(1+u_n)$ 收敛.

(2) 设 $u_n \leqslant 0$ ($n \geqslant m_0$). 则当 n 充分大后有

$$e^{2u_n} \leqslant 1 + u_n \leqslant e^{\frac{1}{2}u_n}.$$

即,存在 $n_0 \geqslant m_0$，使

$$e^{2(S_{n_0+p}-S_{n_0})} \leqslant \prod_{k=n_0+1}^{n_0+p}(1+u_n) \leqslant e^{\frac{1}{2}(S_{n_0+p}-S_{n_0})}.$$

所以，$\sum_{n=1}^{\infty} u_n$ 收敛的充要条件是 $\prod_{n=1}^{\infty}(1+u_n)$ 收敛.

定理 2.4 若 $\prod_{n=1}^{\infty} Z_n$ 绝对收敛,则 $\prod_{n=1}^{\infty} Z_n$ 收敛，而且在计算 $\lim\limits_{n\to\infty} Z_1\cdots Z_n$ 时，可以将其中各项任意调动及任意结合,其极限仍不变.

证 设 $\prod_{n=1}^{\infty} Z_n$ 绝对收敛,即 $\sum_{n=1}^{\infty}|Z_n - 1| < \infty$，因此,当 n 充分大后，$\{Z_n - 1\}$ 不变号,所以由定理 2.3 得知 $\prod_{n=1}^{\infty} Z_n$ 收敛，而今 $\sum_{n=1}^{\infty}|Z_n - 1| < \infty$，所以可以将 $\sum_{n=1}^{\infty}(Z_n - 1)$ 中各项任意调动及任意结合,其和不变,从而在计算 $\lim\limits_{n\to\infty} Z_1\cdots Z_n$ 时，可以将其中各项任意调动及任意结合,其极限不变.

定义 2.3 称函数无穷乘积 $\prod_{n=1}^{\infty} Z_n(\lambda)$ ($\lambda \in \Lambda$) 依强控意义收敛,如果存在一个正项收敛的数值级数 $\sum_{n=1}^{\infty} C_n$，使

$$\sum_{n=1}^{\infty}|Z_n(\lambda)-1| \ll \sum_{n=1}^{\infty} C_n \quad (\lambda \in \Lambda).$$

$\left(\text{所谓 } \sum_{n=1}^{\infty} a_n \ll \sum_{n=1}^{\infty} b_n,\ \text{意即 } a_n \leqslant b_n,\ n \geqslant 1.\right)$

定理 2.5 设 $\prod_{n=1}^{\infty} Z_n(\lambda)$ 依强控意义收敛，则它除了绝对收敛外，尚有下述性质

$$\lim_{n\to\infty} Z_{m+1}(\lambda)\cdots Z_n(\lambda)=p_m(\lambda) \quad (\text{对 } \lambda\in\Lambda \text{ 一致}),\ m\geqslant 1,$$

$$\lim_{m\to\infty} p_m(\lambda)=1 \quad (\text{对 } \lambda\in\Lambda \text{ 一致}).$$

证 只需注意定理 2.1 及强控收敛的定义即可得本定理.

§3 独立随机变量之和的收敛性与其对应的特征函数的收敛性之间的关系

设 S_n 为随机变量，$F_n(x)$，$f_n(t)$ 分别为 S_n 的 d. f. 和 c. f.. 一般地，我们有

$$\text{“}S_n\to S,\ [\text{a. e.}]\text{”}\Longrightarrow\text{“}S_n\to S,\ [\text{P}]\text{”}\Longrightarrow\text{“}F_n\xrightarrow{c}\mathscr{L}(S)\text{”}.$$

而其逆命题一般是不对的. 如果 S_n 是 n 个相互独立随机变量之和，问上述两个逆命题是否成立? 这就是本节所要解决的问题.

定理 3.1 设 $\{X_n\}$ 是相互独立的随机变量序列，$F_n(x)$，$f_n(t)$ 分别为 X_n 的 d. f. 和 c. f.. τ 是任意给定的正数，μ_n 是 X_n 的中位数，

$$b_n=\mu_n+\int_{|x-\mu_n|<\tau}(x-\mu_n)dF_n(x)=\mu_n+\int_{|x|<\tau} x dF_n^{\mu}(x),$$

$F_n^{\mu}(x)=F_n(x+\mu_n)$ 是 $X_n-\mu_n$ 的分布函数. 则下列诸陈述等价:

(1) $\lim_{n\to\infty}\prod_{j=1}^{n}|f_j(t)|^2=f(t)$ 是 c. f.;

(2) $\sum_{n=1}^{\infty}(X_n-b_n)$ 收敛，[a. e.];

(3) 存在实数列 $\{C_n\}$ 使

$$\sum_{n=1}^{\infty}(X_n-C_n) \text{ 收敛}, \text{[a. e.]};$$

(4) $\prod_{n=1}^{\infty}|f_n(t)|^2$ 收敛 $(t\in R^1)$;

(5) $\prod_{n=1}^{\infty}|f_n(t)|^2$ 收敛 $(t\in E,\ L(E)>0)$,

其中 $L(E)$ 表 E 的勒贝格测度.

(6) 在每一个有限 t 区间上, $\prod_{n=1}^{\infty}e^{-itb_n}f_n(t)$ 依强控意义收敛.

证 (1)$\Longrightarrow$(2). 设

$$\lim_{n\to\infty}\prod_{j=1}^{n}|f_j(t)|^2=f(t)$$

是一个特征函数. 则可取 $\delta>0$, 使得当 $|t|\leqslant\delta$ 时有 $f(t)\geqslant\frac{1}{2}$. 所以

$$-\sum_{n=1}^{\infty}\log|f_n(t)|^2=-\log f(t)\leqslant\log 2,\quad |t|\leqslant\delta.$$

但是

$$x\leqslant-\log(1-x),\quad 0\leqslant x\leqslant 1,$$

所以

$$\sum_{n=1}^{\infty}(1-|f_n(t)|^2)\leqslant-\sum_{n=1}^{\infty}\log|f_n(t)|^2\leqslant\log 2,\ |t|\leqslant\delta. \tag{3.1}$$

令

$$X_n'=\begin{cases}X_n, & |X_n-\mu_n|<\tau;\\ \mu_n, & \text{反之},\end{cases}$$

则可算出 $\mathbf{E}(X_n')=b_n$,

$$\operatorname{var}(X_n')=\int_{|x-\mu_n|<\tau}(x-\mu_n)^2dF_n(x)-\left(\int_{|x-\mu_n|<\tau}(x-\mu_n)dF_n(x)\right)^2.$$

利用第二章截尾不等式 (4.20) 即得:

$$\operatorname{var}(X_n') \leqslant C(\tau, \delta)\int_0^\delta (1-|f_n(t)|^2)dt. \tag{3.2}$$

由 (3.1) 及 (3.2) 可得

$$\sum_{n=1}^{\infty} \operatorname{var}(X_n') \leqslant C(\tau, \delta)\delta \log 2 < \infty,$$

所以，用定理 1.2 于 $\{X_n' - b_n\}$ 则得

$$\sum_{n=1}^{\infty} (X_n' - b_n) \quad \text{收敛, [a. e.].} \tag{3.3}$$

但是

$$\sum_{n=1}^{\infty} P(X_n \neq X_n') \leqslant \sum_{n=1}^{\infty} P(|X_n - \mu_n| \geqslant \tau),$$

利用第二章 (4.17) 得

$$\begin{aligned} P(|X_n - \mu_n| \geqslant \tau) &= \int_{|x-\mu_n|\geqslant\tau} dF_n(x) \\ &\leqslant C_1(\tau, \delta)\int_0^\delta (1-|f_n(t)|^2)dt, \end{aligned}$$

所以

$$\begin{aligned} \sum_{n=1}^{\infty} P(X_n \neq X_n') &\leqslant c_1(\tau, \delta) \sum_{n=1}^{\infty}\int_0^\delta (1-|f_n(t)|^2)dt \\ &\leqslant c_1(\tau, \delta)\delta \log 2. \end{aligned} \tag{3.4}$$

由 (3.3) 和 (3.4) 得知

$$\sum_{n=1}^{\infty} (X_n - b_n) \quad \text{收敛 [a. e.].}$$

(2)⟹(3). 显然成立.

(3)⟹(4). 设

$$\sum_{n=1}^{\infty} (X_n - c_n) = S, \ \text{[a. e.]}; \quad \sum_{n=m}^{\infty} (X_n - c_n) = S_m, \ \text{[a. e.]}.$$

则 S_m 的 c. f. 为

$$\lim_{n\to\infty} \prod_{k=m}^{n} e^{-ic_k t} f_k(t) = g_m(t),$$

因为 $\lim_{m\to\infty} S_m = 0$，[a. e.]，所以 $\lim_{m\to\infty} g_m(t) = 1$. 因此，

$$\lim_{m\to\infty}\lim_{n\to\infty} |f_m(t)|^2\cdots|f_n(t)|^2 = \lim_{m\to\infty} |g_m(t)|^2 = 1,$$

根据定理 2.1 注得知

$$\prod_{n=1}^{\infty} |f_n(t)|^2 \quad \text{收敛} \quad (t\in R^1).$$

(4) ⇒ (5). 显然成立.

(5) ⇒ (6). 设 (5) 成立,即设

$$\lim_{m\to\infty}\lim_{n\to\infty} |f_{m+1}(t)|^2\cdots|f_n(t)|^2 = 1 \quad (t\in E,\ L(E)>0).$$

由叶果罗夫定理知：存在 $B\subset E$，$L(B)>0$，使

$$\lim_{m\to\infty}\lim_{n\to\infty} |f_{m+1}(t)|^2\cdots|f_n(t)|^2 = 1 \quad \text{对}\ t\in B\ \text{一致成立}.$$

由于 $L(B)>0$，所以 B 在 $[0,\infty)$ 内或者在 $(-\infty,0)$ 内有正测度子集. 又因为 $|f_k(t)|^2$ 是偶函数,所以可以假定 $B\cap[0,\infty)$ 有正测度. 因此,存在一个 $\delta>0$，使 $B\cap(0,\delta)=A$ 有正测度 $L(A)=\rho>0$. 即

$$\lim_{m\to\infty}\lim_{n\to\infty} |f_{m+1}(t)|^2\cdots|f_n(t)|^2 = 1, \quad \text{对}\ t\in A\ \text{一致成立},$$

$A\subset(0,\delta)$，$L(A)=\rho>0$.

取 m_0 使 $\lim_{n\to\infty} |f_{m_0+1}(t)|^2\cdots|f_n(t)|^2 \geqslant \frac{1}{2}$ $(t\in A)$. 仿 (3.1) 可证：

$$\sum_{n=m_0+1}^{\infty} (1-|f_n(t)|^2) \leqslant \log 2 \quad (t\in A).$$

利用第二章不等式 (4.14) 得

$$|e^{-itb_n}f_n(t)-1| \leqslant L_0(T,\tau,\rho,\delta)\int_A (1-|f_n(t)|^2)dt \qquad (|t|\leqslant T).$$

取 $c_n = L_0(T,\tau,\rho,\delta)\int_A (1-|f_n(t)|^2)dt$，则 $\sum_{n=1}^{\infty} c_n$ 收敛且

$$\sum_{n=1}^{\infty} |e^{-itb_n}f_n(t)-1| \ll \sum_{n=1}^{\infty} c_n \quad (|t|\leqslant T)$$

此即 $\prod_{n=1}^{\infty} e^{-itb_n}f_n(t)$ 在任何有限区间 $[-T, T]$ 上依强控意义收敛.

(6) ⇒ (1). 若 $\prod_{n=1}^{\infty} e^{-itb_n}f_n(t)$ 在 $|t| \leqslant T$ 上依强控意义收敛,则 $\prod_{k=1}^{n} e^{-itb_k}f_k(t)$ 在 $|t| \leqslant T$ 上一致收敛,因此 $\prod_{k=1}^{n} |f_k(t)|^2$ 在 $|t| \leqslant T$ 上一致收敛,由于 T 可为任意正数,所以 $\prod_{k=1}^{n} |f_k(t)|^2$ 的极限函数是特征函数.

定义 3.1 设$\{X_n\}$是随机变量序列. 如果存在一串实数$\{c_n\}$,使 $\sum_{n=1}^{\infty}(X_n - c_n)$ 收敛,[a. e.],则称$\{X_n\}$是稳固的.

定理 3.1 给出了独立随机变量列$\{X_n\}$为稳固的充要条件.

定理 3.2 设 $\{X_n\}$ 是相互独立的随机变量序列,则下列诸陈述等价:

(1) $\lim\limits_{n\to\infty} f_1(t)\cdots f_n(t) = f(t)$ 是 c. f.;

(2) $\sum_{n=1}^{\infty} X_n$ 收敛 [a. e.];

(3) $\prod_{n=1}^{\infty} f_n(t)$ 收敛 $(t \in R^1)$;

(4) $\prod_{n=1}^{\infty} f_n(t)$ 收敛 $(t \in E,\ L(E) > 0)$,

$\{f_n(t)\}$ 是 $\{X_n\}$ 的特征函数.

证 (1) ⇒ (2). 设 (1) 成立,则

$$\lim_{n\to\infty} |f_1(t)|^2\cdots|f_n(t)|^2 = |f(t)|^2$$

所以,由定理 3.1 知 $\sum_{n=1}^{\infty}(X_n - b_n)$ 收敛,[a. e.]. 因此,

$$\lim_{n\to\infty} e^{-itb_1}f_1(t)\cdots e^{-itb_n}f_n(t) = g(t) \tag{3.5}$$

是特征函数．所以存在一个 $\delta>0$，使 $|t|<\delta$ 时 $|g(t)|>0$。因此由 (3.5) 知

$$\lim_{n\to\infty} e^{-it(b_1+\cdots+b_n)}=h(t)\quad(|t|<\delta).$$

利用第五章引理 1.5 可知 $\sum_{n=1}^{\infty} b_n$ 收敛到有限数．但是 $\sum_{n=1}^{\infty}(X_n-b_n)$ 收敛，[a. e.]. 所以 $\sum_{n=1}^{\infty} X_n$ 收敛，[a. e.].

(2) ⇒ (3). 设 $\sum_{n=1}^{\infty} X_n$ 收敛，[a. e.]. 令 $S_m=\sum_{n=m}^{\infty} X_n$，则 $\lim\limits_{m\to\infty} S_m=0$，[a. e.]. 所以

$$\mathbf{E}(e^{itS_m})\to 1\quad(m\to\infty),$$

即

$$\lim_{m\to\infty}\lim_{n\to\infty} f_{m+1}(t)\cdots f_n(t)=1.$$

此即 (3) 成立.

(3) ⇒ (4). 显然成立.

(4) ⇒ (1). 设 (4) 成立，则

$$\prod_{n=1}^{\infty}|f_n(t)|^2\ \text{收敛}\ (t\in E,\ L(E)>0).$$

所以由定理 3.1，$\prod_{n=1}^{\infty} e^{-ib_nt}f_n(t)$ 依强控意义收敛更有 $\prod_{n=1}^{\infty} e^{-ib_nt}\times f_n(t)$ 收敛，从而

$$\lim_{m\to\infty}\lim_{n\to\infty} e^{-i(b_{m+1}+\cdots+b_n)t}f_{m+1}(t)\cdots f_n(t)=1. \tag{3.6}$$

但是，由 (4) 有

$$\lim_{m\to\infty}\lim_{n\to\infty} f_{m+1}(t)\cdots f_n(t)=1\quad(t\in E,\ L(E)>0). \tag{3.7}$$

任取 $t_0\in E$，都存在 m_0，使

$$\lim_{n\to\infty} f_{m_0+1}(t_0)\cdots f_n(t_0)\neq 0. \tag{3.8}$$

比较 (3.6), (3.7), (3.8) 可知

$$\lim_{n\to\infty} e^{-i(b_{m_0+1}+\cdots+b_n)t_0}$$

存在，所以

$$\lim_{n\to\infty} e^{-i(b_1+\cdots+b_n)t} \quad 存在\ (t\in E)$$

再利用第五章引理 1.5 的注，可得 $\sum_{n=1}^{\infty} b_n$ 收敛到有限数． 所以由

$$\lim_{n\to\infty} e^{-i(b_1+\cdots+b_n)t} f_1(t)\cdots f_n(t) = \varphi(t)$$

是 c. f. $\left(因为 \prod_{n=1}^{\infty} e^{-ib_nt} f_n(t)\ 依强控意义收敛\right)$ 得知

$$\lim_{n\to\infty} f_1(t)\cdots f_n(t) = e^{i\sum_{n=1}^{\infty} b_n t} \varphi(t)$$

也是 c. f.．定理证毕．

系 1 设 $\{X_n\}$ 是相互独立的随机变量序列，若 $\sum_{n=1}^{\infty} X_n$ 收敛（[a. e.]），则 $\sum_{n=1}^{\infty} b_n$ 收敛到有限数．

系 2 若 $\{X_n\}$ 是相互独立的随机变量序列，则 $\sum_{n=1}^{\infty} X_n$ 收敛（[a. e.]）的充要条件是

$$\sum_{n=1}^{\infty} X_n \quad 收敛\ ([P]).$$

定理 3.3 设 X 为随机变量，$\{X_n\}$ 为相互独立的随机变量序列．如果存在一串随机变量 $\{Y_n\}$ 满足

(1) Y_n 与 $X_1, \cdots, X_n$ 相互独立 $(n \geqslant 1)$；

(2) $X = (X_1 + \cdots + X_n) + Y_n\ (n \geqslant 1)$．

则 $\{X_n\}$ 是稳固的．

证 令 $f_n(t)$，$g_n(t)$，$f(t)$ 分别为 X_n，Y_n，X 的 c. f.．由 (2) 得

$$f(t) = g_n(t)\left(\prod_{k=1}^{n} f_k(t)\right).$$

所以

$$|f(t)|^2 \leqslant |f_1(t)|^2 \cdots |f_n(t)|^2.$$

取 $\delta > 0$，使 $|t| < \delta$ 时 $f(t) \neq 0$，则 $\prod_{n=1}^{\infty} |f_n(t)|^2$ 在 $|t| < \delta$

收敛. 因此,由定理 3.1 得知 $\{X_n\}$ 是稳固的.

§4 无条件 [a.e.] 收敛

在这一节中,沿袭 §3 的符号.

定义 4.1 设 $\{X_n\}$ 是随机变量列. 如果自然数 $\{n\}$ 的任何一种重排 $\{N_n\}$, 都有 $\sum_{n=1}^{\infty} X_{N_n}$ 收敛 ([a.e.]), 则说 $\sum_{n=1}^{\infty} X_n$ 无条件 [a.e.] 收敛,或记作 $\sum_{n=1}^{\infty} X_n$ 无条件收敛 ([a.e.]).

引理 4.1 设 $\{X_n\}$ 是相互独立随机变量序列, $\{f_n(t)\}$ 是对应的特征函数. 如果

$$\sum_{n=1}^{\infty} |1-f_n(t)| < \infty \quad (t \in E,\ L(E) > 0),$$

则 $\sum_{n=1}^{\infty} X_n$ 无条件 [a.e.] 收敛.

证 若 $\sum_{n=1}^{\infty} |1-f_n(t)| < \infty \ (t \in E)$, 则 $\prod_{n=1}^{\infty} f_n(t)$ 在 $t \in E$ 收敛,因此,由定理 3.2 知 $\sum_{n=1}^{\infty} X_n$ 收敛 ([a.e.]). 而 $\sum_{n=1}^{\infty}|1-f_n(t)| < \infty \ (t \in E)$ 与次序无关,所以 $\sum_{n=1}^{\infty} X_n$ 无条件 [a.e.] 收敛.

定理 4.1 设 $\{X_n\}$ 是相互独立的随机变量序列. 若 $\sum_{n=1}^{\infty} X_n$ 无条件 [a.e.] 收敛,则 $\sum_{n=1}^{\infty} |b_n| < \infty$ (b_n 之定义见定理 3.1).

证 若 $\sum_{n=1}^{\infty} X_n$ 收敛 [a.e.], 则由定理 3.2 系 1 知 $\sum_{n=1}^{\infty} b_n$ 收敛到有限数,而今 $\sum_{n=1}^{\infty} X_n$ 无条件 [a.e.] 收敛,所以 $\sum_{n=1}^{\infty} |b_n| < \infty$.

定理 4.2 若 $\{X_n\}$ 是相互独立的随机变量序列,则下列诸陈述等价:

(1) $\sum_{n=1}^{\infty} |1-f_n(t)| < \infty \quad (t \in E,\ L(E) > 0)$;

(2) $\sum_{n=1}^{\infty} X_n$ 无条件 [a. e.] 收敛；

(3) $\prod_{n=1}^{\infty} f_n(t)$ 在任意有限区间 $[-T, T]$ 上依强控意义收敛 ($f_n(t)$ 为 X_n 的 c. f.).

证 (1) ⇒ (2). 由引理 4.1 即得.

(2) ⇒ (3). 设 (2) 成立. 由定理 3.1 知

$$\prod_{n=1}^{\infty} e^{-itb_n} f_n(t)$$

在任意有限区间 $[-T, T]$ 上依强控意义收敛，即存在一个收敛的正项级数 $\sum_{n=1}^{\infty} c_n$，使

$$\sum_{n=1}^{\infty} |1 - f_n(t) e^{-ib_n t}| \ll \sum_{n=1}^{\infty} c_n.$$

又由定理 4.1 及 $\sum_{n=1}^{\infty} X_n$ 无条件 [a. e.] 收敛知 $\sum_{n=1}^{\infty} |b_n| < \infty$. 所以

$$\begin{aligned}\sum_{n=1}^{\infty} |1 - f_n(t)| &\ll \sum_{n=1}^{\infty} (|1 - e^{ib_n t}| + |1 - e^{-ib_n t} f_n(t)|) \\ &\ll \sum_{n=1}^{\infty} (|b_n| T + c_n) \quad (\text{当 } |t| \leqslant T).\end{aligned} \tag{4.1}$$

而 $\sum_{n=1}^{\infty} |b_n|$, $\sum_{n=1}^{\infty} c_n$ 都是收敛的正项级数. 所以 (4.1) 说明了 $\prod_{n=1}^{\infty} f_n(t)$ 依强控意义收敛.

(3) ⇒ (1). 显然成立.

定理 4.3 设 $\{X_n\}$ 是稳固的相互独立的随机变量序列，对于实数列 $\{c_n\}$ 而言，$\sum_{n=1}^{\infty} (X_n - c_n)$ 无条件 [a. e.] 收敛的充要条件是

$$\sum_{n=1}^{\infty}|b_n - c_n| < \infty. \tag{4.2}$$

证　由 $\sum_{n=1}^{\infty}(X_n - b_n)$ 无条件 [a. e.] 收敛可得定理 4.3.

引理 4.2　设 $\{a_n\}$, $\{a'_n\}$ 都是实数列, $\{N_n\}$ 是自然数 $\{n\}$ 的一个重排,而且有

(1)　$a_n = a'_n$　对 n 充分大以后成立,

(2)　$\sum_{n=1}^{\infty} a'_{N_n} = \sum_{n=1}^{\infty} a'_n$,

则

$$\sum_{n=1}^{\infty} a_n = \sum_{n=1}^{\infty} a_{N_n}.$$

证　由(1)可设 $a_n = a'_n$ (当 $n > m$). 对 $\{N_n\}$ 作有限的调动成 $\{M_n\}$, 使 $M_1 = 1, \cdots, M_m = m$. 则

$$\begin{aligned}
\sum_{n=1}^{\infty} a_{N_n} = \sum_{n=1}^{\infty} a_{M_n} &= (a_1 + \cdots + a_m) + \sum_{n>m} a_{M_n} \\
&= (a_1 + \cdots + a_m) + \sum_{n>m} a'_{M_n} \\
&= (a_1 + \cdots + a_m) + \left(\sum_{n=1}^{\infty} a'_{M_n} - a'_1 - \cdots - a'_m\right) \\
&= (a_1 + \cdots + a_m) + \left(\sum_{n=1}^{\infty} a'_{N_n} - a'_1 - \cdots - a'_m\right) \\
&= (a_1 + \cdots + a_m) + \left(\sum_{n=1}^{\infty} a'_n - a'_1 - \cdots - a'_m\right) \\
&= (a_1 + \cdots + a_m) + \sum_{n>m} a_n = \sum_{n=1}^{\infty} a_n.
\end{aligned}$$

引理 4.3　设 $\{X_n\}$, $\{X'_n\}$ 是两个随机变量序列, $\{N_n\}$ 是自然数 $\{n\}$ 的一个重排,而且有

(1)　$\sum_{n=1}^{\infty} P(X_n \neq X'_n) < \infty$,

(2) $\sum_{n=1}^{\infty} X'_n$, $\sum_{n=1}^{\infty} X'_{N_n}$ 都收敛（[a. e.]），且

$$\sum_{n=1}^{\infty} X'_n = \sum_{n=1}^{\infty} X'_{N_n}, \quad [\text{a. e.}],$$

则 $\sum_{n=1}^{\infty} X_n$, $\sum_{n=1}^{\infty} X_{N_n}$ 都收敛（[a. e.]），且

$$\sum_{n=1}^{\infty} X_n = \sum_{n=1}^{\infty} X_{N_n}, \quad [\text{a. e.}].$$

证　由波莱尔引理得知，(1) 蕴含了

$$P(X_n = X'_n, \text{ a. a.}) = 1.$$

因此由 (2) 推知 $\sum_{n=1}^{\infty} X_n$, $\sum_{n=1}^{\infty} X_{N_n}$ 都收敛（[a. e.]）.

令　$E_1 = \{X_n = X'_n, \text{ a. a.}\}$,　$E_2 = \left\{\sum_{n=1}^{\infty} X'_n = \sum_{n=1}^{\infty} X'_{N_n}\right\}$, $E = E_1 \cap E_2$, 则 $P(E_1) = P(E_2) = 1$, 所以 $P(E) = 1$. 因此，若能证 $\sum_{n=1}^{\infty} X_n(\omega) = \sum_{n=1}^{\infty} X_{N_n}(\omega)$ $(\omega \in E)$，则引理得证. 事实上，任取 $\omega \in E$, 令 $a_n = X_n(\omega)$, $a'_n = X'_n(\omega)$, 则 $\{a_n\}$, $\{a'_n\}$ 满足引理 4.2 中的全部条件，所以 $\sum_{n=1}^{\infty} X_n(\omega) = \sum_{n=1}^{\infty} X'_n(\omega)$. 引理证毕.

引理 4.4　设$\{X_n\}$为相互独立的随机变量序列，$\mathbf{E}(X_n) = 0$ $(n \geq 1)$, $\sum_{n=1}^{\infty} \mathbf{E}(X_n^2) < \infty$, 则 $\sum_{n=1}^{\infty} X_n$ 无条件 [a. e.] 收敛，而且对自然数 $\{n\}$ 的任何一个重排 $\{N_n\}$，不仅有

$$\sum_{n=1}^{\infty} X_n = S, \ [\text{m}^2]; \quad \sum_{n=1}^{\infty} X_{N_n} = S_1, \ [\text{m}^2],$$

$$\sum_{n=1}^{\infty} X_n = S_1^* \ [\text{a. e.}]; \quad \sum_{n=1}^{\infty} X_{N_n} = S_1^*, \ [\text{a. e.}],$$

而且有 $S_1 = S_1^* = S = S^*$.

证　由定理 1.2 有

$$\sum_{n=1}^{\infty} X_n = S,\ [\mathrm{m}^2];\quad \sum_{n=1}^{\infty} X_{N_n} = S_1,\ [\mathrm{m}^2],$$

$$\sum_{n=1}^{\infty} X_n = S^*,\ [\mathrm{a.\,e.}];\quad \sum_{n=1}^{\infty} X_{N_n} = S_1^*,\ [\mathrm{a.\,e.}],$$

而且 $S = S^*$，$S_1 = S_1^*$. 但是

$$\lim_{n\to\infty}\left(S_1 - \sum_{k=1}^{n} X_k\right) = S_1 - S,\ [\mathrm{m}^2],$$

所以由定理 1.2 有

$$\mathbf{E}(|S_1 - S|^2) = \lim_{n\to\infty}\mathbf{E}\left(\left|S_1 - \sum_{k=1}^{n} X_k\right|^2\right)$$

$$= \lim_{n\to\infty}\left(\sum_{m=1}^{\infty}\mathbf{E}(X_{N_m}^2) - \sum_{k=1}^{n}\mathbf{E}(X_k^2)\right) = 0$$

因此 $S_1 = S$，[a. e.]，引理证毕.

定理 4.4　设 $\{X_n\}$ 为相互独立的随机变量序列，$\sum_{n=1}^{\infty} X_n$ 无条件 [a. e.] 收敛，则对自然数 $\{n\}$ 的任何一个重排 $\{N_n\}$，都有

$$\sum_{n=1}^{\infty} X_n = \sum_{n=1}^{\infty} X_{N_n},\quad [\mathrm{a.\,e.}]. \tag{4.3}$$

证　若 $\sum_{n=1}^{\infty} X_n$ 无条件 [a. e.] 收敛，则由定理 1.7 可以作一串相互独立的随机变量 $\{X_n'\}$，使

$$\sum_{n=1}^{\infty} P(X_n \neq X_n') < \infty, \tag{4.4}$$

而且

$$\sum_{n=1}^{\infty}\mathbf{E}(X_n'),\quad \sum_{n=1}^{\infty}\mathrm{var}(X_n') \tag{4.5}$$

都收敛. 因此 $\{X_n' - \mathbf{E}(X_n')\}$ 满足引理 4.4 的全部条件，所以

$$\sum_{n=1}^{\infty}(X_n' - \mathbf{E}(X_n')) \tag{4.6}$$

无条件 [a. e.] 收敛，而且

$$\sum_{n=1}^{\infty}(X'_n-\mathbf{E}(X'_n))=\sum_{n=1}^{\infty}(X'_{N_n}-\mathbf{E}(X'_{N_n})),\ [\text{a. e.}],\quad (4.7)$$

由 $\sum_{n=1}^{\infty}X_n$ 无条件 [a. e.] 收敛及 (4.4) 得

$$\sum_{n=1}^{\infty}X'_n \quad \text{无条件 [a. e.] 收敛.} \quad (4.8)$$

由 (4.6)，(4.8) 得 $\sum_{n=1}^{\infty}\mathbf{E}(X'_n)$ 无条件收敛，所以

$$\sum_{n=1}^{\infty}\mathbf{E}(X'_n)=\sum_{n=1}^{\infty}\mathbf{E}(X'_{N_n}). \quad (4.9)$$

由 (4.7)，(4.9) 得

$$\sum_{n=1}^{\infty}X'_n=\sum_{n=1}^{\infty}X'_{N_n},\quad [\text{a. e.}]. \quad (4.10)$$

由 (4.4)，(4.10) 和引理 4.3 得 $\sum_{n=1}^{\infty}X_n=\sum_{n=1}^{\infty}X_{N_n}$，[a. e.]. 定理得证.

习　　题

1. 若 $\sum_{k=1}^{\infty}\sigma_k^2/k^2$ 发散，则存在一串相互独立相同分布的随机变量$\{X_k\}$，使 $\mathrm{var}(X_k)=\sigma_k^2$，而$\{X_k\}$不服从强大数定律(提示：首先证明$\sum_{n=1}^{\infty}P(|X_n|\geqslant \varepsilon n)$ 收敛是 $\{X_k\}$ 服从强大数定律的必要条件).

2. 柯尔莫哥罗夫不等式的推广. 设 $\{X_n\}$ 是相互独立的随机变量序列，$\mathbf{E}(X_n)=0$，$(n\geqslant 1)$. 令 $C_n=\{\sup_{k\leqslant n}|S_k|\geqslant c\}$，其中 $S_n=\sum_{k=1}^{n}X_k$，试证

$$c^rP(C_n)\leqslant \mathbf{E}(|S_n|^r\chi_{C_n}),$$

其中 $r\geqslant 1$，χ_{C_n} 为 C_n 上的示性函数.

3. 设 $\{X_n\}$ 为相互独立的随机变量序列. 令

$$T_n^r=\sup_{k\leqslant n}|S_k|^r,\quad r\geqslant 1,\quad S_n=\sum_{k=1}^{n}X_k.$$

a 若 X_k 服从对称分布 ($k \geqslant 1$), 则

$$E(T_n^r) \leqslant 2E(|S_n|^r).$$

b 若 $E(X_k)=0$ ($k \geqslant 1$), 则

$$E(T_n^r) \leqslant 2^{2r+1}E(|S_n|^r).$$

4. 设 $\{X_n\}$ 是相互独立的随机变量序列, $E(X_n)=0$ ($n \geqslant 1$), $r \geqslant 1$, 如果

$$\sum_{n=1}^{\infty} \frac{E(|X_n|^{2r})}{n^{r+1}}$$

收敛,则 $\{X_n\}$ 服从强大数定律.

5. 设 $\{\theta_n\}$ 是相互独立的随机变量序列,若 $\sum_{n=1}^{\infty} c_n^2 < \infty$ ($\{C_n\}$ 是实数列),则 $\sum_{n=1}^{\infty} C_n e^{i\theta_n}$ 收敛, [a. e.].

参 考 文 献

[1] Halmos, P. R., Measure theory, D. Van Nostrand Company, INC., Toronto, New York, London, 1951. (中译本: 王建华译,测度论,科学出版社, 1958.)

[2] Гнеденко, Б. В. и Колмогоров, А. Н., Предельные распределения для сумм независимых случайных величин, Гостехиздат, 1949. (中译本: 王寿仁译,相互独立随机变数之和的极限分布,科学出版社, 1955.)

[3] Feller, W., An introduction to probability theory and its applications, V. 2, Second edition, Wiley, New York, 1971.

[4] Loève, M., Probability theory, D. Van Nostrand Company, INC., Toronto, New York, London, Second edition, 1963.

[5] 许宝騄, L族内的分布函数的绝对连续性,北京大学学报(自然科学), 4(2), 145—150 (1958).

[6] 赵仲哲,稳定性分布律的显明公式,数学学报,3(3), 177—185 (1953).

[7] 胡迪鹤,不变原理及其在分枝过程中的应用,北京大学学报(自然科学), 10(1), 1—27 (1964).

[8] Donsker, M., An invanriance principle for certain probability limit theorems, *Mem. Amer. Math. Soc.*, No. 6 (1951).

[9] Cramèr, H., Mathematical methods of statistics, Princeton University Press, 1946. (中译本: 魏宗舒译,统计学数学方法,上海科学技术出版社, 1960.)

[10] 严士健,王隽骧,刘秀芳,概率论基础,科学出版社, 1982.

《现代数学基础丛书》已出版书目

1 数理逻辑基础(上册) 1981.1 胡世华 陆钟万 著
2 数理逻辑基础(下册) 1982.8 胡世华 陆钟万 著
3 紧黎曼曲面引论 1981.3 伍鸿熙 吕以辇 陈志华 著
4 组合论(上册) 1981.10 柯 召 魏万迪 著
5 组合论(下册) 1987.12 魏万迪 著
6 数理统计引论 1981.11 陈希孺 著
7 多元统计分析引论 1982.6 张尧庭 方开泰 著
8 有限群构造(上册) 1982.11 张远达 著
9 有限群构造(下册) 1982.12 张远达 著
10 测度论基础 1983.9 朱成熹 著
11 分析概率论 1984.4 胡迪鹤 著
12 微分方程定性理论 1985.5 张芷芬 丁同仁 黄文灶 董镇喜 著
13 傅里叶积分算子理论及其应用 1985.9 仇庆久 陈恕行 是嘉鸿 刘景麟 蒋鲁敏 编
14 辛几何引论 1986.3 J.柯歇尔 邹异明 著
15 概率论基础和随机过程 1986.6 王寿仁 编著
16 算子代数 1986.6 李炳仁 著
17 线性偏微分算子引论(上册) 1986.8 齐民友 编著
18 线性偏微分算子引论(下册) 1992.1 齐民友 徐超江 编著
19 实用微分几何引论 1986.11 苏步青 华宣积 忻元龙 著
20 微分动力系统原理 1987.2 张筑生 著
21 线性代数群表示导论(上册) 1987.2 曹锡华 王建磐 著
22 模型论基础 1987.8 王世强 著
23 递归论 1987.11 莫绍揆 著
24 拟共形映射及其在黎曼曲面论中的应用 1988.1 李 忠 著
25 代数体函数与常微分方程 1988.2 何育赞 萧修治 著
26 同调代数 1988.2 周伯壎 著
27 近代调和分析方法及其应用 1988.6 韩永生 著
28 带有时滞的动力系统的稳定性 1989.10 秦元勋 刘永清 王 联 郑祖庥 著
29 代数拓扑与示性类 1989.11 [丹麦] I. 马德森 著
30 非线性发展方程 1989.12 李大潜 陈韵梅 著

31　仿微分算子引论　1990.2　陈恕行　仇庆久　李成章　编
32　公理集合论导引　1991.1　张锦文　著
33　解析数论基础　1991.2　潘承洞　潘承彪　著
34　二阶椭圆型方程与椭圆型方程组　1991.4　陈亚浙　吴兰成　著
35　黎曼曲面　1991.4　吕以辇　张学莲　著
36　复变函数逼近论　1992.3　沈燮昌　著
37　Banach 代数　1992.11　李炳仁　著
38　随机点过程及其应用　1992.12　邓永录　梁之舜　著
39　丢番图逼近引论　1993.4　朱尧辰　王连祥　著
40　线性整数规划的数学基础　1995.2　马仲蕃　著
41　单复变函数论中的几个论题　1995.8　庄圻泰　杨重骏　何育赞　闻国椿　著
42　复解析动力系统　1995.10　吕以辇　著
43　组合矩阵论(第二版)　2005.1　柳柏濂　著
44　Banach 空间中的非线性逼近理论　1997.5　徐士英　李　冲　杨文善　著
45　实分析导论　1998.2　丁传松　李秉彝　布　伦　著
46　对称性分岔理论基础　1998.3　唐　云　著
47　Gel'fond-Baker 方法在丢番图方程中的应用　1998.10　乐茂华　著
48　随机模型的密度演化方法　1999.6　史定华　著
49　非线性偏微分复方程　1999.6　闻国椿　著
50　复合算子理论　1999.8　徐宪民　著
51　离散鞅及其应用　1999.9　史及民　编著
52　惯性流形与近似惯性流形　2000.1　戴正德　郭柏灵　著
53　数学规划导论　2000.6　徐增堃　著
54　拓扑空间中的反例　2000.6　汪　林　杨富春　编著
55　序半群引论　2001.1　谢祥云　著
56　动力系统的定性与分支理论　2001.2　罗定军　张　祥　董梅芳　著
57　随机分析学基础(第二版)　2001.3　黄志远　著
58　非线性动力系统分析引论　2001.9　盛昭瀚　马军海　著
59　高斯过程的样本轨道性质　2001.11　林正炎　陆传荣　张立新　著
60　光滑映射的奇点理论　2002.1　李养成　著
61　动力系统的周期解与分支理论　2002.4　韩茂安　著
62　神经动力学模型方法和应用　2002.4　阮　炯　顾凡及　蔡志杰　编著
63　同调论——代数拓扑之一　2002.7　沈信耀　著
64　金兹堡-朗道方程　2002.8　郭柏灵　黄海洋　蒋慕容　著

65　排队论基础　2002.10　孙荣恒　李建平　著
66　算子代数上线性映射引论　2002.12　侯晋川　崔建莲　著
67　微分方法中的变分方法　2003.2　陆文端　著
68　周期小波及其应用　2003.3　彭思龙　李登峰　谌秋辉　著
69　集值分析　2003.8　李　雷　吴从炘　著
70　强偏差定理与分析方法　2003.8　刘　文　著
71　椭圆与抛物型方程引论　2003.9　伍卓群　尹景学　王春朋　著
72　有限典型群子空间轨道生成的格(第二版)　2003.10　万哲先　霍元极　著
73　调和分析及其在偏微分方程中的应用(第二版)　2004.3　苗长兴　著
74　稳定性和单纯性理论　2004.6　史念东　著
75　发展方程数值计算方法　2004.6　黄明游　编著
76　传染病动力学的数学建模与研究　2004.8　马知恩　周义仓　王稳地　靳　祯　著
77　模李超代数　2004.9　张永正　刘文德　著
78　巴拿赫空间中算子广义逆理论及其应用　2005.1　王玉文 著
79　巴拿赫空间结构和算子理想　2005.3　钟怀杰 著
80　脉冲微分系统引论　2005.3　傅希林　闫宝强　刘衍胜　著
81　代数学中的 Frobenius 结构　2005.7　汪明义　著
82　生存数据统计分析　2005.12　王启华　著
83　数理逻辑引论与归结原理(第二版)　2006.3　王国俊　著
84　数据包络分析　2006.3　魏权龄　著
85　代数群引论　2006.9　黎景辉　陈志杰　赵春来　著
86　矩阵结合方案　2006.9　王仰贤　霍元极　麻常利　著
87　椭圆曲线公钥密码导引　2006.10　祝跃飞　张亚娟　著
88　椭圆与超椭圆曲线公钥密码的理论与实现　2006.12　王学理　裴定一　著
89　散乱数据拟合的模型、方法和理论　2007.1　吴宗敏　著
90　非线性演化方程的稳定性与分歧　2007.4　马　天　汪宁宏　著
91　正规族理论及其应用　2007.4　顾永兴　庞学诚　方明亮　著
92　组合网络理论　2007.5　徐俊明　著
93　矩阵的半张量积:理论与应用　2007.5　程代展　齐洪胜　著
94　鞅与 Banach 空间几何学　2007.5　刘培德　著
95　非线性常微分方程边值问题　2007.6　葛渭高　著
96　戴维-斯特瓦尔松方程　2007.5　戴正德　蒋慕蓉　李栋龙　著
97　广义哈密顿系统理论及其应用　2007.7　李继彬　赵晓华　刘正荣　著
98　Adams 谱序列和球面稳定同伦群　2007.7　林金坤　著

99 矩阵理论及其应用 2007.8 陈公宁 编著
100 集值随机过程引论 2007.8 张文修 李寿梅 汪振鹏 高 勇 著
101 偏微分方程的调和分析方法 2008.1 苗长兴 张 波 著
102 拓扑动力系统概论 2008.1 叶向东 黄 文 邵 松 著
103 线性微分方程的非线性扰动(第二版) 2008.3 徐登洲 马如云 著
104 数组合地图论(第二版) 2008.3 刘彦佩 著
105 半群的 S-系理论(第二版) 2008.3 刘仲奎 乔虎生 著
106 巴拿赫空间引论(第二版) 2008.4 定光桂 著
107 拓扑空间论(第二版) 2008.4 高国士 著
108 非经典数理逻辑与近似推理(第二版) 2008.5 王国俊 著
109 非参数蒙特卡罗检验及其应用 2008.8 朱力行 许王莉 著
110 Camassa-Holm 方程 2008.8 郭柏灵 田立新 杨灵娥 殷朝阳 著
111 环与代数(第二版) 2009.1 刘绍学 郭晋云 朱 彬 韩 阳 著
112 泛函微分方程的相空间理论及应用 2009.4 王 克 范 猛 著
113 概率论基础(第二版) 2009.8 严士健 王隽骧 刘秀芳 著
114 自相似集的结构 2010.1 周作领 瞿成勤 朱智伟 著
115 现代统计研究基础 2010.3 王启华 史宁中 耿 直 主编
116 图的可嵌入性理论(第二版) 2010.3 刘彦佩 著
117 非线性波动方程的现代方法(第二版) 2010.4 苗长兴 著
118 算子代数与非交换 L_p 空间引论 2010.5 许全华 吐尔德别克 陈泽乾 著
119 非线性椭圆型方程 2010.7 王明新 著
120 流形拓扑学 2010.8 马 天 著
121 局部域上的调和分析与分形分析及其应用 2011.4 苏维宜 著
122 Zakharov 方程及其孤立波解 2011.6 郭柏灵 甘在会 张景军 著
123 反应扩散方程引论(第二版) 2011.9 叶其孝 李正元 王明新 吴雅萍 著
124 代数模型论引论 2011.10 史念东 著
125 拓扑动力系统——从拓扑方法到遍历理论方法 2011.12 周作领 尹建东 许绍元 著
126 Littlewood-Paley 理论及其在流体动力学方程中的应用 2012.3 苗长兴 吴家宏 章志飞 著
127 有约束条件的统计推断及其应用 2012.3 王金德 著
128 混沌、Mel′nikov 方法及新发展 2012.6 李继彬 陈凤娟 著
129 现代统计模型 2012.6 薛留根 著
130 金融数学引论 2012.7 严加安 著
131 零过多数据的统计分析及其应用 2013.1 解锋昌 韦博成 林金官 著

132　分形分析引论　2013.6　胡家信　著
133　索伯列夫空间导论　2013.8　陈国旺　编著
134　广义估计方程估计方程　2013.8　周　勇　著
135　统计质量控制图理论与方法　2013.8　王兆军　邹长亮　李忠华　著
136　有限群初步　2014.1　徐明曜　著
137　拓扑群引论(第二版)　2014.3　黎景辉　冯绪宁　著
138　现代非参数统计　2015.1　薛留根　著